搓滩陂流域村落示意图

槎滩陂位置示意图

槎滩陂

万合镇
苑前镇
灌溪镇
中龙乡
小龙镇
碧洲
上坑乡
沙村镇
水槎乡
沿溪镇
灌江镇
泰和县
冠朝镇
上模乡
石山乡
南溪乡
螺溪镇
塘洲镇
禾市镇
马市镇
苏溪镇
桥头镇
碧溪镇

槎滩陂航拍图

槎滩陂主坝

槎滩陂副坝

螺溪镇爵誉村周氏总祠久大堂外貌

《槎滩、碉石二陂山田记》碑刻　　　　　《柏兴路同知英叔李公墓志铭》碑刻

螺溪镇普田村李下村李氏宗祠

嘉靖十三年九月蒋氏重筑

甲午严庄蒋重修

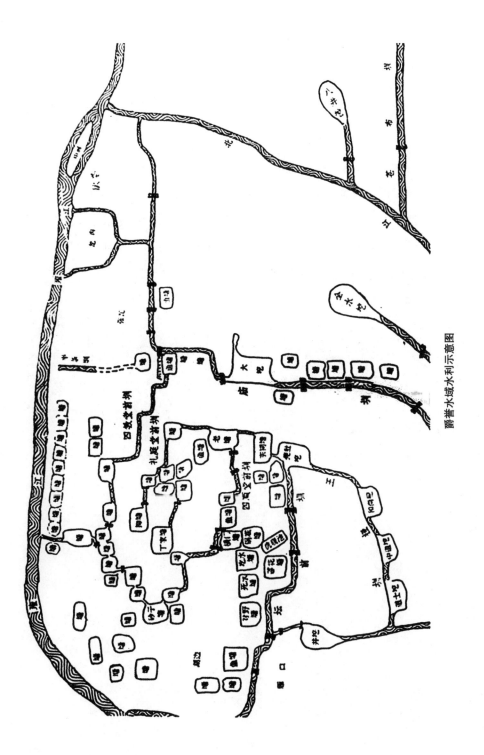

爵溪水域水利示意图

　　本书为江西省高校人文社会科学重点研究基地南昌大学文化资源与产业研究院招标项目"江西槎滩陂水利文化史研究"（JD17116）和江西省高校哲学社会科学创新团队"江西区域文化史研究"项目成果。

霁光人文丛书

# 陂域型水利社会研究

## 基于江西泰和县槎滩陂水利系统的社会史考察

廖艳彬 著

商务印书馆
创于1897
The Commercial Press

2017年·北京

**图书在版编目(CIP)数据**

陂域型水利社会研究:基于江西泰和县槎滩陂水利
系统的社会史考察／廖艳彬著.—北京:商务印书馆,2017
(霁光人文丛书)
ISBN 978－7－100－15599－1

Ⅰ.①陂… Ⅱ.①廖… Ⅲ.①水利工程—水利史—
研究—泰和县 Ⅳ.①TV632.564

中国版本图书馆 CIP 数据核字(2017)第 296491 号

陂域型水利社会研究:
基于江西泰和县槎滩陂水利系统的社会史考察
廖艳彬 著

商 务 印 书 馆 出 版
(北京王府井大街36号 邮政编码100710)
商 务 印 书 馆 发 行
山东鸿君杰文化发展有限公司印刷
ISBN 978-7-100-15599-1

2017 年 12 月第 1 版 开本 710×1000 1/16
2017 年 12 月第 1 次印刷 印张 14.75 插页 4 字数 241 千字
定价:55.00 元

# 出 版 前 言

2015 年,国家提出高等教育的"双一流"战略。为了对接这一伟大的战略部署,南昌大学实施了"三个一"工程,即建设一批"一流学科"、"一流平台"和"一流团队"。南昌大学人文学科也有幸被列入"一流学科"建设行列,获得了一定的经费资助。出版高水平的学术论著是人文学科学术发展的重要内容。为了提升人文学院的学术水准,经过教授委员会讨论,学院选取了 16 本质量比较高的学术论著,命名为"霁光人文丛书",统一由商务印书馆出版发行。

谷霁光先生是我国著名的历史学家,他虽是湖南人,但却长期在江西工作,对江西的学术产生了深刻的影响,至今学术界提起江西史学研究,必提谷老。他亲手创办的历史系,也成为目前南昌大学人文学院的三个系之一。2017 年 5 月,南昌大学人文学院在学校支持下,举办了"纪念谷霁光先生诞辰 110 周年暨传统中国军事、经济与社会"学术研讨会,目的在于继承谷老精神,弘扬人文学术。因此,我们把这套丛书命名为"霁光人文丛书",一方面是为了承续谷老所倡导的刻苦、专一和精深的优良学术传统,另一方面,也希望借助"霁光"这个名字,隐喻南昌大学人文学科的美好愿景。

丛书编委会
2017 年 8 月 1 日

# 目　　录

# 绪　　论

　　泰和县位于江西省中部,是江西第二大盆地——吉泰盆地的腹心区,也是江西的重要产粮区。槎滩陂坐落于该县西北部禾市镇槎滩村旁的牛吼江上,是该县最大的农田水利工程系统,也是江西省最重要的农田水利工程之一,经过历年不断维修,目前仍在发挥引水灌溉功用。该陂横遏牛吼江水,将其部分水流改道东流,并由渠沟引水近三十里,在石山乡三派江口注入禾水后流入赣江。目前,控灌范围主要为禾市镇、螺溪镇、石山乡和吉安县永阳镇,控灌面积达7万余亩。

　　据史料记载,槎滩陂水利系统创建于南唐时期(943年),最早由当地周氏宗族祖先曾任西台监察御史的周矩创建,至今已有千余年历史。千余年来,槎滩陂水利系统历经多次维修,改善了当地居民的生态环境,促进了土地开发和人口繁衍,成为当地社会赖以发展的重要基础,留下了丰富的历史文献资料,具有深厚的社会文化价值内涵。2013年5月,槎滩陂被国务院核定并公布列为第七批全国重点文物保护单位;2016年11月,又成功列入世界灌溉工程遗产名录。

　　一方水土养育一方人。槎滩陂及其支渠的修成,促进了流域区内土地的开发及宗族和村落的繁衍发展,使之成为农耕生产发达的"鱼米之乡"。同时,土地的开发和农业生产条件的改善,也促进了当地"务农业儒"之风的盛行,推动了科举的发展和兴盛,使之成为"庐陵文化"的核心区。当地家族繁衍兴盛,科举人才辈出,其中不乏如胡直、周是修、罗钦顺、萧士玮、梁潜等著名人物。

　　在千余年的发展历程中,槎滩陂水利系统的维护和管理经历了一系列的变化,在不同的历史阶段对区域内地方社会发展的影响有所不同,国家力量在其中所扮演的角色也有所差异,反映了国家和地方之间及地方社会内部之间关系的变迁历程，对研究中国乡村社会结构以及探索国家和地方职能的关系演变具有重要的意义。基于此，笔者试图从历史的角度，通过分析槎滩陂水利的管理方式与区域内地方社会互动的历史过程，探讨流域内区域社会形成和演变模式。

当前，我国正在大力进行农村社会改革和地方水利改革建设，特别是党的十九大报告提出"生态文明建设功在当代，利在千秋"。面对生态文明建设的发展战略和任务，如何发挥基层优势，降低政府成本，提高管理效率，节约水利资源，促进农村社会和谐发展，是政府面临的一个重要问题。以古论今，以史为鉴，探讨槎滩陂水利历史发展的脉络具有一定的现实意义。

中国水利史研究一直是学术界关注的热点之一。特别是 20 世纪 80 年代以来，随着区域社会史研究的兴起，在史学界"眼光向下"的学术旨趣影响下，明清水利史研究领域不断拓展和深入，在研究内容、研究方法、理论创新等诸多方面的思考贯穿其中，取得了显著成就。[①]

许多学者关注水利工程设施及其技术层面的研究，重点在于水利建设状况、类型、技术特征与影响等方面的探讨，其中以缪启愉、姚汉源、周魁一、汪家伦、张芳、张建民等学者建树尤著，主要对我国各时期不同区域的水利形势、水旱灾害、工程设施、技术特点、水利机构及兴衰规律等方面进行了详尽分析，探讨并总结了传统设施及技术继承的特征、要点及改造利用的途径与意义。[②] 此外，李孝

---

[①] 参见石峰：《"水利"的社会文化关联——学术史检阅》，《贵州大学学报（社会科学版）》2005 年 5 月第 3 期；廖艳彬：《20 年来国内明清水利社会史研究回顾》，《华北水利水电学院学报（社会科学版）》2008 年第 1 期；张爱华：《"进村找庙"之外：水利社会史研究的勃兴》，《史林》2008 年第 5 期；晏雪平：《二十世纪八十年代以来中国水利史研究综述》，《农业考古》2009 年第 1 期；张俊峰：《明清中国水利社会史研究的理论视野》，《史学理论研究》2012 年第 2 期。

[②] 缪启愉：《太湖塘浦圩田史研究》，农业出版社 1985 年；姚汉源：《中国水利史纲要》，水利电力出版社 1987 年；《中国水利发展史》，上海人民出版社 2005 年；周魁一：《农田水利史略》，水利电力出版社 1986 年；《中国古代农田灌溉排水技术》，《古今农业》1997 年第 1 期；汪家伦、张芳：《中国农田水利史》，中国农业出版社 1990 年；张芳：《明清农田水利研究》，中国农业科技出版社 1998 年；汪家伦：《明清长江中下游圩田及其防汛设施技术》，《中国农史》1991 年第 2 期；张芳：《宁、镇、扬地区历史上的塘坝水利》，《中国农史》1994 年第 2 期；《明清东南山区的灌溉水利》，《中国农史》1996 年第 1 期；《中国古代淮河、汉水流域的陂渠串联设施技术》，《中国农史》2000 年第 1 期；《中国传统灌溉设施及技术的传承和发展》，《中国农史》2004 年第 1 期；彭雨新、张建民：《明清长江流域农业水利研究》，武汉大学出版社 1993 年；张建民：《明清长江中游山区的灌溉水利》，《中国农史》1993 年第 2 期。

聪、洪焕椿、王绍良、程鹏举、郭声波、叶建华等分别对不同时期和区域的水利形
势与工程设施状况等方面进行了探讨。①

许多学者从水利与经济和生态的角度出发,从历史地理领域对不同区域进
行了考察,产生了具有方法论意义的问题平台,如谭作刚、张建民、张国雄、龚胜
生、张家炎、鲁西奇、龚胜生等考察了两湖地区的"垸田"生态状况②;史念海、李
令福和王建革等则分别探讨了西北和华北地区的"半干旱"水利生态状况③;蓝
勇、郭声波等考察了西南地区的"盆地"水利生态④;魏嵩山、冯贤亮、庄华峰、许
怀林、万振凡、吴赘等探讨了太湖、鄱阳湖地区的"湖域"生态状况等⑤。这些研
究指出了各地不同经济发展与社会变迁的路径。近年来,关注环境、民生、社会
之间关系的社会环境史研究兴起,如行龙从人口、资源、环境角度去研究华北水
利社会的变化,开创了水利史研究的新局面。⑥

① 李孝聪、刘啸:《论我国古代陂塘水利工程堙废的原因》,《中国农史》1986 年第 3 期;洪焕椿:《明代治
理苏松农田水利的基本经验》,《中国农史》1987 年第 4 期、1988 年第 1 期;王绍良:《汉江下游明代水
患与水利格局》,《农业考古》1990 年第 2 期;程鹏举:《古代荆江堤防的管理》,《中国水利》1990 年
第 5 期;郭声波:《都江堰水利设施技术的历史演进》,《中国历史地理论丛》1992 年第 4 期;叶建华:
《论清代浙江水资源的开发利用与海塘江坝的修建工程》,《浙江学刊》1998 年第 6 期;等等。
② 谭作刚:《清代湖广垸田的滥行围垦及清政府的对策》,《中国农史》1985 年第 4 期;张建民:《清代江
汉——洞庭湖区堤垸农田的发展及其综合考察》,《中国农史》1987 年第 2 期;张国雄:《清代江汉平
原水旱灾害的变化与垸田生产的关系》,《中国农史》1990 年第 3 期;张家炎:《清代江汉平原垸田农
业经济特性分析》,《中国史研究》2001 年第 1 期;鲁西奇、潘晟:《汉水中下游河道变迁与堤防》,武汉
大学出版社 2004 年;龚胜生:《清代两湖地区人口压力下的生态环境恶化及其对策》,《中国历史地理
论丛》1993 年第 1 期。
③ 史念海:《汉唐长安城与生态环境》,《中国历史地理论丛》1998 年第 1 期;李令福:《关中水利开发与
环境》,人民出版社 2004 年;王建革:《清浊分流:环境变迁与清代大清河下游治水特点》,《清史研究》
2001 年第 1 期;王建革:《河北平原水利与社会分析(1368—1949)》,《中国农史》2000 年第 2 期。
④ 蓝勇:《历史时期西南经济开发与生态变迁》,云南教育出版社 1992 年;郭声波:《元明清时代四川盆
地的农业田垦殖》,《中国历史地理论丛》1988 年 4 期。
⑤ 魏嵩山:《太湖流域开发探源》,江西教育出版社 1993 年;冯贤亮:《明清江南地区的环境变动与社会
控制》,上海人民出版社 2002 年;庄华峰:《古代江南地区圩田开发及其对生态环境的影响》,《中国历
史地理论丛》2005 年第 3 辑;许怀林:《近代以来江西的水旱灾害与生态变动》,《农业考古》2003 年第
1 期;许怀林:《近代以来江西的水旱灾害与生态变动(续)》,《农业考古》2003 年第 3 期、2004 年第 1
期;王芳、万振凡:《论近现代江西水旱灾害及防治构想》,《南昌大学学报(社会科学版)》1999 年第 4
期;吴赘:《"农进渔退":明清以来鄱阳湖区经济、生态与社会变迁》,上海师范大学博士学位论文,
2011 年 6 月。
⑥ 行龙:《以水为中心的晋水流域》,山西人民出版社 2007 年;行龙:《多学科视野中的山西区域社会史
研究》,商务印书馆 2006 年。

　　另外，众多的学者开始转向水利与地方社会相结合的研究，关注水利条件下的民众生活、社会结构与权力体系的变迁等方面，也即水利社会史的研究。最初的研究中，政治史范式代表了主流方向，主要以水利运行与国家机器关系的探讨作为主线和基本理论分析框架，如傅衣凌对中国传统社会时期的水利状况做了宏观的论述和归纳，认为在中国传统社会，很大一部分水利工程的建设和管理是在乡族社会中进行的，不需要国家权力的干预。[①] 其开拓性的研究对后来的学者产生了较为深刻的影响。其后，郑振满对明清福建沿海农田水利制度与地方社会组织的关系做了系统研究，对农田水利组织中的乡族管理情形进行了详细分析。[②]

　　进入 20 世纪 90 年代后，国内明清水利社会史研究蓬勃兴起。学者们立足于山陕、中原、江浙、两湖、河西走廊等众多区域，从不同视角出发，对各地域水资源环境及水利与地方社会、国家之间的复杂关系进行了深入分析和细致探讨，在取得瞩目成就的同时，也形成了多样化的研究路径。如行龙、张俊峰等对山西"泉域型"水利社会的类型学分析[③]；钞晓鸿、佳宏伟等对汉中"堰渠水利"的探讨[④]；钱杭对浙江萧山湘湖"库域型水利社会"的研究[⑤]；熊元斌、吴滔、谢湜等对江南"圩区水利"的研究[⑥]；张建民、鲁西奇、杨国安、施由民、陈东有、梁洪生等对汉水、洞庭湖及鄱阳湖地区"圩堤、堰渠型水利社会"的

---

① 傅衣凌：《中国传统社会：多元的结构》，《中国社会经济史研究》1988 年第 3 期。
② 郑振满：《明清福建沿海农田水利制度与乡族组织》，《中国社会经济史研究》1987 年第 4 期。
③ 行龙：《晋水流域 36 村水利祭祀系统个案研究》，《史林》2005 年第 4 期；行龙：《明清以来山西水资源匮乏及水案初步研究》，《科学技术与辩证法》2000 年第 6 期；张俊峰：《明清时期介休水案与"泉域社会"分析》，《中国社会经济史研究》2006 年第 1 期；张俊峰：《水利社会的类型：明清以来洪洞水利与乡村社会变迁》，北京大学出版社 2012 年。
④ 钞晓鸿：《清代汉水上游的水资源环境与社会变迁》，《清史研究》2005 年第 2 期；钞晓鸿：《灌溉、环境与水利共同体——基于清代关中中部的分析》，《中国社会科学》2006 年第 4 期；钞晓鸿：《争夺水权、寻求证据——清至民国时期关中水利文献的传承与编造》，《历史人类学学刊》2007 年第 1 期；佳宏伟：《水利环境变迁与乡村社会控制——以清代汉中府的堰渠水利为中心》，《史学月刊》2005 年第 4 期。
⑤ 钱杭：《共同体理论视野下的湘湖水利集团——兼论"库域型"水利社会》，《中国社会科学》2008 年第 2 期；钱杭：《库域型水利社会研究——萧山湘湖水利集团的兴与衰》，上海人民出版社 2009 年。
⑥ 熊元斌：《清代浙江地区水利纠纷及其解决办法》，《中国农史》1988 年第 4 期；熊元斌：《清代江浙地区农田水利的经营与管理》，《中国农史》1993 年第 1 期；吴滔：《明清江南地区的"乡圩"》，《中国农史》1995 年第 3 期；谢湜：《太湖以东的水利、水学与社会（12—14 世纪）》，《中国历史地理论丛》2011 年第 1 期；谢湜：《16 世纪太湖流域的水利与政区》，《中山大学学报（社会科学版）》2012 年第 5 期。

探讨等①,提出和丰富了"水利地域社会"理论;赵世瑜、萧正洪、张小军、韩茂莉等则主要关注到山陕地区水资源开发利用中的产权问题,提出了诸如"家族水权圈""复合产权""象征产权"等观点②。另外,一些学者如行龙、王铭铭等对水利社会史研究的理论与方法问题进行了总结和反思,提出进行水利社会类型的比较研究等主张。③

国外学者主要是美国、日本、法国和英国汉学界对中国水利史的研究起步较早。美国学者中,魏特夫(Karl Wittfogel)强调明清国家权力对水利建设的重要性,提出"治水国家"理论④,其后罗威廉⑤(William T. Rowe)、杜赞奇⑥(Prasenjit Duara)、濮德培⑦(Peter Perdue)等都对明清水利与国家关系进行了深入探讨,对魏氏理论进行了讨论和修正;日本学者如森田明、滨岛敦俊、川胜守等则探讨了地方力量与水利系统之间的关系,形成"水利共同体"理论,并向"水利地域社

---

① 张建民:《清代两湖堤垸水利经营研究》,《中国经济史研究》1990 年第 4 期;张建民:《试论中国传统社会晚期的农田水利——以长江流域为中心》,《中国农史》1994 年第 2 期;鲁西奇、林昌丈:《汉中三堰:明清时期汉中地区的堰渠水利与社会变迁》,中华书局 2011 年;鲁西奇:《"水利社会"的形成——以明清时期江汉平原的围垸为中心》,《中国经济史研究》2013 年第 2 期;杨国安:《塘堰与灌溉:明清时期鄂南乡村的水利组织与民间秩序——以崇阳县〈华陂堰簿〉为中心的考察》,《历史人类学学刊》2007 年第 1 期;杨国安:《樊口闸坝之争:晚清水利工程中的利益纷争与地方秩序》,《中国农史》2011年第 3 期;施由民:《明清时期江西水利建设的发展》,《农业考古》1997 年第 3 期;李少南、陈东有:《明清鄱阳湖区的圩田管理及其现代启示》,《南昌大学学报(人文社会科学版)》2007 年第 5 期;梁洪生:《捕捞权的争夺:"私业""官河"与"习惯"——对鄱阳湖区渔民历史文书的解读》,《清华大学学报(哲学社会科学版)》2008 年第 5 期。
② 赵世瑜:《分水之争:公共资源与乡土社会的权力和象征——以明清山西汾水流域的若干案例为中心》,《中国社会科学》2005 年第 2 期;萧正洪:《历史时期关中地区农田灌溉中的水权问题》,《中国经济史研究》1999 年第 1 期;韩茂莉:《近代山陕地区地理环境与水权保障系统》,《近代史研究》2006 年第 1 期;韩茂莉:《近代山陕地区基层水利管理体系探析》,《中国经济史研究》2006 年第 1 期;张小军:《复合产权:一个实质论和资本体系的视角——山西介休洪山泉的历史水权个案研究》,《社会学研究》2007 年第 4 期。
③ 王铭铭:《水利社会的类型》,《读书》2004 年第 11 期;行龙:《从"治水社会"到"水利社会"》,《读书》2005 年第 8 期。
④ (美)魏特夫:《东方专制主义:对于极权力量的比较研究》,徐式谷等译,中国社会科学出版社 1989年。
⑤ (美)罗威廉:《水利控制与清政府决策程序:樊口大坝之争》,王先亭节译,欧阳跃峰校,《安徽史学》1996 年第 3 期。
⑥ (美)杜赞奇:《文化、权力与国家——1900—1942 年的华北农村》,王福明译,江苏人民出版社 2010年。
⑦ (美)濮德培:《明清时期的洞庭湖水利》,《历史地理》1982 年第 4 辑。

会"理论转变①;法国学者魏丕信(Pierre-Etienne Will)关注了国家权力对地方水利的干预情形,提出国家干预的"水利周期"理论②;英国学者弗里德曼( M. Freedman)探讨了宗族组织在水利系统中的作用,提出"宗族圈"理论③;沈艾娣( Henrietta Harrison)探讨了晋水流域中国家与地方组织的"道德价值圈"④。

总之,经过中外众多学者的不懈努力,明清水利史研究已取得丰硕的成果,在拓宽了本研究领域的同时,也为今后进一步研究提供了坚实的学术基础。学者们的研究表明,明清时期水利社会具有区域性特征,表现出不同的类型性。这也提示我们,若将中国各地的水资源纳入考虑范畴的话,应该还会有进一步类型化的可能性,学者对水利社会的已有分类也会有所变动。

基于上述学术史的回顾,本书试图通过对槎滩陂水利系统的研究,来探讨槎滩陂流域社区的形成与演变过程,从而揭示历史以来该地区的社会经济的变迁轨迹。目前也有一些学者,如萧用桁、许怀林、衷海燕、刘颖、温乐平等对槎滩陂进行了专题研究,主要集中于工程介绍、维修管理历程、文化内涵与价值及史料整理等方面,取得了较大成就。⑤ 本书在充分吸收上述研究的成果基础上展开。槎滩陂从南唐时期的创建,直至民国时期,其历世的兴修和管理,民间社会都充当了非常重要的角色,可以说是一种典型的"民修"水利工程。作为一种"民修"性质的水利,槎滩陂的水利维护和管理有哪些历时性的变化? 在不同的历史阶

---

① (日)森田明:《清代水利社会史研究》,郑樑生译,国立编译馆 1996 年;(日)森田明:《清代水利与区域社会》,雷国山译,山东画报出版社 2008 年;(日)滨岛敦俊:《明代江南农村社会研究》第一部,东京大学出版会 1982 年;(日)川胜守:《长江三角洲镇市的发达与水利》,中国水利史研究会编:《佐藤博士还历纪念——中国水利史论集》,东京图书刊行会 1981 年。

② (法)魏丕信(Pierre-Etienne Will):《中华帝国晚期国家对水利的管理》,《水利基础设施管理中的国家干预——以中华帝国晚期的湖北省为例》,鲁西奇、陈锋主编:《明清以来长江流域社会发展史论》,武汉大学出版社 2006 年。

③ (英)弗里德曼(M. Freedman):《中国东南的宗族组织》,刘晓春译,王铭铭校,上海人民出版社 2000 年。

④ (英)沈艾娣(Henrietta Harrison):《道德、权力与晋水水利系统》,《历史人类学学刊》2003 年第 4 期。

⑤ 萧用桁:《千年槎滩陂与周矩其人》,《农业考古》1998 年第 3 期;许怀林:《槎滩陂——千年不败的灌溉工程》,本书编委会编:《漆侠先生纪念文集》,河北大学出版社 2002 年;衷海燕、唐元平:《陂堰、乡族与国家——以泰和县槎滩、碉石陂为中心》,《农业考古》2005 年第 3 期;刘颖等:《江西省泰和县槎滩陂水利工程的科学内涵探索》,《江西水利科技》2016 年第 1 期;温乐平、许晓云:《泰和县槎滩陂水利文化资料辑录(二)》,《南昌工程学院学报》2015 年第 2 期;许晓云、温乐平:《泰和县槎滩陂水利文化资料辑录(三)》,《南昌工程学院学报》2015 年第 5 期。

段如何影响区域内地方社会的发展，又在多大程度上受到地方社会结构和宗族繁衍的影响？国家力量通过什么方式参与其中，又扮演了什么角色等？本书拟对上述问题进行尽可能的系统讨论，由此探讨区域地方社会形成和演变的模式。

正文部分第一章主要通过介绍槎滩陂流域生态地理环境及该地区早期社会经济结构状况，了解槎滩陂水利系统的早期开发过程。第二章主要通过考察明以前，主要是宋元时期，槎滩陂流域社会早期宗族与水利管理形式互动的历史过程，探讨明以前围绕槎滩陂水利为中心的地方社会的形成。两宋时期，槎滩陂水利一直由周氏家族负责组织管理，是一种"家族式民修"性质的工程。到元末之际，随着地方宗族的繁衍发展和水资源的有限性，矛盾与冲突不断出现，出现新的权力格局，导致水利管理方式上的突破，由原来单姓管理的"家族式民修"模式，转为由周、蒋、李、萧四姓管理的"乡族式民修"方式，并以《五彩文约》为其制度上的依据，形成以水利为中心的区域社会的整合。

第三章主要通过考察明清时期槎滩陂流域水利管理与地方社会互动的历史过程，探讨槎滩陂流域地方社会的进一步演变。明清时期，宗族村落的进一步发展繁衍与有限水利资源的矛盾依然在"螺旋式上升"，冲突依然在升级，为了解决水资源的纠纷，国家、宗族、士绅乃至于僧侣卷入其中，槎滩陂水利管理方式改变了过去那种乡族负责制的性质，出现了"官督民修"和"民修官助"的新形式，地方社会围绕槎滩陂水利系统再一次整合。

第四章主要通过考察民国时期槎滩陂流域水利管理方式与地方社会的互动，探讨民国时期槎滩陂流域地方社会的发展过程。进入民国以后，随着国家权力向地方社会的延伸，官方接管了地方水利系统，在管理方式上则以"官民合修"的形式出现，表现了民国时期国家向地方社会细胞的渗透，地方社会在官方的意识形态下发生新的社会结构的演变。

最后为结语部分，着重从历史性的视角，总结上述各章的主要论点，分析水域社区水利系统与地方社会的互动关系，揭示水域社区地方社会发展的模式。

为了增强对槎滩陂的切实感受以及获得更多的第一手资料，笔者曾两次到泰和县禾市镇和螺溪镇进行田野调查，获得了槎滩陂流域区内一些宗族的族谱资料。在此过程中，笔者也对许多村民，特别是曾参与修谱的老人进行了采访，获得了一些口述资料。另外，笔者也搜集到一些碑刻材料。所有这些都构成了本书资料非常重要的部分。除此之外,还包括明清和民国时期的地方志书,以及一些地方文集。当然,由于笔者水平有限,视野比较狭窄,研究比较粗糙,其中的诸多推论、总结可能不尽合理,有待诸位师友的批评指正。

# 第一章　内陆盆地:槎滩陂流域的生态环境

槎滩陂流域社会经济发展的历程及模式,是多种因素共同作用和影响的结果。其中,南方内陆盆地特征的地理、气候、水系等自然环境,是流域区土地开发、人口繁衍与村落分布等人文生态发展演变的基础,两者之间相互影响、相互作用,构成了流域区的生态环境。因此,有必要对此做一介绍,以了解槎滩陂水利系统的开发背景和发展模式。

## 第一节　盆地型的自然环境

槎滩陂水利系统位于江西省中部吉泰盆地,是泰和县最大的农田灌溉工程系统,也是江西省最重要的农田水利系统之一;目前,主要灌溉泰和县禾市镇、螺溪镇、石山乡和吉安县永阳镇的农田,其中以禾市镇和螺溪镇为主。

### 一、地形与地貌

吉泰盆地在地质学上又称"吉安凹陷",地域上包含了吉安市辖属区域,面积约 1.87 万平方公里,约占江西省总面积的 1/10,是江西省最大的红岩盆地。盆地境内以低山、丘陵为主要地貌类型,地势东西南三面环山,江西最大的河流——赣江由南向北贯穿盆地,以赣江干流为轴线,两岸地势低平,丘陵小盆地众多。①

泰和县位于江西省中部偏南,吉安市的西南部,地处罗霄山脉和武夷山脉之间,地理坐标为北纬 26°27″—26°59″,东经 114°57″—115°20″,全县东西长约 105 公里,南北宽约 57 公里,总面积为 2665 余平方公里。县境东南界兴国县,西南毗遂川县,西接井冈山和永新县,北连吉安县,是江西第二大盆地和著名的粮仓"吉泰盆地"的腹心区,耕地面积达 74.2 万多亩。

全县地貌多样,以丘陵和平原面积为主,其中山地占 16%,丘陵占 54%,平原占 30%。地势大致由东西两侧向中部逐级下降,中部低平,东、西、南丘陵环抱,群山起伏。良好的农业环境和便利的交通为泰和县经济的发展提供了有利的条件。本地区开发历史悠久,自宋以来一直是江西地区最重要的粮食产地之一。史称:

> 泰和在府南上流八十里,东至兴国水口界,西至龙泉花林渡界,南至万安官庄界,北至庐陵枣树坑界。所辖六乡曰仁善,曰仙槎,曰云亭,曰千秋,曰信实,曰高行。西昌旧称神仙窟宅,章贡山水阻隘,至泰和豁然平衍,渊潭澄渟,冈陇秀婉,特异他邑。匡山蟠曳,武姥雄驰后至牛吼,至磨车湾,连亘若负戾。②

目前,全县辖澄江镇、碧溪镇、桥头镇、禾市镇、螺溪镇、石山乡、南溪乡等 22 个乡镇,县政府驻澄江镇。

禾市镇古称"高行乡",位于泰和县西北、井冈山脚下,灉水(牛吼江段)两岸。东北邻螺溪镇,东南连马市镇,南界苏溪乡,西依桥头镇,北、西北与吉安县(永阳镇、指阳镇)接壤,西南毗邻万安县(高陂镇)。总面积 136 平方公里,其中耕地面积 3.37 万亩,山地 13.7 万亩,水面 2 万亩,有"六山一水三分田地"之说。目前辖 18 个行政村、1 个居委会,是全省 200 个重点建制镇之一。镇政府驻早禾市村,距县城 30 公里。境内西、南为海拔 300 米以上高丘地带,西北、东南为

---

① 杨格格、杨艳昭、封志明、张晶:《南方红壤丘陵地区土地利用变化特征——以吉泰盆地为例》,《地理科学进展》2010 年第 4 期。
② (明)余之祯、吴时槐等纂修:《吉安府志》卷十一《风土志》,万历十三年刊本。

低中丘地,东北为河床平原,平均海拔 80 米。①

螺溪镇古称"信实乡",位于泰和县西北部,东与南溪乡、石山乡邻近,北与吉安永阳镇相连,南靠马市镇,西接禾市镇。总面积 85 平方公里,其中耕地面积 5.04 万亩。中华人民共和国成立前,分属螺溪、南冈乡;目前,辖 20 个行政村,镇政府驻三都圩村西侧詹家坊村,距县城 19 公里。辖区地势由东南向西北倾斜,东南边缘有少数丘陵,其余为平原,平均海拔 80 米。②

石山乡位于泰和县境北部,东、北、西北分别与吉安县横江、田心、永阳三镇相连,西、南、东南与螺溪镇、南溪乡、澄江镇接壤。总面积 60.5 平方公里,其中耕地面积 2.31 万亩。目前辖 13 个行政村,乡政府驻石头山,距县城 32 公里。地势南高北低,由西南向东北倾斜,平均海拔 60 米,大部分为丘陵地区,北部为河谷平原。③

低丘盆地为主的地貌结构,加上水源丰沛的条件,使得本地区的陂塘水利建设呈现出规模小、数量多、分布广的特征,依山顺势、导流下灌的水利工程设施较为常见。南宋江西籍著名理学家陆九渊在任职湖北荆门时,曾将当地与家乡的水利情况进行比较,认为当地的陂堰不如江西的"多且善也",还说江西的"陂水多及高平处"。④

## 二、气候与土壤

吉泰盆地属中亚热带季风气候,气候温和,水热资源丰富,气候温暖湿润,雨量充沛,史载:

> 吉安府于江西地处上游,入春地气蒸湿,景物和煦,惊蛰微冻,春仲即
> 暖。三月种稻时亦凉冷数日,俗云"栽禾寒"。四月多雨,俗云"黄梅雨",山

---

① 江西省泰和县人民政府地名办公室编印:《江西省泰和县地名志》,江西省泰和县印刷厂 1987 年印刷本,第 57 页。

② 江西省泰和县人民政府地名办公室编印:《江西省泰和县地名志》,第 39 页。

③ 江西省泰和县人民政府地名办公室编印:《江西省泰和县地名志》,第 15 页。

④ 《象山集》卷十六《与景德茂(三)》,《四库全书总目提要》卷一百六十,集部十三,别集类十三。

谷烟岚侵人,物易霉变,且南薰交扇,日趋炎燠。初秋余暑未退,热气转增。早稻多夏收,晚稻迟至九月间,其余杂粮皆应候成熟。八月望后,秋风飒爽,至九月间则凉飙振槁,霜候渐逼,初冬届寒,或降瑞雪。①

地处吉泰盆地腹心区的泰和县年平均气温为 18.6℃,其中 7 月温度最高,月平均为 29.7℃;1 月温度最低,月平均为 6.5℃。年平均无霜期约 280 天,始于 2 月中旬,终于 11 月下旬。史载:

> 泰和县小卯出耕,寒飙渐退,方秋而获,溽暑初收。迅雷疾电洒四月之梅雨,连阴积雾润秋中之豆花。花木偶发于小春,沆瀣迟结乎霜降。十月雨,百虫藏蛰;八月麦,群雁来宾。雪熟应丰年之兆,天笑知霆雨之来。冰不壮于严寒,风尝凉于盛暑。②

全县水热资源丰富,雨量充沛,年平均降雨量达到 1700 余毫米,从绝对数量上说,大大满足了当地农作物的需要,但是时空分布不均。就一年的降水来说,主要集中在 4—6 月,其降水量约占全年的 50%,常出现汛情;而到了农田大量需水的 7—9 月,降水量却不多,且由于这时期温度较高,水蒸发量大,常出现旱象。这种情况在 1930—1937 年江西吉安各月份降水量统计表中清楚地得到反映。见表 1-1 所示。

表 1-1　吉安市 1930—1937 年全年降雨量统计表③

| 测站 | 吉 | | | | 安 | | | | | |
|---|---|---|---|---|---|---|---|---|---|---|
| 年份 | 1930 | 1931 | 1932 | 1933 | 1934 | 1935 | 1936 | 1937 | 百分比(%) | 平均(毫米) |
| 年总量(毫米) | | 1516 | 1327 | 924.4 | 920 | 1801 | 1416 | 1551 | 100 | 1411 |
| 一月 | 116 | 47 | 5 | 22 | 33 | 68 | 81 | 122 | 4.4 | 61.8 |
| 二月 | 80.6 | 50 | 105 | 78 | 47 | 307 | 81 | 120 | 7.7 | 108.5 |

---

① （清）丁祥修,刘绎纂:《吉安府志》卷一《地理志·气候》,光绪二年刻本。
② （清）丁祥修,刘绎纂:光绪《吉安府志》卷一《地理志·气候》。
③ 江西省政府建设厅编印:《江西省水利事业概况》,1938 年 6 月,第 5 页。

（续表）

| 测站 | 吉 | | | | | 安 | | | | |
|---|---|---|---|---|---|---|---|---|---|---|
| 三月 | 172 | 265 | 122.5 | 105 | 73 | 206 | 194 | 182 | 11.7 | 164.9 |
| 四月 | 308 | 325 | 219 | 163 | 142 | 422 | 224 | 70 | 16.5 | 232.9 |
| 五月 | 225 | 200 | 136 | 113 | 136 | 142 | 387 | 231 | 14.6 | 206.6 |
| 六月 | 122 | 165 | 368.5 | 152.4 | 186 | 345 | 171 | 321 | 16.2 | 220.9 |
| 七月 | 186 | 83 | 29 | 72 | 46 | 25 | 42 | 71 | 4.9 | 69.3 |
| 八月 | 233 | 85 | 194 | 65 | 52 | 56 | 151 | 238 | 10 | 140.5 |
| 九月 | 171 | 184 | 42 | 3 | 67 | 15 | 22 | 21 | 4.7 | 66 |
| 十月 | | 8 | 45 | 22 | 15 | 120 | 6 | 18 | 2.4 | 33.4 |
| 十一月 | | 50 | 39 | 68 | 107 | 113 | 32 | 38 | 4.5 | 63.9 |
| 十二月 | 31 | 64 | 22 | 21 | 16 | 72 | 25 | 23 | 2.4 | 34.3 |

为了抵抗灾情，县邑民众很早就利用修陂筑塘来保护农业生产。一般而论，"陂"是在溪流上筑坝，拦截抬高溪水的水利工程，有一定的蓄水面积。"塘"分山湾塘和平原塘等几种，其中平原塘一般位于田的上部，塘的下缘有坎无坝，依靠挖深塘底蓄水。[①]

槎滩陂就是泰和县古代劳动人民所修建的一个著名水利工程。我们知道，河谷平原区由于地形及水利条件的因素，对洪涝干旱极为敏感。禾市镇和螺溪镇由于地处滩水的中下游，绝大部分地区属于河谷平原和盆地，地势低洼，在每年的3—6月，一旦遇上连续性大雨，则易发生洪水内涝，但到了7—9月，则容易受旱。从地形的分布来看，河谷平原及丘陵地区比山区的干旱时间长，受旱也较严重。陂塘由于在多雨季节可拦水滞洪，削弱洪峰，在枯水季节又可储蓄水量，减少水量流失等方面上的特殊作用，因而其建设，对当地农业生产具有重要意义。

境内土地资源丰富，土质肥沃，农业环境优越，几乎适宜中亚热带地区的各种农作物和林木生长。丘陵和平原地区以农田为主。经济结构以农业为主，目前为全国商品粮基地县之一。而槎滩陂流域区内的禾市、螺溪两镇则是全县的

---

① 张芳：《清代南方山区的水土流失及其防治措施》，《中国农史》1998 年第 2 期。

主要产粮区。禾市镇自古就因盛产优质早稻而得名"早禾市",螺溪镇因农耕条件优越、农业生产发达而被称为"螺溪洞";石山乡主要种植水稻、大豆、芝麻、花生、甘蔗、烟叶等作物,素为县内粮食、油料、豆类主要产区。

土壤植被方面,流域区以红壤、黄壤、山地黄棕壤、紫色土、潮土、水稻土等为主,其中红壤分布范围最广;黄壤和山地黄棕壤主要分布于山地;紫色土分布较少;潮土主要分布于沿江两岸的河谷平原;水稻土分布于山地丘陵谷地及河湖平原阶地,是主要的一类耕作土壤。

## 三、水系分布

泰和县水道纲布,纵横交错,水资源丰富,主要河流有赣江及其支流珠林江、仁善河、仙槎河、蜀水、东沔河、灉水、禾水等七条支流,构成境内羽状的赣江水系。赣江从泰和县中部贯穿而过,过境流程约45公里,将县境划为河东、河西两部分。灉水发源于井冈山下,是槎滩陂流域核心区的禾市、螺溪二镇境内的主要河流,由泰和县的西部入境,由西往东依次流经今碧溪、桥头、禾市、螺溪四个乡镇。其中在碧溪镇境段,古称六九河;由碧溪镇陈家潭至桥头镇湛口村境段,古称六八河;从桥头镇湛口村汇六七河进入禾市镇;在禾市镇槎滩村以下,古称牛吼江,也曾称禾溪[1];流至螺溪镇王家坊村,与禾水汇合,过三派村进入石山乡而注入赣江。史载:

> 灉水,源出禾山,经灉坑口出永新江,至庐陵县神冈山下入赣江。[2]
> 灉水,源出永新罗浮,经拿山洲尾,名官北水,入(泰和)县界高行,源钟鼓潭、横水洲,至湛口与禾水合流为槎滩陂,经早禾市过大平州(在信实乡六都南冈市下)。[3]

---

① 江西省泰和县地方志编纂委员会:《泰和县志》卷二《自然环境》第二章《山岭、水道》,中共中央党校出版社1993年,第75页。

② (清)杨讱、徐迪惠等纂修:《泰和县志》卷十一《食货志·土产》,道光六年刻本。

③ (清)宋瑛等修,彭启瑞等纂:《泰和县志》卷一《舆地志·山水》,光绪五年刻本。

# 第二节　土地开发与人文生态

　　流域区优越的自然地理环境,推动了本区域的土地开发,是区域农业生产、人口繁衍、行政建置和村落分布等发展演变的基础,两者之间相互影响和相互作用,形成了区域特色的人文生态。

## 一、农作物种植

　　槎滩渠灌区地处吉泰盆地的腹心,主要种植水稻、麦等粮食作物,还兼种豆类、油菜、甘蔗、花生、麻等经济作物,是泰和县的主要产粮区之一。其中稻类又分为早稻、晚稻、早粟、晚粟等;麦类又分为小麦、大麦、荞麦等。史载:

> 今西昌呼稷为粟者,稷为粟长通称之也。二者为谷、粟之总名,称之为稻。禾之所为禾,一类之中又有总名焉。曰稻云者,兼早晚之名,大率西昌俗以立春、芒种节种,小暑、大暑节刈,为早稻;清明节种,寒露、霜降节刈,为晚稻。[1]

　　槎滩陂的创建及众多支渠的开挖,使得流域内许多低丘之田得到开发,变成肥沃的水田。流域内主要以水稻田为主,除此之外,还存在一些高丘之地,俗称"高坡田"。明清时期,这些土地得到大面积开发,但是由于缺乏水源,不能种植水稻,主要种植春麦、荞麦、谷子、大豆和芋头等旱作庄稼。明清时期,泰和地方民众大都建有园圃,一类是商业性园圃,一类是菜园或生活类型园圃。[2] 在槎滩陂流域,主要为菜园类型园圃,这些园圃是家庭食品的重要来源。当时园圃中主要种植丝瓜、韭菜、葱等蔬菜和苎麻、大豆等农作物。明朝人王直(1379—1462

---

[1]　(清)杨讱、徐迪惠等纂修:道光《泰和县志》卷十一《食货志·土产》。
[2]　(美)约翰·W.达第斯:《一幅明朝景观:从文学看江西泰和县的居民点、土地使用和劳动力》,王波译,《农业考古》1995 年第 1 期。

年)曾这样描绘他家的园圃:

> 予家居时有园可十亩,皆种菜茹,而芦菔居多。冬寒之时,日取给,与薯芋皆切方寸许,集葱菜而煮之,和以盐豉,家人无少长,食之皆欣然,虽八珍之味不过也。①

## 二、流域建置沿革

在"以农为本"的中国传统社会,流域区的优越地理条件促进了本区域的农业开发和发展,而地区的开发过程伴随的是政区的建置及其发展历程。槎滩陂流域开发历史悠久。据相关文献记载,槎滩陂创建于南唐时期,至今已有千余年的历史。由于不同历史时期国家行政管理制度有所不同,以及众多村落建村年代的先后,因而流域区的行政建置在不同的历史年代表现出一些不同。

据史书记载,泰和县古为扬州南境。春秋、战国先后属吴、越、楚。秦属九江郡。西汉为庐陵县地;东汉置西昌县,为庐陵郡治。隋开皇十一年(591年),以地产嘉禾,为和气所生,更名泰和,属吉州(后称庐陵郡)。唐武德五年(622年),置南平州,为州治;武德八年,改称太和,属吉州。元代元贞元年(1295年),升为太和州,属吉安路。明洪武二年(1369年),复为泰和县,属吉安府。清袭明制。1912年废府属省;1914年为庐陵道所辖;1920年废道隶省;1932年属江西省第九行政区;1935年属江西省第三行政区。1949年7月28日,泰和县城解放。1949年6月30日,泰和属吉安分区;1950年9月,属吉安区;1955年3月,改属吉安专区;1968年2月,改属井冈山专区;1971年1月,改属井冈山地区;1979年7月,改属吉安地区;2000年8月,隶属吉安市。具体见表1-2所示。

---

① (明)王直:《抑庵文后集》卷三十七《味菜轩画芦菔赞》,《文渊阁四库全书·集部·别集类(赞)》第1241册,第2563页。

表1-2 泰和县历史沿革表①

| 朝 代 | 年 代 | 隶 属 | 县名演变 | 备 注 |
|---|---|---|---|---|
| 夏、商、西周 | 前21世纪—前771年 | | | 为扬州之域 |
| 春秋、战国 | 前770年—前221年 | 吴、越、楚 | | |
| 秦 | 前221年—前206年 | 九江郡 | | |
| 西汉 | 前206年 | 豫章郡 | 庐陵县 | |
| 东汉 | 建安四年(199年) | 庐陵郡 | 西昌县 | 为庐陵郡治 |
| 三国 | 黄武元年(222年) | 庐陵郡 | 西昌县 | |
| 晋 | 元康元年(291年) | 庐陵郡 | 西昌县 | |
| 南朝 | 永初元年(420年) | 庐陵郡 | 西昌县 | 太康元年移郡治于石阳县 |
| 隋 | 开皇十年(590年) | 吉州 | 西昌县 | 改庐陵郡为吉州 |
| | 开皇十一年(591年) | 吉州 | 泰和县 | 以地产嘉禾,为和气所生,更名 |
| | 大业元年(605年) | 吉州 | 泰和县 | |
| 唐 | 武德五年(622年) | 南平州 | 泰和县 | 领泰和、永新、广兴、东昌四县 |
| | 武德八年(625年) | 吉州 | 太和县 | 永新、广兴、东昌三县并入 |
| | 天宝元年(742年) | 庐陵郡 | 泰和县 | |
| | 乾元三年(760年) | 吉州 | 太和县 | |
| 五代南唐 | 保大元年(943年) | 吉州 | 太和县 | 分太和地置龙泉场(后升为县) |
| 宋 | 天禧四年(1020年) | 吉州庐陵郡 | 太和县 | 熙宁四年析龙泉置万安,分县诚信乡六堡益万安。元祐七年划高行乡醮陂、官北、浆坑三堡隶永新 |
| 元 | 元贞元年(1295年) | 吉安路 | 太和州 | 皇庆元年(1312年)改吉州路为吉安路 |
| 明 | 洪武二年(1369年) | 吉安府 | 泰和县 | |

---

① 江西省泰和县人民政府地名办公室编印:《江西省泰和县地名志》,第4—5页。

(续表)

| 朝　代 | 年　　代 | 隶　属 | 县名演变 | 备　注 |
|---|---|---|---|---|
| 清 | 顺治元年(1644 年) | 吉安府 | 泰和县 | |
| 中华民国 | 元年(1912 年) | 江西省 | 泰和县 | |
| | 三年(1914 年) | 庐陵道 | 泰和县 | |
| | 十五年(1926 年) | 江西省 | 泰和县 | |
| | 二十一年(1932 年) | 江西省第九行政区 | 泰和县 | |
| | 二十四年(1935 年) | 江西省第三行政区 | 泰和县 | |
| 中华人民共和国 | 1949 年 | 吉安专区 | 泰和县 | |
| | 1968 年 | 井冈山专区 | 泰和县 | |
| | 1979 年 | 吉安地区 | 泰和县 | |
| | 2000 年至今 | 吉安市 | 泰和县 | |

　　泰和县的行政区划自宋至元末实行坊、乡、里、巷的设置,但是具体数字已无考。明初,坊改为厢,乡分为都,都复分为图(即里),全县共分为 8 个大都,70 个小都;嘉靖时,取消大都制,改实行 70 小都制。清朝沿用明制,清光绪《泰和县志》中记载,泰和县城分为东西厢,城乡则分为六乡七十都。六乡分别是千秋乡、仙槎乡、仁善乡、云亭乡、高行乡、信实乡,其中信实乡(即螺溪镇,含石山乡)管七都,具体为第四十九至五十五都;高行乡(即禾市镇)也管七都,具体为第六十四至七十都。光绪《泰和县志》中记载:

　　　　坊、乡、里、巷立名,自宋淳熙始。明初坊改为厢,乡分为都,都复为图,图即里之谓也。泰和城内有东西厢,城外则六乡七十都。[①]

　　民国初沿袭清制的区划。到1926 年,泰和县国民党政府将原来的 6 乡改分为 6 区、1 镇(西昌镇)、26 乡。其中信实乡为第五区,高行乡为第六区。1930 年,

---

① （清）宋瑛等修,彭启瑞等纂:光绪《泰和县志》卷二《舆地考·厢乡》。

国民党政府实行编组保甲，甲以上设联保，联保以上设区属，泰和县划分为8个区，沿用明代的8个大都设区。根据新区制，原来为第五、六两区的信实、高行两乡被划为第五、六、八三区。至1936年，泰和县国民党政府撤销联保，县以下设区、乡（镇）保、甲，将八个区改为原来的六个区，信实、高行两乡重为第五、六两区。1940年，全县取消区级设置，分为1镇26乡，原来为第五、六两区的高行、信实两乡区域改为石山、甘竹、螺溪、南冈、高德、高功、高言等七乡，直至解放。

中华人民共和国成立后，螺溪镇初属六区（后改三都区），分设三都、南冈、木陇、中房、爵誉、藕塘、保全、山官、郭瓦乡；1956年，并为保全、中房乡；1958年，成立三都公社；1960年，分三都、南冈、藻苑、转江公社；1961年，又并为三都、藻苑、南冈公社；1962年，改为三都、南冈公社；1965年，南冈并入三都公社；1968年，南溪、石山公社并入三都公社；1972年，石山、南溪公社分开，复原三都公社；1984年，称三都乡，后因重名改为螺溪乡，以驻地三都圩、螺溪洞（地片）得名；1999年撤乡建镇。[①] 禾市镇则初属七区（禾市区）两江、院头、官陂、萍芫、瓦坞、潞滩乡；1956年，合并为禾市乡；1958年，成立禾市公社；1961年，分为禾市、官萍、芦源公社；1965年，复并为禾市公社；1984年，称禾市乡；1985年底，撤乡改镇。[②] 此外，石山乡分设石山、冻边、黄塘、白沙乡，属六区即三都区；1956年，撤区并为石山乡；1958年，为石山公社；1968年，与三都、南冈、南溪公社合并为三都公社；1972年，复原石山公社；1984年，称石山乡（以驻地石头山得名）。

## 三、人口、族群与村落分布

在地方社会的开发历程中，泰和县的人口状况也经历了不断的变化，但限于资料的缺陷以及人口统计的难度，传统时期泰和县的人口数已难以考证。不过地方志中关于户役人口情况的记载，可在一定程度上反映出当地人口的演变情况。见表1-3所示。人口增减起伏较大的原因，与当时的经济、政治、生活条件

---

① 江西省泰和县人民政府地名办公室编印：《江西省泰和县地名志》，第39页。
② 江西省泰和县人民政府地名办公室编印：《江西省泰和县地名志》，第57页。

密切相关,尤其是战乱和疫病造成人口大量迁移和死亡。

表 1-3　泰和县历代户役人口情况表①

| 朝　代 | 年　　　代 | 户数(户) | 口数(人) | 备　　注 |
|---|---|---|---|---|
| 宋 | 淳熙年间(1174—1189 年) | 69000 余 | 130000 余 | 应是丁口数 |
| | 嘉泰年间(1201—1204 年) | 70000 余 | 150000 余 | 应是丁口数 |
| 明 | 洪武二十四年(1394 年) | 44772 | 212834 | |
| | 永乐十年(1412 年) | 42999 | 167993 | |
| | 成化十八年(1482 年) | 32333 | 113251 | |
| | 弘治五年(1492 年) | 32625 | 115310 | |
| | 万历十三年(1588 年) | 32713 | 49921 | 完赋丁口数 |
| 清 | 顺治元年(1644 年) | 32713 | 76000 | 原额完赋丁口数 |
| | 康熙五十五年(1716 年) | 不详 | 45915 | 原额完赋丁口数 |
| | 道光六年(1862 年) | 不详 | 46414 | 原额完赋丁口数 |
| 中华民国 | 五年(1916 年) | 75371 | 231906 | |
| | 十七年(1928 年) | 40993 | 185748 | |
| | 二十三年(1934 年) | 40201 | 175911 | |
| | 二十六年(1937 年) | 36704 | 118068 | |
| | 三十八年(1949 年) | 55895 | 188030 | |

资料来源:道光六年《泰和县志》、《江西年鉴》(1936 年)、《泰和县志稿》(1939 年)。

就槎滩陂流域区而言,根据槎滩陂水利管理委员会 2003 年的统计资料,槎滩渠灌区内现有总人口 47882 人,耕地 72334 亩,人均耕地约 1.5 亩,劳动力 19237 人,每个劳动力负担耕地约 3.8 亩。据 2000 年统计,全灌区粮食产量 2270 万公斤,农业总产值 3544 万元。②

在"务农业儒"的习俗影响下,泰和民众宗族观念浓厚,宗族聚居是当地自然村落的基本居处形式。据统计,目前泰和县共有 133 个姓氏、4245 个自然村,

① 江西省泰和县地方志编纂委员会:《泰和县志》卷三《居民》第一章第一节《人口变化》,第 368 页。
② 梁国全编:《农业综合开发水利骨干工程项目建设规划资料》第一章《工程概述》,泰和县水务局 2003 年印刷本,第 3 页。

除了个别独户居民和移民村之外①,其余绝大部分是宗族聚居村落。在长期的历史发展过程中,这些村落的宗族形态逐步形成并不断发展,繁衍出总房和支房的宗族层级网络,族群系统支派严整,源流谱系清晰,且宗族管理组织有序,活动频繁;宗祠建设稳步推进,村落中出现了大宗祠和小宗祠、总祠和分祠共存的局面,乡村宗庙祠堂星罗棋布,不计其数,形成了"有村有族,有族有祠"的景象,成为当地乡间文化生活的特色景观。

根据相关文献统计,槎滩陂流域核心区的禾市镇、螺溪镇目前共有51个姓氏,403个自然村。具体如表1-4所示。

表1-4 泰和县禾市镇、螺溪镇姓氏和村落情况表②

| 族群姓氏 | 居住村落 | |
| --- | --- | --- |
| | 禾市镇 | 螺溪镇 |
| 李氏 | 六斤村、桐陂村、鲤跃背村、白马塘村、田岸村、官车村、年洲上村、池坑村、车田村、沛潭村 | 大禾垄村、白兰村、黄洲村、竹山村、枧后村、车田村、螺塘村、李家村、塘边村、筠川村、霄坞岭村、藻苑村、山观村、新塘村 |
| 萧氏 | 桑田村、塘坛上村、濠洲村、隘前村、军巡第村、官田萧家村、周瓦村、大禾场村、寨下村、水门村、洋塘村、樟木村、平园村、杏亩塘村、洲上萧家村、兜坞村、彬里村、塘边村、官陂村、继坑洲村、庙前村、田野村、山下村、江北田村、田心村、水溪村、岩前村、店前村、土塘村、对瓦村、安平寺村、潞滩村、大岭下村、上大夫村、下大夫村、珠坑村、山背村 | 路边村、旧居村、渡下村、大岭上村、湍水村、双房口村、秋岭村、上湖边村、罗步田村、前岸村、下斜村、高湖村、大塘垓萧家村、背斜村、舍下村、江边村、禄冈村、董村、宠塘村、宠塘棚下村、晏下村、池下村、东冈村、山下村、桥头村、沙塘村 |
| 刘氏 | 杨瓦门前村、泮田村、康居村、刘瓦村、长岭村、窑前村、城山头村、官塘村、新屋下村、芳溪洲村、丘塘埠村、刘家背村、陂边村、瑞门村、太公庙村、三塘下村、富子前村、砂镜村 | 小江边村、大汶前村、上边村、转江村、岭下村、祚陂村、圳口村、圳上刘家村、屋背村、冻冈岭村、佩紫岭村、大门口村、照溪村、桐井圳上村、禄溪村、北岭村、社前村、早居村、谢坊村、雅塘村 |

---

① 泰和县典型的移民村为马市镇办州村,据《江西省泰和县地名志》(第201页)记载:"建国前,这里是严重的血吸虫病疫区,许多村庄湮殁,成'万户萧索鬼唱歌'的地方,至建国前夕,本地居民仅剩8户。建国后,血吸虫病基本消灭。现住居民多在抗战以后从广东、河南、河北、安徽、山东以及省内赣县、兴国、南康、遂川、万安等地迁入。"

② 江西省泰和县人民政府地名办公室编印:《江西省泰和县地名志》,第40—70页。

（续表一）

| 族群姓氏 | 居住村落 | |
| --- | --- | --- |
| | 禾市镇 | 螺溪镇 |
| 张氏 | 沙里村、大园村、贤上村、乐山下村、张瓦村、院头村、信坞村、槎山陂村、围子里村、庙角上村、坰上村 | 藕塘村、下边村、鼎瓦村、爵誉张瓦村、槎富张瓦村、下张瓦村、上张瓦村 |
| 周氏 | 包瓦村、小水田村、上西岗村、岭头村、周家村、石背村、周瓦村、上屋村、东坑村、雁溪村 | 槎源村、坤塘村、凰驻山村、南冈口村、（爵誉）周家村、宋瓦村、枧桥村、螺江村、晚桥村、董田村、大夫第村、彭瓦村、漆田村、硕百斤村、对田村、漆田大塘坛村、新祠堂村、高冈村、木垄村、胡家下村、周瓦村 |
| 胡氏 | 新门口村、夏湖村、八斤村、水西村、岭下村、吾瓦村、国渡村、渡船埠村、大住下村、下村村、仓下村 | 古雅村、南冈口村、高田村、新屋村、桥头村、长洲村、旧居（普提寺）村、洲上村、高塅上村、义禾大塘坛村、阳田村、富家潭村、义禾田村、夏潭村、车山村、庙下村、枧溪村、罗湾村、亚江村、舍背村、下兰溪村、上兰溪村、羊瓦垄村、南径村、马坊岭村、北坑村、栋头村、塝溪村、尊下村、留车田村、南洲村、上坑村、冻坑村 |
| 蒋氏 | 洪潭村、夏吉头村、广厚村、枫树垄村、增庄村、上市村、两江口村、新居村、老居村、梅枧村、田心村、茆庄村、拱桥上村、上蒋村、锯木岭下村、山下蒋家村、瓦坞村、活溪村 | 新蒋瓦村、田丰田心村、老虎岕村 |
| 谢氏 | 车源村、十三景村、老屋村、十景村、谢家村 | 花园村、谢源村、车田谢瓦村、黄陂谢瓦村、屋背村、谢家村 |
| 康氏 | 六斤村、老礼门村、厦溪村、庙坪村、康家村 | 康家村、龙沟村、雁口村、康瓦村、圳口村、董瓦村、洋溪村 |
| 罗氏 | 下罗瓦村、罗瓦村、田尾村、恒头村、乡界村、五斗塘村、山塘村 | 瓦居村、罗瓦村、水路村 |
| 曾氏 | 藕塘村、桥上村、流塘村 | 古雅村、太原曾瓦村、石江口村、罗步曾瓦村、下西岗村、下坑村 |

（续表二）

| 族群姓氏 | 居住村落 | |
| --- | --- | --- |
| | 禾市镇 | 螺溪镇 |
| 郭氏 | 夏富洲村、楼树下村、上车村、夏坛村、冶草村 | 潭埠村、郭瓦村、北溪村 |
| 陈氏 | 辋下村、陈瓦村、永睦岭村、冶冈村、洋屋场村 | 田心村、槎江村、太平岭村、大门口村、留家垄村、陈瓦村、车塘村 |
| 彭氏 | 玉皇阁村、黄埠村、柞树下村、上官田村 | 花园彭瓦村、喜田村、东里村 |
| 王氏 | 庙下村、冻坑村 | 王家坊村、龙山村、槽下村、南岭下村、坳上村、夏园村、象牙山村、十八庄村 |
| 阙氏 | | 王院村、栋岗村、大路江村、沧下村、阙瓦村 |
| 吴氏 | 永瓦村、塘梅村 | 南门村 |
| 黄氏 | 沙里村、桐井庙村 | 垄田村、芳源岭村、高虎岭村、黄瓦村 |
| 戴氏 | 桂源村、沙溪村、石岗背村 | 南庄村、湖塘村、戴野村、小东村 |
| 段氏 | | 南冈段瓦村、段瓦村 |
| 乐氏 | 鲤跃背村、临清村、江下背村、乐家村、湖田村 | |
| 熊氏 | 六斤村、熊瓦村 | 水北岭村 |
| 孙氏 | 孙瓦村 | 横坑村 |
| 杨氏 | 杨瓦村、坑门村、上山村、马田垄村、南岭背村、梅塘村 | |
| 钟氏 | 新礼门村、钟瓦村、戴野村、阳陂山村 | 钟瓦坊村 |
| 詹氏 | | 詹家坊村、坛田村 |
| 龙氏 | 蒋瓦村 | 龙瓦村、老官洲村、郑瓦村 |
| 杜氏 | | 杜家村 |
| 朱氏 | | 院下村 |

（续表三）

| 族群姓氏 | 居住村落 | |
| --- | --- | --- |
| | 禾市镇 | 螺溪镇 |
| 丁氏 | | 丁瓦村 |
| 欧阳氏 | 江头村 | 欧里背村 |
| 俞氏 | | 独屋下村 |
| 谭氏 | 竹椅村 | 谭瓦村 |
| 梁氏 | 门陂村、庵前村、下官田村 | |
| 潘氏 | 潘瓦村 | |
| 赵氏 | 窗下村 | |
| 袁氏 | 袁瓦村、上门村、迁径村 | |
| 邓氏 | 下邓瓦村、邓瓦村 | |
| 高氏 | 治冈村 | 高上村 |
| 唐氏 | | 唐雅村 |
| 蔡氏 | | 棚下蔡家村 |
| 尹氏 | 古竹洲村、荷塘埠村 | |
| 易氏 | 跑塘村 | |
| 温氏 | 卧岭村 | |
| 雷氏 | 杏彦村、中田坑村 | |
| 毛氏 | 棠棣村 | |
| 邱氏 | 洲上村 | |
| 赖氏 | 赖家村 | |
| 龚氏 | 龚家村、老坑村 | |
| 严氏 | 严瓦村 | |
| 贺氏 | 贺瓦村 | |

从上表中可以看出，诸如李、萧、胡、刘、张、蒋、周等姓氏族群的村落数量较多，而杜、丁、严、贺、易、温、毛、邱、赖等姓氏族群村落数只有一个，体现出发展的不平衡性。当然，需要指出的是，上述数量较多的姓氏村落，并不完全是由某一

村落(及其所分村落)的繁衍分化所致。同一姓氏村落中,有的是由本地姓氏村落分化迁徙而成,有的则是从外地徙居而成,宗族血缘关系并不密切。另外,上述村落之间在形成年代、是否属于槎滩陂流域区等方面也存在着许多差异。具体见下文所述。

## 四、"务农业儒"的文化习俗

泰和县文化传统深厚,"务农业儒"之风盛行,推动了科举的发展和兴盛,是著名的"庐陵文化"核心区。其在北宋时已人文蔚起、名闻全国,明代更为鼎盛,涌现出杨士奇、陈循、王直、曾鹤龄、梁潜、萧磁、罗钦顺、欧阳德、郭子章等著名人物。地方相关文献中对此进行了描述,如光绪《吉安府志》中记载:

> 士人绰有风致,好书画;细民多技艺,物产颇饶于他邑。谭经之士知爱民检,荷锄之夫不忌贵游。山谷偏氓,奉公趋义,赴之如流水。俗喜诗书而尊儒雅,不独世业之家延师教子,虽间阎之陋、山谷之穷,序塾相望,弦诵声相闻。男女重于敦本忠义,本乎性成,不为势屈利诱。尤谨婚姻而重氏族,疾病多事祷禳,筑葬偏信风水。邑素称文献之邦,其君子守礼而畏法,其小民务农而力稽,或转货于市井,取什一之利,以养父母、育妻孥,而有自得之乐。是以贤者果于为善,其余亦安于所业,难与为恶。①

据相关文献记载统计,由唐至清,泰和共有进士396人,其中状元3人,榜眼4人,探花5人,武进士4人,举人1074人。② 自明洪武四年(1371年)至清同治十三年(1874年)的104年间,泰和共出进士213人;贡生更多,明代达625人,清代也有200余人。③

此外,宋明以来,吉安民众号称"难治",其缘由主要归因于他们的"多讼",

---

① (清)丁祥修,刘绎纂:光绪《吉安府志》卷一《地理志·风土》。
② 转引自许怀林:《槎滩陂——千年不败的灌溉工程》,本书编委会编:《漆侠先生纪念文集》,河北大学出版社2002年版,第401页。
③ (清)丁祥修,刘绎纂:光绪《吉安府志》卷二十一《选举志》。

即遇事颇愿诉诸公堂。明代曾任内阁首辅的江西名宦费宏曾对此进行了描述：

> 吉安统县为九，环地二千里，在吾乡为大郡，志称君子秀而文，小人险而健，大率民风士俗好刚负气耻出人后。士自游乡之校，已能嚣嚣然议政之得失，间阎细民，于法比条贯类知诵习，轻重出入之际，虽老吏或不能欺。①

明人罗洪先和邓元锡也曾先后说道：

> （泰和）土瘠民稠，所资身多业邻郡，其俗尚气节。君子重名，小人务讼。②
> （泰和）据江上游，庞淳多寿考，家有诗书，塾序相望，为忠义文献之邦，冠冕江右焉。君子尚名，小人尚气，颇多讼，称难治。③

这种"多讼"的习俗，反映的是一种民众群体性的价值观和行为方式，因其群体性以及对国家法规和管理的相适应性，给王朝政府和地方社会带来相当影响。这种习俗却从侧面映射出当地民众文化水准较高的水平，而这又是建立在当地文风兴盛的基础上的。

---

① （明）费宏：《送吉安太守任君象之序》，（清）丁祥修，刘绎纂：光绪《吉安府志》卷四十八《艺文志·序》。
② （明）邓元锡：《方域志》，（清）宋瑛等修，彭启瑞等纂：光绪《泰和县志》卷二《舆地志·风俗》。
③ （明）罗洪先：《舆图志》，（清）宋瑛等修，彭启瑞等纂：光绪《泰和县志》卷二《舆地志·风俗》。

# 第二章　水利区域的形成：
# 明以前槎滩陂流域社会

槎滩陂的创建，促进了流域区内土地的很大开发，原来的许多"高阜之田"变成了肥沃之地，由于其对当地农业的重要性，自然引起地方社会的重视。随着地方宗族的繁衍发展，围绕槎滩陂水利，开始产生了一系列的矛盾和冲突。在水利纠纷的产生和解决过程中，新的权力格局出现，导致水利管理方式上的突破，由"家族式民修"形式演变为"乡族式民修"形式，并以《五彩文约》为其制度上的依据，达到以水利为中心的区域社会的初步整合。

## 第一节　槎滩陂水利系统概况

槎滩陂位于泰和县禾市镇桥丰村委会槎滩村畔，创建于南唐，至今已有千余年的历史，号称"江南都江堰"，经过历朝维修，至今仍在发挥着引水灌溉效益。它不仅是泰和县最著名的传统水利工程，也是吉泰盆地乃至江西省最重要的农田水利系统之一。

### 一、槎滩陂概况

槎滩陂坐落于禾市镇桥丰村委会槎山村旁的牛吼江上，又名"茶陂""茶滩陂"。该陂横遏赣江三级支流——牛吼江（也称"灉水"），将其部分水流改道东流，包括主渠和三十六支分渠，流长三十余里，于螺溪镇郭瓦村委会三派村江口汇入禾水后流入赣江。整个流域区涉及今泰和县螺溪镇、禾市镇、石山乡和吉安县永阳镇四个乡镇,目前灌溉村庄约 200 个、灌溉面积达 5 万余亩,其中禾市镇和螺溪镇为核心灌溉区。

据相关文献记载,槎滩陂水利系统始建于南唐时期,创建者为后唐进士、曾任西台监察御史的周矩。官方文献最早见于康熙五十九年(1720 年)刊刻的《西江志》,其后雍正十年(1732 年)和光绪七年刊刻的《江西通志》都有相同记录,具体如下:

> 槎滩陂,在泰和县禾溪上流,后唐天成进士周矩所筑(矩官西台监察御史)。长百余丈,滩下七里许筑碉石陂,约三十丈。又于近地凿渠为三十六支,分灌高行、信实两乡田无算。子羡(仕宋为仆射)增置山田鱼塘,岁收子粒以赡修陂之费。皇祐四年嗣孙周中和撰有碑记。①

道光六年(1826 年)及光绪五年(1879 年)刊刻的《泰和县志》中也有相关的记载,具体如下:

> 槎滩、碉石二陂,在禾溪上流,为高行、信实两乡灌田公陂。修筑历系按田派费,通志载后唐天成二年进士、御史周矩创筑,其子羡(仕宋仆射)赡修。查李、唐、田三志无载,冉志已辨。②
>
> 槎滩、碉石二陂,在禾溪上流,为高行、信实两乡灌田公陂。(江西)通志:后唐天成进士御史周矩创筑,其子羡(仕宋仆射)赡修。乾隆志因李、唐、田三志未载,拟删。道光三年知县杨讱修志,生员周振与蒋、萧各姓迭控至京。六年春,奉部饬知,于新修志书载开"槎滩、碉石二陂,后唐御史周矩创筑,子羡赡修",以示不忘创筑之功。③

---

① (清)白潢修,查慎行纂:《西江志》卷十五《水利》,康熙五十九年刻本;(清)谢旻修,陶成纂:《江西通志》卷十五《山川略·水利二》,雍正十年刊本;(清)刘坤一修,赵之谦纂:光绪《江西通志》卷六十三《山川略·水利》,光绪七年刻本。

② (清)杨讱、徐迪惠等纂修:道光《泰和县志》卷三《水利(陂塘附)》。

③ (清)宋瑛等修,彭启瑞等纂:光绪《泰和县志》卷四《建置略·水利》。

而乾隆十八年(1783 年)刊刻的《泰和县志》则对《江西省志》中关于"槎滩陂由周矩创建"的说法有所质疑,并将其"删之"。具体如下:

> 槎滩陂、碉石陂,在信实、高行两乡,万历志载入信实乡四十九都及五十一二两都,与高行乡六十六都,系两乡四都灌田公陂,修筑按田派费,通志称"周矩筑陂,周羡增田塘赡修"等语,查李、唐、田三志并无未审,何据新志混采? 现据周锡爵等呈县请削,故删之。①

不难发现,清代当地民众围绕槎滩陂由谁创建曾发生过纠纷,由此造成县志和省志记载不同,其中缘由,笔者将在下文中进行探讨。上文中所说的"李、唐、田三志",分别是指明弘治知县李穆、万历知县唐伯元、清康熙知县田惟冀三人分别主修的《泰和县志》。这也从侧面反映出,槎滩陂创建后,尽管作为当地的一处较大灌溉水利系统,一直泽被于当地千家万户,但却长期默默地运行于乡间,其创建历程和创建者不为官府所重视,直到清朝才得到改变,并由此引发矛盾纠纷。其中涉及的国家与地方之间、地方民众之间的关系,也可见后文的分析。

查阅当地周氏族谱,则可以看到周矩创建槎滩陂的详细原委。据载,周矩本居于金陵(今江苏南京),为了躲避战乱,于后唐年间(929 年前后)携着全家老少,投奔在吉州(今江西吉安)任刺史的女婿杨天中,迁徙到江西泰和县万岁乡(宋改信实乡,今为螺溪镇南冈村)定居。在随后的农业生产过程中,他发现尽管牛吼江穿境而过,但境内大部分农田地势却高于河水而难以灌溉,使得当地民众农业生产劳作艰难。为改变这种不利环境,周矩深入当地田间地头开展调查,考察当地水源和地理环境,确定兴修水利的地点。经过几年的实地查勘和准备,周矩决定将陂址设在源出井冈山的牛吼江上游,河床坚硬、水流较缓的槎滩村畔,于南唐昇元元年(937 年)开始动工兴建槎滩陂水利工程,并开凿了三十六支分渠,工程历经七年,于南唐保大元年(943 年)完工。具体记载如下:

---

① (清)冉棠修,沈澜纂:《泰和县志》卷三《舆地志·陂塘》,乾隆十八年刻本。

周矩,字必至,号云峰,仕南唐任金陵监察御史,避马氏乱,因子婿杨天中竦为吉州刺史,由金陵避难徙居西昌万岁乡。见土田高燥,乃于高行乡创立槎滩、碉石二陂,买地决渠,析为三十六支,灌溉两乡九都田亩,故其地至今称为唐伏陇。①

矩公(八九五年至九七六年),后唐天成二年(九二七年)进士,天成年末徙居吉州泰邑万岁乡(即信实乡),即今螺溪南冈。矩公体察民情,从公元九三七年至九四三年创筑槎滩陂、碉石陂水利设施,造福万代。②

公讳矩,登南唐天成己丑进士,累官西台御史,刚介褆躬,信义孚民,纠劾不避权贵,谳狱必存宽恤,因唐末乱先几避难,随子婿杨天中竦刺吉州,岁徙居西昌万岁乡,值岁祲,富家多闭粜,独以轻息贷人,贫者竟不索价。睹土田高燥,乃于高行乡上流处创立槎滩、碉石二陂,逐地决渠,析为三十六支,灌溉两乡九都,岁逢旱不为殃,乡人至今德之。③

北宋皇祐四年(1052 年),周矩四世孙周中和写有《槎滩碉石二陂山田记》,追述了周矩等的修陂事迹,并刻之于石碑,目前还刻嵌于泰和县螺溪镇爵誉村周氏总祠久大堂前厅的西面墙壁中,且族谱中也进行了录载。碑文部分内容如下:

里之有槎滩、碉石二陂,自余周之先御史公矩创始也。公本金陵人,避唐末之乱,因子婿杨天中竦守庐陵,卜居泰和之万岁乡。然里地高燥,力田之人岁罔有秋,公为创楚。于是据早禾江之上流,以木桩竹筱压为大陂,横遏江水,开洪旁注,故名槎滩,滩下仅七里许,又伐石筑减水小陂,潴蓄水道,俾无泛溢,穴其水而时出之,故名碉石。已乃税陂近之地,决渠导流,析为三十六支,灌溉高行、万岁两乡九都稻田六百顷亩,流逮三派江口,汇而入江。

---

① 《(泰和)吉州周氏全谱·西昌周氏世系总图》,乾隆二十二年(1757 年)印本,第 13 页。
② 《泰和南冈周氏漆田学士派三次续修谱》第一册,1996 年铅印本,第 32 页。
③ 《泰和南冈周氏爵誉仆射派阳冈房谱·世德列传卷四》,1933 年吉安民生印刷所印本,第 1—2 页。

其后，历代都有本地士绅或官宦留下了关于周矩创建槎滩陂的记载，如明代曾任户科给事中的当地绅士刘不息就曾写道：

> 顾其田地高阜，水下荫注不及，见有六十五都槎滩小江一道，势高流行，乃相其宜，以木桩、竹筱压作小陂一座，横截江水，旁开洪以注之。又税地浚清导流，分作三十六支，至三派江口汇出，地互三十余里。下流仅五七里许曰碉石，又作减水小陂一座，使无泛溢之患，其水灌溉高行、信实两乡九都稻田六百顷亩，皆为膏腴之壤矣。[1]

槎滩陂主体工程拦河而筑，周矩初建时"以木桩、竹筱压为大陂，横遏江水，开洪旁注"，即是将若干根木桩打入河床，再编上长竹条，挡遏水流，然后筑填黏土，形成陂坝。木桩上部露出水面，高矮不一，陂略高于水面，洪水期陂坝没入水下。"开洪旁注"，是将折往东北向的江水主泓引进渠道仍然往东流，只有少量余水进入故道朝东北流去。此外，在槎滩陂下首约七里处的主泓水道上另建小水陂，以便分水灌田，"又伐石筑减水小陂"以"潴蓄水道，俾无泛溢，穴其水而时出之"，即碉石陂。周矩嗣孙周中和所说的灌溉"两乡九都稻田六百顷亩"，即六万亩，依据现今灌溉的田亩面积进行参照对比，可能存在着夸大的成分。当然，这并不能降低槎滩陂水利系统对当地社会的重要性。

元代以后，对槎滩陂的多次维修重建，皆在原址上进行，没有大改动。中华人民共和国成立以后，新开了南干渠，增建了虹吸管，扩大了槎滩陂水利系统的灌溉面积。据槎滩渠水利管理委员会《2000年度工作报告》中称："1982年泰和县水电局对拦河坝进行了加固和防渗处理，此后槎滩渠灌区的灌溉效益有了明显改善，最高时曾达到61047亩。"由于年久失修等原因，"目前仅达39111亩"[2]。

槎滩陂创建之初的材料，主要是木桩、竹条和土石及泥土等，为此周矩及其次子周羡还曾专门购买了桩山和竹林山作为修理经费的来源。直至明洪武年

---

① （明）刘不息：《槎滩碉石陂事实记》，《泰和南冈周氏漆田学士派三次续修谱》第十册《杂录》，第353页。

② 感谢槎滩陂水利管理委员会廖在亮副主任赠送此工作报告文稿。

间,才改成石头结构,一直到民国时期还是这种状况。中华人民共和国成立后,泰和县人民政府在1952、1953、1965、1982年多次对槎滩陂坝渠道进行改建、扩建,并在禾市镇桥丰村委会卯庄村新开了南干渠。其中,1982—1983年间的重修是至今为止的最后一次重修,筑成一座混凝土石陂。该水利工程由拦河坝(主坝、副坝)、筏道、排砂闸、引水渠、防洪堤、总进水闸组成。坝顶宽7米,坝脚宽18米,平均坝高4米,其中主坝顶高程78.80米,长105米;副坝顶高78.50米,长152米;筏道宽7米,排砂闸宽高2米×1.6米。[①]

水陂的滚水大坝仍在原址,干渠、支渠分布地域仍然是泰和西北部,目前控灌范围主要为泰和县禾市镇、螺溪镇、石山乡和吉安县永阳镇,受益范围共计四个乡(镇)32个村,最大控灌面积达到7.2万亩。其中南干渠先后流经桥丰、增庄、丰陇、雁溪、保全、西冈、中房、三都圩等村,约40个村落;在北干渠上增建虹吸管,引水过滩水,从南北两面扩大了灌溉面积,先后流经桥丰、增庄、普田、爵誉、南冈、上居、木陇、建丰、保全等村,约140个村落,并在总干渠上建了水电站,装机容量125千伏安,年发电量60万千瓦时。

## 二、槎滩陂建设的科学、生态理念

槎滩陂水利系统论证科学、选址合理,体现了中国传统农田水利工程建设的技术水平和理念。首先,槎滩陂工程规划和布局设计合理。槎滩陂属于南方山区典型的筑坝引水工程形式,其主要特点就是规划的科学性。周矩为了根治干旱之扰、解除百姓之苦,决定创建水利工程,并在建之前亲身勘察,勘察当地地形环境和水源,科学考证,最终将水利工程的选址定在牛吼江上游河流大角度转弯的槎滩村畔,并根据当地的自然条件和社会需要进行了综合规划,修建了主陂坝、主支渠道及减水陂等,组成了一套完整结构,并且对主陂坝、减水陂的位置安排合理。此后随着时代变迁,历经多次损毁和重修,工程技术和材料虽有所变化,但恢复后的槎滩陂在所处位置、工程形式和布局等方面仍与初建时大致相同,直至今日。这是槎滩陂科学规划和布局的最重要体现,也符合现代系

---

① 梁国全:《农业综合开发水利骨干工程项目建设规划资料》第一章,《工程概述》,第4页。

统科学原理。

其次，槎滩陂工程对泥沙壅塞坝基危害的巧妙规避，是其科学性的另一重要体现。槎滩陂主陂坝工程设置在牛吼江上游河水大转角的弯道上，于转角位置拦河筑坝，导引主泓依然顺势东流，体现了对流体力学原理的充分利用。瀙水的两条支流六八河、六七河交汇后流经这里，水量充足，且河床坚硬、水流缓慢，减轻了流水对坝体的冲击力，而且上游山区森林茂密，植被完好，堰坝泥沙淤积少，几乎不用"淘滩"，对坝基的危害较小，因而保护了坝基的安全，延长了其使用寿命，从创建至今千年不坏，其间虽然坝身屡屡重修，坝基却从未改移。

再次，槎滩陂体现了当地民众对水利建设的认知水平，也是中国传统时期南方山地农田水利工程技术水平的缩影。周矩遵循"因高卑之宜，驱自行之势，以尽水利"的原理，"壅江作坝"，创建了槎滩陂水利工程。工程高度设计合理，充分考虑了当地的地势、水流环境和农田需要，坝顶高度略低于河岸，洪水期陂顶没入水下，大量河水溢出坝顶流进原有河道，从而使得坝基免遭冲毁。另外，由于河流还是当地山区林木资源输出的主要通道，为保证航运畅通及鱼类徊游，水陂左侧还设置了大小泓口，供船只、竹排通行。这些措施不仅体现了当地民众对水利建设的认知水平，也充分延续和传承了战国以来"深淘滩，低作堰"和"遇弯截角，逢正抽心"的河方工程技术。这一科学技术原理在历史发展中不断传播和传承，也是日前治河兴渠指导思想的重要组成部分。

最后，槎滩陂筑坝选用了当地最优的黏土，降低了被水浸散的程度，从而在一定程度上延长了坝身的寿命。周鉴冰在《重修槎滩陂志》中记载了1939年槎滩陂的重修过程中，曾沿袭以往修陂取土地点选择的做法，文中记载"历来修陂，在阿狮坑取土，因该处之土富有坚性"[①]。这代表了近代技术革命以前，地方民众在水利建设过程中的相关认识和经验总结。

此外，槎滩陂水利系统体现出浓厚的生态理念。周矩建造的槎滩陂实行的是筑坝分水、开渠灌溉的形式，所使用的工程材料都是就地取材，用附近山上的

---

① 周鉴冰：《重修槎滩陂志·民国二十七年重修槎陂志九·工程纪要》，泰和县生计印刷局1939年铅印本，第28页。

竹木及条石等作为筑陂材料，并在陂坝高度、选址、灌溉、防洪等方面充分遵循了利用自然又不造成自然环境恶化的思路理念，构建并长期维护了流域区灌溉与航运、防洪与蓄水、水资源与土地等关系的良性发展。这是古代"天人合一"实践的一次例证，展示了古人的生态智慧和理念，也为当前如何实现人与自然和谐友好、推动经济社会可持续发展之路提供了重要的借鉴和启示。

总体来说，槎滩陂持续运营了一千多年，推动了吉泰盆地人口、经济和社会等取得巨大的发展，同时并没有对其所在的牛吼江河道及灌溉区域等造成负面生态效应，体现了经济、社会和生态环境的协调发展。其实践是"人水和谐"的科学治水理念以及"可持续发展"的社会发展观念的论证和体现。

# 第二节　水利开发与地方宗族的早期发展

槎滩陂流域区内现包括周、蒋、胡、李、萧五姓以及刘、谢、梁、康、陈、落、张、龙、曾、杨、王、乐、戴等在内的五十多个姓氏族群，共有近 400 个村落，但是其中大多数村落的历史要晚于槎滩陂。在槎滩陂创建之前，当地的村落数量并不是很多，宗族人口也比较少。明清时期发展成为当地五大著姓的周、蒋、胡、李、萧宗族都是在槎滩陂创建前后由外地迁居而来，且其最初都是单户家庭形式，经过两宋时期三百多年的发展，到元明之际才开始成为拥有许多房支及村落的大姓宗族。

## 一、流域区的早期开发

江西是南方稻作农业地区，水稻是主要粮食作物。宋元时期，本地区农业生产技术达到了相当高的程度，水稻品种得到增加和改良，并出现了稻麦复种制，农业生产工具也进一步改进和发展。宋代以前，本地区主要以粳型稻为主体。北宋初年，从占城国（今越南中南部）传入福建的籼型稻种类——占城稻引入江淮地区，其后又于宋真宗时期传入江南地区。史载：

真宗大中祥符四年(1011 年)，帝以江、淮、两浙稍旱即水田不登，遣使就福建取占城稻三万斛，分给三路为种，择民田高仰者莳之，盖早稻也。内出种法，命转运使揭榜示民。后又种于玉宸殿，帝与近臣同观；毕刈，又遣内侍持于朝堂示百官。稻比中国者穗长而无芒，粒差小，不择地而生。①

吉泰盆地是江西的主要水稻种植区域之一，史载"吉之壤正当古荆、扬之交，职方二州，皆宜稻，而吉在其两间，兼二州之美"②。北宋时期，吉泰盆地逐渐得到垦殖，范围不断扩大，耕地面积日益增加，"自邑以及郊，自郊以及野，峻岩重谷，昔人足迹所未尝至者，今皆为膏腴之壤"③。当地乡村到处都呈现出一派水稻种植区的风貌：

> 独吉之民，承雕瘵之余，能不谬于所习，盼盼然，惟稼穑之为务。凡髫龀之相与嬉，廛井之相与言，无非稷、锄、钱、镈之器。……上下日以播种为俗，无流离冻馁之迫，而有饱食逸居之计。④

作为水稻栽培农业区的泰和县，很快就引进了占城稻这一优良品种，且在很短的时间就培育出早占禾、晚占禾两个类型，据载，"西昌早种中有早占禾，晚种中有晚占禾，乃海南占城国所有，西昌传之才四五十年"⑤。泰和籍时人曾安止还写下了我国第一部水稻品种专著——《禾谱》，书中记录了当时泰和县栽培的水稻品种多达 52 个，包含早禾秔品、早禾糯品、晚禾秔品、晚禾糯品等种类。

水稻品类的增多，使得水稻的种植时期有所不同，南宋时文天祥在给朋友江万顷的信中介绍自己家乡吉州时写道："吾州从来以早稻充民食，以晚稻充官租。"⑥元代吉泰盆地出现了稻麦轮作制，刘诜描述了赣中稻麦轮作期的生产场景：

---

① （元）脱脱等：《宋史》卷一百七十三志第一百二十六《食货志上一·农田》。
② 《禾谱》残存，转引自尹美禄：《从〈禾谱〉看北宋吉泰盆地的栽培》，《农业考古》1990 年第 1 期。
③ （宋）曾安止：《禾谱序》，泰和县地方志编纂委员会：《泰和县志》第二章《山川》。
④⑤ （宋）曾安止：《禾谱》，转引自曹树基：《禾谱校释》，《中国农史》1985 年第 3 期。
⑥ （宋）文天祥：《文山集》卷六《与知州江万顷》。

> 三月四月江南村,村村插秧无朝昏。
>
> 红妆少妇荷饭出,白头老人驱犊奔。
>
> 五更负秧栽南田,黄昏刈麦渡东船。
>
> 我家麦田硬如石,他家秧田青如烟。①

麦收之后随即栽插稻秧,出现了金黄麦田和青绿稻秧田交错的农田景观。

农业生产的发展也与农具的改进和发展密切相关。宋元时期,吉泰盆地的农业生产工具在前期发展的基础上进一步改进,曲辕犁得到普遍推广,且对犁进行了改进,安置了犁刀,作垦辟荒田之用。南宋时,曾安止侄孙曾之谨写了《农器谱》,对当时的农具进行了记载,其中包含了翻地、灌溉、收割等农业生产工具和农产品加工储藏工具等,"凡耒耕、耨镈、车戽、蓑笠、铚刈、筱簣、杵臼、斗斛、釜甑、仓庾,厥类惟十,附以杂记,勒成三卷,皆考之经传,参合今制,无不备者"②,反映了当时江西农业生产工具制造和使用方面的情况。

此外,一种兼取秧和插秧之便的秧马农具经苏轼的介绍和推广,传到了江西,苏轼曾言:"吾尝在湖北,见农夫用秧马行泥中,极便,顷来江西作秧马歌以教。"③如今在泰和县石山乡匡原村曾氏宗祠,还保存有苏轼写的《秧马歌》内容的碑刻。为了弥补自然流灌的不足,当地民众还使用了筒车、龙骨车等灌溉工具,极大地扩大了农田灌溉面积。

水利是农业发展的命脉。这一时期泰和农业经济的开发和发展,是建立在水利开发基础之上的。两宋时期,当地的水利工程设施不断修建,如北宋明道二年(1033年),县令何嗣昌重建了梅陂(在今苏溪乡),恢复灌田200余顷④;南宋庆元年间(1195—1200年),卓洵以朝奉郎知吉州泰和县,"访求水利,得小江一道,发源武山,东行四十里,逾松杨、梦陂,涉李大步、丫头柱、沿溪,以合于大江,其流低洼,田亩高迥,桔槔难施,营创六闸,务潴泄,以救旱涝,共灌田一万余亩"⑤。

---

① (元)刘诜:《桂隐诗集》卷四《秧老歌三首》。

② (宋)周必大:《泰和曾氏农器谱序》,(清)谢旻修,陶成纂:《江西通志》卷一百三十六《艺文》,雍正十年刻本。

③ (宋)苏轼:《东坡志林》卷六。

④ 泰和县地方志编修委员会:《泰和县志》卷七十一第五章《水利》,1993年,第468页。

⑤ (清)刘坤一修,赵之谦纂:《江西通志》卷六十三《水利》。

随着人口的增加、耕地面积的扩大、水利工程设施的修建以及农业生产技术的进步，宋元时期本地区的农业生产得到大幅度增长，成为重要的水稻生产区和稻米输出区之一。江西每年向朝廷缴纳的米谷中，吉州所占比重约为十分之六七。此外，本地区民间销售的米谷也很多，是商品粮的重要供应地，宋代农学家曾安止对此有过专门论述：

> 江南俗厚，以农为生。吉居其右，尤殷且勤。漕台岁贡百万斛，调之吉者十常六七，凡此致之县官耳。春夏之间，淮甸荆湖，新陈不续，小民艰食，豪商巨贾，水浮陆驱，通此饶而阜彼乏者，不知其几千万亿计。朽腐之逮，实半天下，呜呼盛哉。[1]

北宋时人沈括的《梦溪笔谈》中记载："发运司岁供京师米，以六百万为额。淮南一百三十万石，江南东路九十九万一千一百石，江南西路一百二十万八千九百石，荆湖南路六十五万石，荆湖北路三十五万石，两浙路一百五十万石。"[2]以"十常六七"比率计算，此时吉州应缴纳的米谷达到七十二万五千余石至八十四万六千余石，可见缴纳粮米数额之大。

南宋著名学者袁燮（1144—1224 年）在为赵氏宗室成员赵善待写的《朝请大夫赠宣奉大夫赵公墓志铭》中，对南宋吉州向朝廷输纳的具体粮食数额有大致记载，为我们提供了参考：

> （赵善待）擢隆兴元年进士第……通判吉州……尝摄郡政，时方和籴，江西吉当十万石。官吏白公："本钱未降，而省符屡趣，计将安出，均之诸县，其可？"公曰："今八县之民输米郡仓，斛计四十八万，凡水脚等费，皆变米得钱，市商牟利，由是伤农，其可重扰乎？若使以米代钱，公私俱便。"行之不疑，民果乐从。比新太守至，籴已足矣。[3]

---

[1] （宋）曾安止：《禾谱》，转引自曹树基：《禾谱校释》，《中国农史》1985 年第 3 期。
[2] （宋）沈括：《梦溪笔谈》卷十二《官政二》，岳麓书社 2002 年，第 95 页。
[3] （宋）袁燮：《絜斋集》卷十七《朝请大夫赠宣奉大夫赵公墓志铭》，《文渊阁四库全书》本，第 1157 册，第 235 页。

其文中所说的吉州八县，即庐陵（今吉安）、吉水、安福、泰和、永丰、龙泉（今遂川）、永新、万安县。其中，前四县是吉泰盆地的核心区，农耕区域较多；后四县则处于吉泰盆地的边缘区，山林面积更大。按《宋史·地理志》记载，宋代吉州八县全部是"望"级县，生产水平大体相同。八县共输纳粮米48万斛，和籴又增加10万石，再加水脚等费用，合计便超过58万石，占江南西路漕粮200万石的29%以上。姑且不论临时性质的和籴粮米10万石，仅是正常时期的输纳及水脚杂费折米，也已在50万石左右，数额较大。而且"以米代钱，公私俱便"，人们乐意接受，表明当地粮食可供应量大。"比新守至，籴已足"，当地民众按期足额完纳税赋，没有拖欠，表明当地稻米充足。由此可见当时吉泰盆地粮食生产的发展程度和地位。

这一时期，耕作农业经济结构促进了本地区社会经济的发展，而这种经济结构，适应了国家倡行的科举制度，于是影响地方社会的文化形态，为当地文化的发展奠定了物质基础和文化氛围，由此推动了当地"务农业儒"习俗的兴起。据史料记载，自宋以来，当地文风鼎盛，百姓好读书，正如时人王陶在《公厅记》中所说："人喜儒学，居多士，君子牒讼疏简，征输期调颇先。"①南宋著名政治家、出生于吉安的周必大在《咏归亭记》中也曾说泰和"文风盛于江右"②。当时的地方志中也有所记载：

> 西昌之俗，大抵喜诗书而尊儒雅，不独世业之家延师教子，虽间阎之陋、山谷之穷绝，序塾相望，弦诵声相闻。（淳熙志）③

"务农业儒"的习俗推动了当地文化和科举事业的发展。自宋代以来，泰和文化逐步繁荣，至明代则更是达到鼎盛，"素称文献巨邦"，尤其是科举成就显著。根据统计，宋朝泰和一共出了166名进士，占江西进士的3.1%；元代出了10名进士，占江西进士的4.8%。伴随着科举的兴盛，宋代以来，特别是明代后泰和宗族力量开始兴起，当地涌现出了许多故家大族，正如时人所记载

---

① （清）冉棠修，沈澜纂：乾隆《泰和县志》卷四《风俗》。
② （清）谢旻等修，陶成等纂：《江西通志》卷三十六《风俗》。
③ （清）宋瑛等修，彭启瑞等纂：光绪《泰和县志》卷二《风俗》。

的"泰和之故家大族多矣"①"吾邑多大家"②。泰和宗族的兴起和壮大,是深深根植于当地发达的科举基础之上的,其发展反过来又推动了当地科举事业的繁盛。

## 二、地方宗族的早期发展

槎滩陂水利系统兴修的唐末五代,是江西人口迁入的重要时期。此时北方处于频繁的动乱之世,而江西因距战场较远,据载"当闽越奥区,扼江关重阻,既完且富,行者如归"③,大体保持着和平安定局面,经济也得以稳定发展,吸引了大量南下避乱的北方移民的迁入。地处赣江中游的吉泰盆地,经济开发走在江西地区的前列,史载"自江以南,吉为富州"④,接纳了大量的外来人口。

槎滩陂流域区的泰和县也不例外,史载:"泰和为县,介在一隅,当五季干戈之扰,四方大姓之避地者,辐辏竞至,曾自长沙,张自洛阳,陈、严、王、萧、刘、倪等族,皆自金陵而占籍焉,而生齿之繁,遂倍蓰于旧。"⑤据文献记载,这些迁入者当中不乏一些有相当财力的官绅之家,如刘氏、陈氏、周氏、胡氏、萧氏、康氏、梁氏等,具体如下文:

> (刘氏)"为吾邑右族,其先在后唐时,来自金陵,逮宋而人才辈出,衣冠宦业,他族莫或先焉。"⑥
>
> (陈氏)"先五季时自金陵徙泰和,世为诗书家。宋元皆科第入仕者六十人……""陈,泰和硕宗,五季时自金陵徙来,历宋元以科第入仕者六十人。"⑦

---

① (明)王直:《抑庵文后集》卷三《积善堂记》,《文渊阁四库全书》第 1241 册,第 377 页。

② (明)王直:《抑庵文后集》卷十四《赠义民萧德赞序》,《文渊阁四库全书》第 1241 册,第 659 页。

③ (唐)于邵:《送王司仪季友赴洪都序》,《全唐文》卷四百二十七,中华书局 1985 年影印本。

④ (唐)皇甫湜:《吉州庐陵县令厅壁记》,《文苑英华》卷八百五,中华书局 1966 年影印本。

⑤ (清)宋瑛等修,彭启瑞等纂:光绪《泰和县志》卷六《政典志·户役》。

⑥ (明)罗钦顺:《书珠林刘氏溯源录后》,(清)宋瑛等修,彭启瑞等纂:光绪《泰和县志》卷二十四《艺文志》。

⑦ (明)杨士奇:《东里文集》卷十六《墓表·陈处士墓表》;卷二十二《传·陈孟省传》,刘伯涵、朱海点校,中华书局 1998 年版,第 231、333 页。

（周氏）"周，吉之泰和爵誉里名家。其先讳矩者，尝显于南唐，至宋累累有科第。"①

（胡氏）"自金陵徙吉而析为三：伯居庐陵之值夏，忠简公铨其后也；仲居泰和之南冈，庆历进士朝议大夫衍其后也；季居泰和之黄漕，南城县丞笺其后也……胡氏三族其诗书相映，衣冠不乏，此可敬也。"②

（萧氏）"五代时有讳球者，由金陵徙长沙。球生军巡判官觉，马氏之乱，觉徙居吉之永新，迁泰和之禾溪。"③

（康氏）"雷冈康氏，在吾邑千秋乡，去邑城仅一舍许。谱称其先世当五代之际有能甫者自金陵来官泰和，遂选胜于雷冈之下家焉。更宋历元以至我朝，盖数百年矣。在宋累有中乡科者。"④

（梁氏）"西昌梁氏，其先自长沙徙江陵，至南唐，征仕郎胜用文徙西昌，世袭儒行，至宋赠知吉州。逢吉二子，君崇累官起居舍人，兵部员外郎，直史馆，知凤翔、池州、安庆三郡；君杰累官黄州同知，翰林编修……"⑤

据《泰和县地名志》记载，目前禾市、螺溪两镇共有自然村落总数403个，51个族群。其中，位于槎滩陂流域区内的姓氏族群有41个，共有215个村落，但是其中大多数村落的形成年代要晚于槎滩陂。在槎滩陂创建之前，当地的村落并不是很多，宗族人口也比较少，如明清时期成为当地著姓的周、胡、李、萧等宗族都是在唐末五代时期从外地迁移过来的，且其最初都是单户家庭形式。目前所存的村落中，在唐末五代迁到禾市、螺溪两地开基的村庄有16个，占村落总数的4.07%，其中流域区9个，非流域区7个；共有13个姓氏族群数，占族群总数的25.49%。具体如表2-1所示。

---

① （明）杨士奇：《东里文集》卷二十二《传·周是修传》，刘伯涵、朱海点校，第331页。
② （明）杨士奇：《东里文集》卷十一《题跋·书胡氏先世二记后》，刘伯涵、朱海点校，第169页。
③ （明）梁潜：《书南溪萧氏族谱图后》，（清）宋瑛等修，彭启瑞等纂：光绪《泰和县志》卷二十四《艺文志》。
④ （明）罗钦顺：《整庵存稿》卷九《雷冈康氏族谱》，《文渊阁四库全书》第1261册，第127页。
⑤ （明）杨士奇：《泰和梁氏续谱序》，《泰和梁氏族谱》，1909年铅印本，第1页。

表2-1　唐末五代时期泰和县禾市镇、螺溪镇开基的姓氏和村落情况表①

| 流域区村落 | 建村时代 | 姓氏 | 迁出地村落 | 非流域区村落 | 建村时代 | 姓氏 | 迁出地村落 |
|---|---|---|---|---|---|---|---|
| 南冈口 | 南唐 | 胡氏周氏 | 金陵（今南京） | 池下村 | 唐天祐年间（904—907年） | 萧氏 | 吉安县 |
| 爵誉康家村 | 南唐 | 康氏 | 金陵（今南京） | 早居村 | 唐末 | 刘氏 | 万载县 |
| 院下村 | 唐末 | 朱氏 | 县城南门朱家 | 老礼门村 | 唐中和年间（881—884年） | 康氏 | 湖南长沙 |
| 爵誉周家村 | 后唐 | 周氏 | 金陵（今南京） | 乐家村 | 后唐天成年间（926—929年） | 乐氏 | 县城 |
| 段瓦村 | 唐末 | 段氏 | 永新县百雀楼段家村 | 治冈村 | 后唐天成年间（926—929年） | 高氏陈氏 | 永新县 |
| 喜田村 | 唐末 | 彭氏 | 吉安县田心仓管村 | 竹椅村 | 唐初 | 谭氏 | 吉安县指阳潭瓦村 |
| 漆田村 | 后唐 | 周氏 | 金陵（今南京） | 安平寺村 | 唐末 | 萧氏 | 安福县汸田村 |
| 上张瓦村 | 南唐 | 张氏 | 广东曲江 | | | | |
| 桐陂村 | 唐乾符年间（874—879年） | 李氏 | 分宜县白芒村 | | | | |

　　从上表可以看出,唐末五代时期,目前存在的姓氏族群中来到槎滩陂流域区开基的比重较高,占1/4,但此时还处于开基的第一世时期,因而所繁衍的村落数量非常少,仅占约4%。其中大部分是从省内其他县及本县其他乡镇迁入,共有10个村落,占迁入开基村落总数的约62.5%。这些村落在其后大都繁衍了一定数量的支房村落,成为当地的开基祖(始祖)村落。

　　至两宋时期,当地的族群和村落数量得到飞速发展,槎滩陂流域社会的开发

①　江西省泰和县人民政府地名办公室编印:《江西省泰和县地名志》,第40—70页。

和发展也进入到新的阶段。这是外来族群迁入和本地已有族群繁衍共同作用的结果。根据统计,此时新开基的村庄达到 90 个,占两乡镇自然村总数的22.9%;涉及萧、周、康、胡、刘、戴、李、蒋、罗、谢、彭、张、尹、杨、黄、欧阳、梁、邓、袁、钟、阙、王、唐、丁、熊、曾、龙等 27 个姓氏族群,加上唐末五代迁此的谭、高、段、朱、陈、乐 6 个姓氏,共有 33 个姓氏,占族群总数的 64.71%。具体见表 2-2 所示。

表 2-2　两宋时期泰和县禾市镇、螺溪镇开基村落情况表①

| 行政区划 | 灌溉范畴 | 开基村落 | 建村年代 | 村落族群 | 迁出地村落 |
|---|---|---|---|---|---|
| 螺溪镇 | 流域区<br>(27 个) | 水路村 | 宋代 | 罗氏 | 禾市镇乡界村 |
| | | 冻冈岭村 | 南宋理宗间 | 刘氏 | 吉安县 |
| | | 下西岗村 | 南宋淳熙间 | 曾氏 | 吉水县日塘村 |
| | | 路边村 | 南宋建炎庚戌 | 萧氏 | 遂川县 |
| | | 渡下村 | 北宋元祐间 | 萧氏 | 池下村(已殁) |
| | | 槎源村 | 南宋建炎间 | 周氏 | 永新县厚田周家村 |
| | | 唐雅村 | 宋代 | 唐氏 | 河南郑州 |
| | | 竹山村 | 南宋咸淳间 | 李氏 | 分宜县白芒村 |
| | | 枧后村 | 南宋咸淳间 | 李氏 | 分宜县白芒村 |
| | | 垄田村 | 北宋中期 | 黄氏 | 吉安县指阳渡长丰村 |
| | | 谢源村 | 南宋咸淳间 | 谢氏 | 安福县平都辛里 |
| | | 丁瓦村 | 南宋建炎间 | 丁氏 | 仙槎乡羊陂坳村 |
| | | 转江村 | 宋末 | 刘氏 | 永新县三门前中村 |
| | | 水北岭村 | 南宋贞元间 | 熊氏 | 进贤县灌上村 |
| | | 车田谢瓦村 | 南宋咸淳间 | 谢氏 | 安福县城北门 |
| | | 南冈李家村 | 南宋绍定间 | 李氏 | 分宜县白芒村 |
| | | 岭下村 | 北宋靖康间 | 刘氏 | 上田桔园村 |
| | | 郑瓦村 | 南宋淳祐间 | 龙氏 | 吉安县指阳渡龙潭村 |
| | | 鼎瓦村 | 南宋咸淳间 | 张氏 | 禾市镇沙里村张家 |
| | | 旧居村 | 南宋乾道间 | 胡氏 | 义禾田村 |

---

① 江西省泰和县人民政府地名办公室编印:《江西省泰和县地名志》,第 40—70 页。

（续表一）

| 行政区划 | 灌溉范畴 | 开基村落 | 建村年代 | 村落族群 | 迁出地村落 |
|---|---|---|---|---|---|
| 螺溪镇 | 流域区<br>（27个） | 秋岭村 | 北宋咸平己亥年 | 萧氏 | 上田龙门 |
| | | 爵誉张瓦村 | 南宋嘉泰间 | 张氏 | 吉安县长垄村 |
| | | 义禾田村 | 南宋绍兴间 | 胡氏 | 湖南醴陵县 |
| | | 罗步田村 | 南宋景炎间 | 萧氏 | 禄冈村 |
| | | 枧溪村 | 北宋开宝间 | 胡氏 | 县城小塔前 |
| | | 螺江村 | 南宋理宗间 | 周氏 | 漆田村 |
| | | 舍背村 | 南宋景炎间 | 胡氏 | 福建崇安县舍溪 |
| | 非流域区<br>（16个） | 禄冈村 | 南宋淳祐间 | 萧氏 | 吉水县 |
| | | 下兰溪村 | 北宋庆历间 | 胡氏 | 南冈口村 |
| | | 南径村 | 南宋乾道乙酉年 | 胡氏 | 吉安县永阳东园村 |
| | | 栋岗村 | 南宋中期 | 阙氏 | 今吉水县 |
| | | 王家坊村 | 北宋熙宁间 | 王氏 | 山东临沂 |
| | | 上坑村 | 南宋嘉定壬午年 | 胡氏 | 南径村 |
| | | 东冈村 | 北宋元祐间 | 萧氏 | 池下村（已殁） |
| | | 照溪村 | 南宋嘉熙间 | 刘氏 | 苏溪镇山溪村 |
| | | 山下村 | 北宋元祐间 | 萧氏 | 池下村（已殁） |
| | | 桐井坳上村 | 南宋宝祐间 | 刘氏 | 甫门口岭下村 |
| | | 谢家村 | 南宋祥兴间 | 谢氏 | 禾市镇十三景村 |
| | | 禄溪村 | 南宋景炎间 | 刘氏 | 桐井坳上村 |
| | | 北岭村 | 南宋咸淳间 | 刘氏 | 南冈口岭下村 |
| | | 社前村 | 南宋淳祐间 | 刘氏 | 坊牌下村 |
| | | 新塘村 | 南宋咸淳间 | 李氏 | 吉安县谷村 |
| | | 沙塘村 | 南宋绍定间 | 萧氏 | 禾市镇芦源上大夫村 |
| | 流域区<br>（14个） | 玉皇阁村 | 南宋咸淳间 | 彭氏 | 吉安县永阳尊溪彭家村 |
| | | 桑田村 | 南宋嘉泰间 | 萧氏 | 吉安县永阳曲山村 |
| | | 下罗瓦村 | 南宋景炎戊寅年 | 罗氏 | 官田罗瓦 |
| | | 杨瓦村 | 北宋庆历间 | 杨氏 | 泰和县城 |

（续表二）

| 行政区划 | 灌溉范畴 | 开基村落 | 建村年代 | 村落族群 | 迁出地村落 |
|---|---|---|---|---|---|
| 禾市镇 | 流域区（14个） | 罗瓦村 | 南宋咸淳间 | 罗氏 | 官田罗家 |
| | | 沙里村 | 南宋时期 | 黄氏 张氏 | 福建（黄氏）永新县（张氏） |
| | | 夏湖村 | 宋末 | 胡氏 | 吉安县永阳东园村 |
| | | 门陂村 | 南宋淳祐间 | 梁氏 | 县城东门梁家巷 |
| | | 上西岗村 | 北宋天圣间 | 周氏 | 螺溪爵誉周家村 |
| | | 邓瓦村 | 宋末 | 邓氏 | 县城西门 |
| | | 老居村 | 南宋淳祐间 | 蒋氏 | 万合镇梅溪村 |
| | | 彬里村 | 南宋嘉定己巳年 | 萧氏 | 隘前村 |
| | | 古竹洲村 | 南宋景定间 | 尹氏 | 沙村镇高陇尹家村 |
| | | 槎山陂村 | 南宋淳熙庚子年 | 张氏 | 吉安县 |
| | | 江头村 | 南宋景炎丁丑年 | 欧阳氏 | 吉安县永和镇 |
| | | 乐山下村 | 北宋大康间 | 张氏 | 吉安县茂陂圩新屋场 |
| | | 寨下村 | 北宋咸平间 | 萧氏 | 隘前村 |
| | | 陈瓦村 | 北宋大观间 | 陈氏 | 吉安县陈家背村 |
| | 非流域区（33个） | 泮田村 | 南宋绍兴丁巳年 | 刘氏 | 永新县三门前村 |
| | | 水门村 | 南宋嘉熙间 | 萧氏 | 螺溪镇歇岭村 |
| | | 上门村 | 宋末 | 袁氏 | 冠朝镇横江村 |
| | | 钟瓦村 | 南宋景炎戊寅年 | 钟氏 | 兴国县竹坝村 |
| | | 厦溪村 | 南宋初 | 康氏 | 今南京 |
| | | 官陂村 | 北宋末 | 萧氏 | 芦源水口庄村 |
| | | 官塘村 | 北宋重和间 | 刘氏 | 湖南长沙 |
| | | 车源村 | 北宋庆历间 | 谢氏 | 安福县辛里村 |
| | | 国渡村 | 北宋初 | 胡氏 | 湖南醴陵县 |
| | | 田尾村 | 北宋初 | 罗氏 | 湖南 |
| | | 渡船埠村 | 北宋前期 | 胡氏 | 国渡村 |
| | | 山下村 | 北宋末 | 萧氏 | 湖南长沙 |

（续表三）

| 行政区划 | 灌溉范畴 | 开基村落 | 建村年代 | 村落族群 | 迁出地村落 |
|---|---|---|---|---|---|
| 禾市镇 | 非流域区<br>（33 个） | 十三景村 | 南宋景炎丁丑年 | 谢氏 | 老屋村 |
| | | 黄埠村 | 南宋嘉定间 | 彭氏 | 宁都县 |
| | | 老屋村 | 南宋宝祐乙卯年 | 谢氏 | 万安县山陂村 |
| | | 丘塘埠村 | 宋末 | 刘氏 | 安福县黄漕芳塘埠村 |
| | | 山下蒋家村 | 南宋中期 | 蒋氏 | 瓦坞村 |
| | | 水溪村 | 南宋咸淳间 | 萧氏 | 螺溪镇秋岭村 |
| | | 岩前村 | 南宋中期 | 萧氏 | 芦源村 |
| | | 乡界村 | 北宋初 | 罗氏 | 湖南 |
| | | 瓦坞村 | 南宋绍兴丙辰年 | 蒋氏 | 湖南茶陵县 |
| | | 桂源村 | 南宋淳祐间 | 戴氏 | 苏溪镇石洲村 |
| | | 雁溪村 | 宋末 | 周氏 | 螺溪镇爵誉村 |
| | | 沙溪村 | 南宋绍兴间 | 戴氏 | 湖南长沙 |
| | | 车田村 | 南宋咸淳间 | 李氏 | 吉水县谷村 |
| | | 潞滩村 | 宋末 | 萧氏 | 芦源下大夫村 |
| | | 沛潭村 | 宋末 | 李氏 | 吉水县谷村 |
| | | 上大夫村 | 北宋元祐间 | 萧氏 | 水口庄村 |
| | | 下大夫村 | 南宋宝庆间 | 萧氏 | 上大夫村 |

从上表中可以看出，两宋时期禾市、螺溪两镇的开基村落之中，共有 67 个村落是南宋期间建村的（其中螺溪镇 34 个，禾市镇 33 个），超过了总数的 2/3[1]；23 个是北宋时期建村的（其中螺溪镇 9 个，禾市镇 14 个）。在这些村落中，位于槎滩陂流域区的村落共有 41 个（其中螺溪镇 27 个，禾市镇 14 个），而位于非流域区的村落共有 49 个（其中螺溪镇 16 个，禾市镇 33 个）。迁入者的出发地主要是附近的县乡，即吉安、吉水、永新、分宜、安福、遂川、万安、宁都等县以及本县其他乡镇，共有 45 个村落，占新增村落总数的 1/2；此外，还有来自湖南、河南、福建、江苏、山东等省外族群的迁入，共有 10 个村落，约占新

---

① 笔者将记载为"宋末""宋代"的时期都计入南宋时期，共 10 个村落。

增村落总数的 1/10。

除外迁居民外,这一时期开基的村落还来自本地村落的繁衍分化(35 个),约占新增村落总数的 2/5。如渡下村、山下村、东冈村自池下村析出;螺江村自漆田村析出;下兰溪村自南冈口村析出;官陂村和上大夫村自水口庄村析出;下大夫村、沙塘村、岩前村自上大夫村析出;潞滩村又自下大夫村析出;旧居村自义禾田村析出;谢家村自十三景村析出;彬里村、寨下村自隘前村析出等,由此形成了"同姓同宗"村落群,以及"开基祖—房祖"的宗族层级结构。邻近地区范围内的迁徙,是民众寻求更优生存环境所致,属于自发性流动,是良性的调整,和战乱、灾荒中的逃难流离迥然不同。

进入元代,随着外地民众的迁入和本地民众的繁衍分徙,该地区的的村落数量仍在增加。根据统计,此时新开基的村庄有 30 个,占两乡镇村落总数的7.63%;涉及刘、李、陈、曾、萧、张、詹、胡、蒋、郭、谢等 11 个姓氏,占族群总数的21.57%,与宋代相比,新增了詹、郭两个姓氏族群,共有 35 个姓氏。此时期的开基村落信息,具体如表 2-3 所示。

表 2-3 元代泰和县禾市镇、螺溪镇开基村落情况表①

| 行政区划 | 灌溉范畴 | 开基村落 | 建村年代 | 村落族群 | 迁出地村落 |
|---|---|---|---|---|---|
| 螺溪镇 | 流域区<br>(10 个) | 大汶前村 | 元至正间 | 刘氏 | 禾市镇刘瓦村 |
| | | 车田村 | 元大德间 | 李氏 | 南冈李家村 |
| | | 田心村 | 元代中期 | 陈氏 | 南冈口村 |
| | | 柞陂村 | 元至元间 | 刘氏 | 安福县黄漕芳塘村 |
| | | 罗步曾瓦村 | 元至元间 | 曾氏 | 义仓上(已废) |
| | | 前岸村 | 元大德乙巳年 | 萧氏 | 罗步田村 |
| | | 槎富张瓦村 | 元至正间 | 张氏 | 上张瓦村 |
| | | 坛田村 | 元至元间 | 詹氏 | 桥头镇高市詹家村 |
| | | 栋头村 | 元至正戊戌年 | 胡氏 | 吉安县滩头村 |
| | | 下张瓦村 | 元天历间 | 张氏 | 上张瓦村 |

---

① 江西省泰和县人民政府地名办公室编印:《江西省泰和县地名志》,第40—70页。

（续表）

| 行政区划 | 灌溉范畴 | 开基村落 | 建村年代 | 村落族群 | 迁出地村落 |
|---|---|---|---|---|---|
| 螺溪镇 | 非流域区<br>（6个） | 詹家坊村 | 元至正间 | 詹氏 | 桥头镇高市詹家村 |
| | | 董村 | 元至元间 | 萧氏 | 禄冈村 |
| | | 大门口村 | 元初 | 陈氏 | 县城西门柳溪村 |
| | | 藻苑村 | 元至元间 | 李氏 | 马市镇南坑村 |
| | | 陈瓦村 | 元泰定丁卯年 | 陈氏 | 县城东门清溪村 |
| | | 桥头村 | 元至顺间 | 萧氏 | 沙塘村 |
| 禾市镇 | 流域区<br>（7个） | 洪潭村 | 元天历间 | 蒋氏 | 老居村 |
| | | 上车村 | 元大德间 | 郭氏 | 万安县石壁下郭家 |
| | | 康居村 | 元代中期 | 刘氏 | 沿溪镇仓岭村 |
| | | 院头村 | 元至正壬午年 | 张氏 | 永新县东乡村 |
| | | 信坞村 | 元至正间 | 张氏 | 吉安县桐坪龙江湖 |
| | | 塘边村 | 元至正间 | 萧氏 | 芦源村 |
| | | 吾瓦村 | 元至元间 | 胡氏 | 国渡村 |
| | 非流域区<br>（7个） | 水西村 | 元代至元间 | 胡氏等多姓 | 湖南醴陵 |
| | | 张瓦村 | 元至正庚寅年 | 张氏 | 湖南 |
| | | 新居村 | 元至正间 | 蒋氏 | 老居村 |
| | | 刘瓦村 | 元代元贞间 | 刘氏 | 今新干县 |
| | | 庙坪村 | 元末 | 康氏 | 礼门村 |
| | | 十景村 | 元至元庚寅年 | 谢氏 | 十三景村 |
| | | 池坑村 | 元末 | 李氏 | 永新县曲江下洲坝村 |

　　至元代时期,禾市、螺溪两镇的村落数量达到136个,其中位于槎滩陂流域区的村落67个,非流域区村落69个。可以看到,在村落繁衍的过程中,大多数是单姓村,多姓村落较少,如南冈口村、沙里村和水西村等少数村落,其中南冈口村为胡、周、陈姓杂居,沙里村为黄、张姓混居,水西村为胡姓等杂居。

　　此时,迁入者的出发地依然主要来源于附近的县乡,即吉安、万安、永新、安福等县以及本县桥头、沿溪等乡镇,共有 13 个村落,几乎占新增村落总数的 1/2;自湖南等省外族群迁入的村落有 2 个,其余一半(15 个)的村落则是来源于本地村落的繁衍分徙。根据对上述三表的统计,我们还不难发现,元代时期当地族群呈现出两种不同的倾向,一方面,依然还有一些族群从外地迁入,停留在开基建村的阶段,如唐氏、郭氏、袁氏、邓氏、欧阳氏等 17 个。具体见表 2－4 所示。

表 2－4　元代泰和县禾市镇、螺溪镇单一村落族群情况表①

| 姓氏 | 村落名称 | 建村年代 | 姓氏 | 村落名称 | 建村年代 |
|------|----------|----------|------|----------|----------|
| 唐氏 | 唐雅村 | 宋代 | 高氏 | 治冈村 | 后唐天成间 |
| 郭氏 | 上车村 | 元大德间 | 谭氏 | 竹椅村 | 唐初 |
| 袁氏 | 上门村 | 宋末 | 阙氏 | 栋岗村 | 南宋中期 |
| 邓氏 | 邓瓦村 | 宋末 | 王氏 | 王家坊村 | 北宋熙宁间 |
| 欧阳氏 | 江头村 | 南宋景炎丁丑年 | 丁氏 | 丁瓦村 | 南宋建炎间 |
| 段氏 | 段瓦村 | 唐末 | 龙氏 | 郑瓦村 | 南宋淳祐间 |
| 乐氏 | 乐家村 | 后唐天成间 | 杨氏 | 杨瓦村 | 北宋庆历间 |
| 梁氏 | 门陂村 | 南宋淳祐间 | 钟氏 | 钟瓦村 | 南宋景炎戊寅年 |
| 尹氏 | 古竹洲村 | 南宋景定间 | | | |

另一方面,经过两宋时期三百多年的发展,特别是由于槎滩陂的修建对当地农业生产环境的改善,至元代时期,许多姓氏族群进一步繁衍发展,在宗族人口的不断迁徙下,分支村落进一步增加,一些姓氏族群形成了始祖村—总房派村—支房村—分支房村的多层级族群村落结构。

当然,也应看到,此时当地存在的众多村落中,除了仅有一个村落的繁衍在上述 17 个姓氏族群外,很多村落之间尽管为相同姓氏族群,但却是分别从不同

① 江西省泰和县人民政府地名办公室编印:《江西省泰和县地名志》,第40—70 页。

地方迁入的,相互之间并没有直接的血缘关系,由此形成了"同姓不同族"的现象,体现了本地区族群发展繁衍的复杂性、多元性特征。笔者以周、萧、胡、李四姓族群为例,对这时期宗族的发展繁衍状况进行阐述。

后唐年间(929年前后),曾任西台监察御史的周矩携家人由金陵(今南京)迁居于泰和县螺溪镇南冈村,成为当地周氏宗族的始祖,南冈村也即为其始祖村落。到第二世时,周氏家族出现分化,由单一家庭形式发展为核心家庭形式,即由"大家庭"向"小家庭"的变化。周矩长子周翰和次子周羡分别从原来的大家庭中分离出来,周翰迁居于漆田村,而周羡则随父亲定居于爵誉村,于是周氏家族由一个村落发展成两个村落。其后,周翰一支称为学士派,周羡一支称为仆射派,周翰和周羡分别成为两房派的房祖。学士派房和仆射派房是周氏宗族的两大总房,周氏宗族的众多村落都是由这两大房派繁衍而成。除了周矩所繁衍的周氏宗支外,这一时期还有一支来源于永新县的周氏宗支,建村于螺溪镇槎源村。关于周氏宗族结构和繁衍村落,具体见表2-5所示。

表2-5　宋元周氏族群村落繁衍结构表①

| 姓氏 | 迁出地 | 开基祖村 | 总房村 | 支房村 |
|---|---|---|---|---|
| 周 | 金陵(今南京) | 南冈村 | 爵誉村(仆射派) | 雁溪村 |
| | | | | 上西岗村 |
| | | | 漆田村(学士派) | 螺江村 |
| | 永新县厚田周家村 | 槎源村 | | |

与周氏族群相比较,这一时期胡氏、李氏、萧氏、蒋氏族群则存在着更多的迁入地来源,由此形成更为多元化的宗族村落。如胡氏分别自湖南醴陵县、江苏南京、江西吉安县、福建崇安县等地迁入本区域,形成了义禾田村、国渡村、南冈村、南径村、夏湖村、舍背村等始迁村落,其后这些村落又析出新的村落,形成不同层级的宗族结构及村落。相关宗族结构和发展村落,分别见表2-6至表2-9所示。

---

① 江西省泰和县人民政府地名办公室编印:《江西省泰和县地名志》,第40—70页。

表2-6 宋元胡氏族群村落繁衍结构表①

| 姓氏 | 迁出地 | 开基祖村 | 总房村 |
|---|---|---|---|
| 胡 | 湖南醴陵县 | 义禾田村 | 旧居村 |
| | | 国渡村 | 吾瓦村 |
| | | | 渡船埠村 |
| | | 水西村 | |
| | 金陵(今南京) | 南冈村 | 下兰溪村 |
| | 吉安县永阳镇东园村 | 南径村 | 上坑村 |
| | | 夏湖村 | |
| | 县城小塔前 | | 枧溪村 |
| | 福建崇安县舍溪村 | 舍背村 | |
| | 吉安县滩头村 | 栋头村 | |

表2-7 宋元李氏族群村落繁衍结构表②

| 姓氏 | 迁出地 | 开基祖村 | 总房村 |
|---|---|---|---|
| 李 | 分宜县白芒村 | 桐陂村 | |
| | | 南冈李家村 | 车田村 |
| | | 竹山村 | |
| | | 枧后村 | |
| | 吉安县谷村 | 新塘村 | |
| | | 车田村 | |
| | | 沛潭村 | |
| | 马市镇南坑村 | | 藻苑村 |
| | 永新县曲江下洲坝村 | 池坑村 | |

---

①② 江西省泰和县人民政府地名办公室编印:《江西省泰和县地名志》,第40—70页。

表2-8　宋元萧氏族群村落繁衍结构表①

| 姓氏 | 迁出地村 | 开基祖村 | 总房村 | 支房村 | 分支房村 |
|------|---------|---------|--------|--------|---------|
| 萧 | 吉安县 | 池下村 | 渡下村 | | |
| | | | 东冈村 | | |
| | | | 山下村 | | |
| | 吉水县螺陂村 | 禄冈村 | 罗步田村 | 前岸村 | |
| | | | 董村 | | |
| | 不详 | 芦源水口庄村 | 上大夫村 | 下大夫村 | 潞滩村 |
| | | | | 沙塘村 | 桥头村 |
| | | | | 塘边村 | |
| | | | | 岩前村 | |
| | | | 官陂村 | | |
| | 安福县汸田村 | 安平寺村 | | | |
| | 遂川县 | 路边村 | | | |
| | 上田龙门 | 秋岭村 | 水门村 | | |
| | | | 水溪村 | | |
| | | | 隘前村 | 彬里村 | |
| | | | | 寨下村 | |
| | 吉安县永阳镇曲山村 | 桑田村 | | | |
| | 湖南长沙 | 山下村 | | | |

表2-9　宋元蒋氏族群村落繁衍结构表②

| 姓氏 | 迁出地村 | 开基祖村 | 总房村 |
|------|---------|---------|--------|
| 蒋 | 万合镇梅溪村 | 老居村 | 洪潭村 |
| | | | 新居村 |
| | 湖南茶陵县 | 瓦坞村 | 山下蒋家村 |

①② 江西省泰和县人民政府地名办公室编印:《江西省泰和县地名志》,第40—70 页。

如上所述,这时期槎滩陂流域的族群村落发展大致呈现出如下特点:第一,村落依据形成的时代早晚可分为不同的级别,其中形成年代越早的村落越靠近牛吼江或槎滩渠水系,它反映了槎滩陂流域地方社会开发的历程和特点。第二,族群发展的不平衡性。根据宗族祭祀的范围划分,一些姓氏族群繁衍发展为开基祖—总房支祖—支房祖—分支房祖等四级祭祀圈,而一些姓氏族群在区域内的繁衍还处于开基祖的单一村落阶段,体现了流域内宗族发展多元化的脉络。

总之,在明代以前的槎滩陂流域,当地的大部分姓氏族群尚处于早期发展阶段,宗族结构还比较简单,族群人口还不是很多,地方村落主要有禾市、南冈、漆田、爵誉、螺江、西冈、义禾田、旧居、阳田、禄冈、罗步田、三都、董里、桐树下、前岸等67个村。从其地理位置看,这些村落有的位于牛吼江及槎滩渠的两侧,不仅处于流域区内,而且水资源丰富,农田灌溉比较便利;有的则处于槎滩陂流域区范围之外。由于槎滩陂水利工程的修建大大改善了当地的农业耕作环境,自五代末始,经历两宋和元代四百多年的历程,在槎滩陂灌溉区域内,地方社会得到很大的开发,社会经济有了较大的发展,地方各姓宗族之间也得到繁衍,宗族人口和村落数量逐渐增加。槎滩陂水利工程成为促进当地社会开发和发展的重要因素,也成为当地社会(或者说各村落之间)联系的重要纽带。它为以后水利社区的形成创造了坚实的外部基础,同时也为各宗族在发展过程中对其争夺埋下了伏笔。

## 第三节　从家族独管到乡族联管:水利管理与地域社会

槎滩陂水利设施的长久存在和持续发挥作用是建立在不断维修和管理的基础上的。自南唐时期创建以来,随着当地社会人口、经济、环境的变化,槎滩陂的建设管理形式经历了变化,大致经历了由南唐至两宋时期的"周氏家族独修独管"演变为元代以来的"四姓宗族合修联管"的变化历程。这种管理体制的演变,体现出槎滩陂水利系统由家族私有事务向地方公共事务转变的内在属性,而地方宗族力量变化和国家权力控制成为其中的外在推力。

## 一、"周氏家族独修独管":五代至两宋

自南唐昇元七年(943年)创建以来①,槎滩陂水利至今已有一千多年的历史,其间曾经多次被冲毁又多次被修复。其中,它的最早修筑由周矩独自出资发起和组织,可以说是一种完全的"民修"水利工程。周矩在创建槎滩陂后,曾购买了林山和竹山,用山中所产桩木、春茶和竹筱等收入作为每年的维修经费。宋初,周矩次子周羡又增购了田地、鱼塘等,招当地佃户租种,将其每年所交的租金作为修陂之费,其详细状况可以从周矩嗣孙周中和撰写的《槎滩、碉石二陂山田记》得到体现,见下文:

槎滩、碉石二陂山田记

里之有槎滩、碉石二陂,自余周之先御史矩公创始也。公本金陵人,避唐末之乱,因子婿杨天中竦守庐陵,卜居泰和之万岁乡。然里地高燥,力田之人,岁罔有秋,公为创楚。于是据早禾江之上流,以木桩、竹筱压为大陂,横遏江水,开洪旁注,故名槎滩。陂下仅七里许,又伐石筑减水小陂,潴蓄水道,俾无泛溢,穴其水而时出之,故名碉石。已乃税陂近之地,决渠导流,析为三十六支,灌溉高行、万岁两乡九都稻田六百顷亩,流逮三派江口,汇而入汀。自近祖远,其源不竭。昔凡硗确(埆,笔者注)之区,至是皆沃壤矣。既而虑桩、筱之不继也,则买参口之桩山暨洪冈寨下之筱山,岁收桩木三百七十株、架洲木三株,茶叶七十斤、竹筱二百四十余担,所以资修陂之费,而不伤人之财。二世祖仆射羡公,以先公之为犹未备也,又增买永新县刘简公早田三十六亩,陆地五亩,鱼塘三口,佃人七户,岁收子粒,贮以备用,所以给修陂之食,而不劳人之饷。先是,山田之入,皆吾宗收掌支给,由唐迄今,靡有懈弛。至天禧间,祖德重兴,一时昆弟皆滥列官爵,不遑家食。前之山、地、田、塘,悉以属(嘱,笔者注)种地诸子姓理之。供赋赡陂,岁有常数,凶岁不

---

① 刘祥善《泰和县槎滩陂历史文物考察》中记载,槎滩陂系南唐年间(958年前后)创建,见《江西水利志通讯》1989年第2期。本文笔者引用的是周氏族谱中的观点。

至于不足，乐岁之羡余则以偿事事者之劳，斯固谨始虑终，图惟永久云。虽然，传有之曰："善思可继，凡以励后世也。"先公之善，不特一乡而已。为子孙者，当上念祖宗之勤，而不起忿争之衅。均受陂水之利，而不得专利于一家。宁待食德之报，而不必食田之获。惟知视其成毁而不得经其出入。苟或侵圮不治者，亟修葺之；侵渔不轨者，疾攻击之。如此，则孝思不匮，先公之惠，流无穷矣。余叨承余泽，未增式廓，切抱痛恨，谨记其事，并刻画田图于石，庶几逭不孝之罪，抑以慰先公于地下。碑树于三派僧院，俾僧人世守焉。噫！住常者，尚冀不没人之善也。皇祐四年冬十月之吉，太常博士、前知英州事嗣孙中和拜撰并书。①

上文中所说的"永新县刘简公"，据周氏后人考证，应为"螺溪镇转江村刘简斋公"，《泰和南冈周氏漆田学士派三次续修谱》中记载了族人的相关考证：

> 谨案清道光九年己丑一本堂槎陂案卷，漆田益三公《序》称"羡公增置转江基祖刘简斋公粮田三十六亩，并屋宇鱼塘佃户，岁收租谷一百一十零石以赡修陂之费"云云，与明通谱原载"增置永新县刘简公田"云云稍有异同，考转江村名一作转冈，见《信实学堂志》。其志在螺塘江北六都九图，近在咫尺，置其业产以为陂费，原为称便。至明通谱称永新刘简公者，或谓刘简公即刘简斋公。②

从上文可以看到，槎滩陂建成后，周矩考虑到修陂所用的木桩、竹筱等材料的易腐性，且容易被水冲毁，为保持水陂的长期运转，每年应对那些损坏的材料进行更换，对陂坝进行加固，于是出资购买了附近出产竹木等资源的山林，每年可以获得"桩木三百七十株、架洲木三株，茶叶七十斤、竹筱二百四十余担"，既保证了陂坝维修所需，又不耗费当地民众之财，可谓一举两得。周矩次子周羡后来又增购了"旱田（旱稻田）三十六亩，陆地（旱地）五亩，鱼塘三口"，租给"七

---

① 《泰和南冈周氏漆田学士派三次续修谱》第十册，《杂录》，1996 年铅印本，第 352 页。标点系笔者所加。另外，石碑目前刻嵌于螺溪镇爵誉村周氏总祠久大堂前厅西面墙壁中。
② 《泰和南冈周氏漆田学士派三次续修谱》第一册《学士派总世系》，第 35—36 页。

户"民众耕种和使用,将每年租金所得用于维修费用,进一步强化了对槎滩陂维修经费的保障。

不难看出,自后唐至两宋时期,槎滩陂一直由周氏家族负责组织管理,各项维修和管理费用主要来源于陂产,官方和地方其他力量并未参与其中。周姓家族建立了一套比较完善的管理与维修制度,由家族人员专门管理,并有专门的经费来源,其实质为一种"家族独修"的管理形式。在此期间,槎滩陂水利管理是周氏家族的一项私有事务。周中和撰记并立碑于三派寺院,就是想以碑文的形式并借助神明力量确立其家族对槎滩陂水利的所有权。这块碑文也被当作周姓创陂的见证,直到现在还保存着。①

但是从碑文中我们也可看到,整个流域区的民众都有陂水的使用权,其体现的是一种"共同受益"的原则。② 周氏家族强调所有权独有和使用权共有,反映了地方社会民众的一种共同心态。对于周姓家族来说,拥有槎滩陂水利的所有权,是其家族地位的象征,而将使用权共享,则符合儒家道义精神,体现出本家族道德的崇高和伟大。在周氏家族人员心里,他族人员都"得了我族的好处",他们也就会自然地产生出一种家族优越感和自豪感的心理,因而会自觉地维护这种状况。时至今日,笔者在田野调查的过程中采访周姓人员时,还能深深地感受到这一点。同时,它也是凝聚宗族力量、加强宗族认同的纽带。而对其他受益宗族人员来讲,取得一部分所有权对本族是大有好处的,既可确立本族的地位,又可大获其利。因此,围绕槎滩陂及陂产的所有权,不可避免地会出现争夺,从而导致了后来的一些变化。

另外,从周氏族谱等文献记载中我们也可以看到,两宋时期的周氏家族在当地可谓显赫一时。自周矩以下,人才辈出,先后中进士者达13人,如周矩长子周翰在后周世宗显德六年(959年)中进士,官至秘书郎史馆学士;次子周羡为宋太宗太平兴国二年(977年)进士,仕宋银青光禄大夫,赠右仆射;周羡四世孙周中和为宋仁宗天圣二年甲子(1024年)进士,官至尚书屯田员外郎;特别是宋仁宗

---

① 三派寺院地址在今三派村,遗址早已无存,笔者查阅明清泰和各县志,均没有发现有对该寺院的记载,碑文现存于螺溪镇爵誉村周氏祠堂内。

② (清)宋瑛等修,彭启瑞等纂光绪《泰和县志》卷四《建置略·水利》中也记载有"该陂为两乡公陂已久,周姓不得借陂争水"等语。

庆历二年(1042 年),周倚、周伦、周僎三兄弟和侄子周庆章同中进士,"一门四进士"震惊朝野。正是凭借着这种煊赫的地位,周氏家族对槎滩陂水利进行着有效的管理。具体如下表 2-10 所示。

表 2-10　宋代周氏科举仕宦人物概况表①

| 朝代 | 人　名 | 科　宦　概　况 |
|------|--------|----------------|
| 后唐 | 周　矩 | 后唐天成二年己丑(927 年)进士,南唐金陵西台监察御史。 |
| 后周 | 周　翰 | 后周显德丙辰(956 年)进士,仕秘书郎、史馆学士,赠平章。 |
| 北宋 | 周　羡 | 宋太宗太平兴国丁丑(977 年)进士,仕银青光禄大夫,赠右仆射,崇祀乡贤,配李氏、尹氏,并封夫人。 |
| | 周中师 | 真宗天禧四年(1020 年)进士,仕翰林院大理寺评事。 |
| | 周中直 | 仁宗朝登进士第,未仕。 |
| | 周中和 | 仁宗天圣二年甲子(1024 年)宋郊榜进士,仕朝奉大夫、大常博士,知英州,有善政,擢尚书屯田员外郎。(光绪《泰和县志》卷十一《选举制·甲科上》:"天圣二年甲子宋郊榜,员外郎,有传。") |
| | 周礼瑞 | 仁宗景祐元年(1034 年)甲戌进士,仕潭州路推官。 |
| | 周　倚 | 字中庸,仁宗庆历二年壬午(1042 年)进士,仕桂林知府。 |
| | 周　伦 | 字中序,仁宗庆历二年壬午(1042 年)进士,官承议郎。(光绪《泰和县志》卷十一《选举制·甲科上》:"庆历二年壬午杨寘榜,康熙志称是科有爵誉周僎、周庆章、周伦,失考。") |
| | 周　僎 | 仁宗庆历二年壬午(1042 年)进士,仕通议大夫。 |
| | 周庆章 | 仁宗庆历二年壬午(1042 年)进士,仕朝奉大夫、尚书屯田员外郎。 |
| | 周子逊 | 仁宗嘉祐元年丙申(1056 年)进士,任副元帅、武翊大夫。 |
| | 周　疆 | 神宗熙宁己酉(1069 年)解试,徽宗大观三年己丑(1109 年)贾安宅榜进士,任平阳令,孝行详志。(光绪《泰和县志》卷十一《选举制·甲科上》:"熙宁二年己酉解试,大观三年己丑贾安宅榜,平阳令,有传。") |
| | 周中正 | 贡举。 |
| | 周　瑾 | 岁贡。 |
| | 周廷义 | 仕通事,宋太宗御赐诗有"兄弟膺鹗荐,叔侄总金鱼"之句。 |

① 主要依据周氏族谱和地方志中的记载统计而成,其中周氏族谱来源于螺溪镇爵誉村周景行前贤所藏,在此表示感谢。

| 朝代 | 人　名 | 科　宦　概　况 |
|---|---|---|
| 北宋 | 周廷实 | 由征辟官至学士。(光绪《泰和县志》卷十三《选举制·征荐》:"学士。") |
| | 周廷训 | 官至供奉大夫。(光绪《泰和县志》卷十三,《选举制·征荐·贡士》:"供奉。") |
| | 周仲秉 | 宋淳化任诸王记室。 |
| | 周仲超 | 任袁州司法,赐有御札。(光绪《泰和县志》卷十三,《选举制·征荐·贡士》:"袁州司法。") |
| | 周　澄 | 又名十三郎,仕宣教郎。 |
| | 周　烈 | 字师成,官至学士、大夫。 |
| | 周　滋 | 字州润,仕衡州主簿。 |
| | 周子言 | 仕都曹。 |
| | 周仲昭 | 仕江宁府君殿中丞,赠屯田员外郎,配曾氏,封京兆夫人。(光绪《泰和县志》卷十四《选举制·赠荫》:"中和父,赠屯田员外郎。") |
| | 周富之 | 诰赠武翊大夫。 |
| 南宋 | 周克和 | 理宗嘉熙二年(1238年)隆兴补试,开庆元年(1259年)己未周震炎榜进士,仕承议郎、鄂州判官。(光绪《泰和县志》卷十一《选举制·甲科上》:"嘉熙二年戊戌隆兴补试;开庆元年己未周震炎榜,爵誉人,鄂州判官。") |
| | 周金叔 | 理宗端平二年(1235年)进士,仕敷文阁学士;嘉熙元年(1237年),诏经筵进讲朱熹《通鉴纲目》,克日讲官。 |
| | 周宗礼 | 理宗景定二年辛酉(1261年)进士,官至御史。 |
| | 周　洽 | 贡举。 |
| | 周万石 | 孝宗淳熙癸卯(1183年)解试,仕南平丞。(光绪《泰和县志》卷十一《选举制·甲科上》:"淳熙十年癸卯解试,南平县丞,举人。") |
| | 周　鄂 | 高宗绍兴丙子(1156年)解试,仕宣教郎。(光绪《泰和县志》卷十一《选举制·甲科上》:"绍兴二十六年丙子解试,宣教郎。") |
| | 周　珪 | 孝宗淳熙元年甲午(1174年)解试。(光绪《泰和县志》卷十一《选举制·甲科上》:"淳熙元年甲午解试。") |
| | 周　煜 | 孝宗淳熙七年庚子(1180年)解试,仕新昌丞。(光绪《泰和县志》卷十一《选举制·甲科上》:"淳熙七年庚子解试,新昌县丞,举人。") |

（续表二）

| 朝代 | 人 名 | 科 宦 概 况 |
|------|------|------|
| 南宋 | 周有德 | 孝宗淳熙十六年己酉(1189年)解试,仕袁州路训导。(光绪《泰和县志》卷十一《选举制·甲科上》:"淳熙十六年己酉解试,袁州训导,举人。") |
| | 周原耆 | 仕都曹御史。 |
| | 周叔文 | 中解元,仕建昌主簿。 |
| | 周厚载 | 号世立,乡举。 |
| | 周思翁 | 宁宗嘉定己卯(1219年)解试,仕临江训导。(光绪《泰和县志》卷十一《选举制·甲科上》:"嘉定十二年己卯解试,临江训导。") |
| | 周濬源 | 宁宗嘉定三年庚午(1210年)解试,官迪功郎,淮阳主簿。(光绪《泰和县志》卷十一《选举制·甲科上》:"嘉定三年庚午解试,通志、府志无源字。") |
| | 周逢年 | 宁宗嘉定庚午(1210年)解试,官迪功郎。(光绪《泰和县志》卷十一《选举制·甲科上》:"嘉定三年庚午解试,迪功郎。") |
| | 周仪甫 | 按察照磨。 |
| | 周 淮 | 中州学士。 |
| | 周 朴 | 衡山县尉。 |
| | 周厚重 | 号世明,寿官。 |
| | 周道亨 | 字太庵,邑庠。 |
| | 周念一郎 | 武昌嘉鱼令。 |
| | 周立兴 | 迪功郎、潭州右司理。 |
| | 周应龙 | 由直隶典史升贵州吏目。 |

材料来源:主要依据《爵誉周氏全谱·甲科仕宦》(万历七年),《吉州周氏全谱·矩公位下历代甲科征贡、忠孝节义仕宦传》(乾隆二十二年),《泰和周氏爵誉族谱·甲科征贡仕宦图》(1996年铅印本),《南冈周氏漆田学士派族谱》(1996年铅印本),光绪《泰和县志》卷十一《选举制·甲科上》、卷十二《选举制·甲科下》、卷十三《选举制·征荐·贡士》、卷十四《选举制·仕选·赠荫》(光绪四年刻本)等文献统计而得。

根据上述碑文记载,大约在北宋真宗天禧年间(1017—1021年),由于周氏家族中众多成员"滥列官爵,不遑家食",即先后考中科举并走上仕途,离开了家乡，因而对赡陂田产的经营、租金收入及其用于维修经费安排等方面不再亲自管理，而是交给了"种地诸子姓"，由他们代为管理。

不过据明正统十四年（1449 年）里人刘不息《重立槎滩、碉石二陂事实记》中的记载，大约是在宋太宗淳化年间（990—994 年）、宋仁宗天圣年间（1023—1031 年），周氏家族中负责管理槎滩陂赡陂田产运营的八名成员先后中科举走上仕途，因此不得不委托"各都凡有业者"进行管理。在时间上与上述周中和碑文中所记载稍有出入，对人员的记载也更为具体化。具体如下：

> 至淳化、天圣间，吾宗贤而掌事者八人迭中科目，于是分托各都凡有业者理之。[1]

无论如何，这都表明，此时周氏家族对槎滩陂水利的管理形式开始发生变化，由家族人员的直接管理模式变为委托当地"有业者"代管的间接管理模式。从周氏族谱源流表中可以看到，此时周氏家族只是繁衍到第五代，主要居住在南冈、漆田、爵誉和上西岗等 4 个村落（其中上西岗村还是在天圣年间自爵誉村分居的）。因此，笔者认为，这时的"各都有业者""种地诸子姓"应该不是周氏家族成员，而应是当地其他姓氏家族的人员了。

由直接管理方式变为间接管理方式，由单姓独管变为多姓代管，槎滩陂水利管理形式有所转变，这种转变，对后来的管理方式产生了重要的影响。随着时间的推移，周氏家族的控制逐渐松懈，其他姓氏家族开始参与槎滩陂水利管理的事务。特别是进入元朝后，由于王朝的更替和时代的变迁，再加上其他姓氏家族尤其是蒋、胡、李、萧[2]四姓家族的繁衍发展，其家族人员和村落的数量逐步增加，对槎滩陂流域区的土地开发大为加强，因而对槎滩陂水利的参与意识也逐步增强。到了元代末期，围绕着陂产争夺案的发生与解决，槎滩陂水利由周氏家族独管的局面终于被打破。

---

[1] （明）刘不息：《槎滩碉石陂事实记》，《泰和南冈周氏漆田学士派三次续修谱》第十册《杂录》，1996 年铅印本，第 353 页。

[2] 目前当地萧姓人员常把"萧"记作"肖"。

## 二、"四姓宗族合修联管":元代《五彩文约》的制定

进入元代,随着王朝的更替和时代的变迁,周姓家族对槎滩陂的控制权逐渐弱化,其所拥有的陂产开始逐渐丧失。而陂产的不存,一方面使周氏家族直接丧失了对它的所有权,另一方面又使槎滩陂水利失去了赖以维护的固定经费来源,从而破坏了原来周氏宗族建立的稳定的管理与维修制度,并最终导致了槎滩陂水利管理方式的一系列变化。

关于槎滩陂赡陂田产被侵占的事件,最早见于元至正元年(1341年)。当时租种陂产的佃户六十四都罗存伏和罗存实兄弟,将其所佃种的田产据为己业,拒交租金收入,并将佃耕的由周羡购买的五亩农田和一口鱼塘私下卖与别人,从中获利。此时,由于流域区内其他宗族特别是蒋、胡、李、萧四姓宗族的兴起和分享槎滩陂水利管理权意识的增强,周氏家族已意识到,单凭本族之力已难以对槎滩陂实行有效的管理了。为了收回被占陂产,周氏家族联合了流域区内的蒋、胡、李、萧四姓宗族,诉之于本地官府,在官府的干预下得以收回陂产,并在其支持下制订了《五彩文约》,规定由周、蒋、李、萧四姓宗族成员轮流担任陂长,对槎滩陂进行共同维修和管理。周氏族谱中对此有所记载,具体内容如下:

五彩文约

　　吉安路太和州五十二三都陂长周云从、李如春、李如山、萧草庭、蒋逸山,今立约为周云从祖周羡大夫致仕还乡,见知高行、信实两乡九都田三十余万高阜无水灌溉,将钱买到永新县六十六都刘简公旱田三十六亩五分、陆地五亩、房屋一十七间、火佃七户、鱼塘四口,与茶滩(即槎滩陂)永作赡陂田产。于天禧年间,有乡人罗存伏兄弟不合(和),将其蒙强横占,收租利,妄招己业。又将田五亩、鱼塘一口,盗卖与蒋逸山为业。周云从思知祖买田赡陂,有物不能继承,具状告。蒙本州知州处批,差兵廖思齐行拘罗存伏兄弟到官,连日对理,招实明白收监。今情愿请托亲眷蒋逸山、胡济川,一一吐退原田地、佃客,还与周云从等为业收租,买木作桩结拱用度,递年请夫用工修筑不缺,到今四百余年不曾缺水,一向灌溉到干。碉石陂系李如春责令干

甲萧贵卿用钱修(筑)，直至文陂，桐陂、拿陂、白马陂，其助陂系是萧草庭用钱买石修砌，直至三派横塘口出，原周大夫有刻石碑记，系是三派院僧谢悟轩收执。自今立约之后，各人当遵，但有天年干旱，陂长人等以锣为号，聚集受水人各备稻草一把，到于陂上塞拱，如石倾颓，务要齐心并力扛整，以为永远长久之计。日夜巡视，不可遗(贻)误，庶使水源流通，万民便益。其租利递年眼同公收，无自入己，如有欺心隐瞒，执约告官论罪无词。今恐无凭，故立五采(彩)描金文约仁、义、礼、智、信五张，各执一纸，永远为照用者。

至正元年辛巳五月二十五日，立约陂长周云从；义字号：李如春、李如山、蒋逸山、萧草庭；登约人：胡济川、罗伏可；僧人：谢悟轩。

轮流陂长收租：至正三年萧草庭兄弟、至正四年李如春、至正五年李如山、至正六年周云从、至正七年蒋逸山。[1]

查阅相关族谱文献，笔者发现李氏族谱中也有关于《五彩文约》的记载，且与周氏族谱中记载的内容几乎一致，仅存在着将"房屋"写成"屋房"等个别文字上的差异。[2] 不过文约中所记载的北宋"天禧年间"应该是记载错误，因为无论是罗存伏兄弟侵占赡陂田产还是周羡购买赡陂田产的时间，都与事实相矛盾。天禧年间为北宋真宗年号，时间为1017—1021年，据资料记载，周羡生于"后梁均王贞明四季戊寅（918年）"，逝于"宋太宗淳化元季庚寅（990年）"，早于"天禧年间"，而《五彩文约》立于元至正元年（1341年），比"天禧年间"要晚三百多年。这种令人费解的错误之处，似乎只能归为传讹的原因。

从文约内容来看，罗存伏兄弟侵占赡陂田产的时间应为元至正元年左右，明正统十四年（1449年）曾任登仕郎、直隶临淮县簿的里人刘不息在《重立槎滩、碉石二陂事实记》中有所记载："至正间，不意陂近罗存伏饕为己利，曾叔祖云从白之于县，以正其罪。"[3]

---

① 《泰和南冈周氏漆田学士派三次续修谱》第十册《杂录》，第352页。
② 《南冈李氏族谱》第一册，2006年印刷本，第220页。由于没有看到旧族谱，笔者认为两个族谱中记载的差异，应该是新修谱时抄写者的笔误造成。
③ （明）刘不息：《槎滩碉石陂事实记》，《泰和南冈周氏漆田学士派三次续修谱》第十册《杂录》，第353页。

另外,周氏族谱中还记载有《元至正辛巳年五月二十五日罗存伏吐退文约》(后简称为《吐退文约》),通过其"近来存伏兄弟不合(和),恃近横占前业"的记载来看,也证明了罗存伏侵占田产的时间不会晚于元至正元年。另外,其关于罗存伏兄弟侵占赡陂田产的内容与《五彩文约》中的记载基本一致,不同之处主要是对组织修筑碉石陂、桐陂和白马陂等槎滩陂支流陂坝的领导者的记载有所不同。相对于《五彩文约》中的记载,《吐退文约》中强调了周氏成员周云从的参与组织。具体内容如下:

元至正辛巳年五月二十五日罗存伏吐退文约

吉安府泰和州六十四都住人罗存伏同弟存实,今为原先五十二都爵誉南唐御史周矩,见高行、信实两乡九都粮田三十六万余亩高阜无水,捐资创立槎滩、碉石二陂,引水分陂灌溉前田。矩男十五、仆射周羡致仕还乡,继承父志,捐俸买永新县刘简公庄田三十六亩五分、陆地五亩、房屋一十七间、火佃七户、鱼塘四口,皆为前修整之资,到今三四百年,灌溉不缺。近来存伏兄弟不合,恃近横占前业,于内妄将早田五亩、鱼塘一口卖与蒋逸山。随有大夫孙周云从,纠族经理具状赴告泰和州,差兵廖思齐等勾得存伏兄弟到官对理明白,供招实情,愿央请亲邻蒋逸山、胡济川等,折中一一吐退所占田塘陆地,归还周大夫子孙,掌管膳陂。其碉石陂下直至文陂,系云从纠同李如春修筑;其下桐陂、拿陂、白马陂以至助陂,系云从纠同萧草庭修筑,直至三派口出。自今当立约,吐退之后,从便周大夫子孙永远掌管,改召佃人承耕,以为万民方便,存伏兄弟及在场中证人等皆不敢如前互占。今人用信,故立合同文约三纸为照。至正元年月日。立吐退约佃人:存伏同弟存实;中证人:蒋逸山、胡济川、李如春、萧草庭;三派院僧:谢悟轩;代书人:罗伏可。改召佃人胡茂一耕田十六亩,住屋五间,鱼塘一口;邓伯六耕田七亩,住屋四间,鱼塘一口;胡五二耕田九亩,住屋五间,鱼塘一口;萧复二耕田四亩,住屋三间,鱼塘一口。[①]

---

① 《泰和南冈周氏爵誉仆射派阳冈房谱·文翰卷六(记)》,吉安民生印刷所 1933 年铅印本,第 5 页。

通过解读上述《五彩文约》和《吐退文约》的内容，大致可以为我们还原当时文约签订时的情景。不难发现，上述两个文约之间存在着签订顺序上的先后关系。周云从联合李如春、蒋逸山、萧草庭、胡济川等人向太和州衙告状后，得到了知州的支持，差兵廖思齐等将被告罗存伏兄弟捉拿到州衙，进行当面对质。弄清事实后，首先是协调原告周云从与被告罗存伏兄弟签订了《吐退文约》，主要解决赡陂田产的产权问题，规定罗存伏兄弟将所占田产还给周氏家族，由周氏族人"永远掌管"，即重新确立周氏家族为田产的产权所有人。此外，罗存伏兄弟还丧失了田产的租赁权，周云从改由其他人租佃（具体为胡茂一、邓伯六、胡五二和萧复二四人）。

其次，在官府的主持下，协调周云从和李如春、李如山、蒋逸山、萧草庭等签订了《五彩文约》，主要是重新确立了槎滩陂水利的管理机制和赡陂田产的使用权。规定槎滩陂水利系统建立陂长管理制，由周云从、李如春、李如山、蒋逸山、萧草庭担任陂长，负责组织民众对槎滩陂水利系统进行日常管理，由此确立了"四姓宗族联合管理制"。此外，文约规定槎滩陂赡陂田产的租金收入由上述五位陂长按年轮流掌管，作为每年的日常维护经费。

通过检索族谱文献发现，上述文约中的陂长都是来自各宗族之中的士绅人员，如周云从为爵誉村人，谱中记载其"乐善好义，修祠兴祭典"①；李如春为南冈村人，曾授吉安翼义府万户，南安府推官②；胡济川为义禾田人，"好施予，尝修槎滩等陂，又捐费修葺觉堂寺"③；蒋逸山为严庄村（今禾市镇老居村）人，曾"授袁州学提举及荐知万安县事"④；萧草庭为禄冈村人，曾"以蒙古翰林院劄授湖南宣慰司，性慈善，乐施予"⑤。这表明，他们在本族群和地方社会中具有一定的公信力和经济实力。

《五彩文约》及《吐退文约》的签订，标志着槎滩陂水利管理体制的重大变化，由过去的"周氏家族单独管理"形式演变为周、蒋、李、萧"四姓宗族联合管

---

① 《泰和周氏爵誉族谱》第二册，1996 年铅印本，第 59 页。
② 《（泰和）南冈李氏族谱》第二册，1995 年铅印本，第 43 页。
③ 《（泰和）胡氏族谱》第三册，1996 年铅印本，第 98 页。
④ 《（泰和）严庄蒋氏族谱》第二册，1919 年手抄本，第 73 页。
⑤ 《（泰和）禄冈萧氏族谱》第四册，1998 年铅印本，第 45 页。

理"形式。它一方面重新确立了周氏家族对赡陂田产的所有权,另一方面又确立了槎滩陂水利管理的"陂长负责制",由四姓宗族成员担任陂长,建立起了槎滩陂水利系统的日常管理组织,并规定陂长每年轮流收取陂产租金收入,作为槎滩陂的维修经费。这种管理制度的建立,正式确立了四姓家族在槎滩陂水利事务中的地位,其一直延续到民国时期,对当地的社会关系产生了深远的影响。

必须指出的是,从《五彩文约》及下文的《兴复陂田文约》中可以看到,元末之时,胡姓宗族并没有参与槎滩陂水利事务的管理,《五彩文约》实为"四姓文约"。但是,笔者在查阅周、蒋、胡、李、萧各姓族谱中发现,在其后各姓宗族人员的记载中,基本上认为《五彩文约》为"五姓文约",也即是认为元末胡姓宗族已参与槎滩陂事务管理。周姓族谱中记载了族人的专门考证和困惑:

> 存伏偕弟存实,于元至正元年就近窃卖赡陂田五亩、鱼塘一口归蒋逸山,时爵誉云从公率族诉于官,官断归周,立约为据。而蒋逸山、胡济川、李如春、萧草庭、三派院僧谢悟轩等为之中证。是年五姓立五采(彩)描金文约五张,标立仁、义、礼、智、信字号,各执一张存据,我周云从公得义字号。其约有"吉安路泰和州五十一都陂长周云从、蒋逸山、李如春、李如三(一作李如山)、萧草庭,今立约"云云。约后载轮流陂长为萧草庭、李如春、李如三、周云从、蒋逸山等四姓五人,观其前有"五姓立约"之称,而约内所载及轮值陂长又仅四姓,彼此互异,世远难稽。[①]

参照周、李两姓对《五彩文约》等的记载,对于周氏族人后来的困惑中,似乎可以认为,由于时代变迁等多方面因素影响,将《五彩文约》当作"五姓文约"应该是民众的一种误传,因为胡姓成员胡济川只是登约人,并没有成为陂长。

而在胡姓族谱的记载中,胡济川却担任了陂长,具体记载如下:

> 胡鼎玉,行兴三,号济川,尝为槎滩陂陂长。旧有赡陂早田三十六亩五分,陆地五亩,屋房一十七间,火佃七户、鱼塘四口,坐落六十四都地名江边,

---

① 《泰和南冈周氏漆田学士派三次续修谱》第十册,《杂录》,第364页。

乡人罗存伏混侵称为己业，至正辛巳，公与爵誉周云从、南冈李如春、严庄蒋逸山、罗步萧草庭各捐花银十两措费白于太和州守，理复前业，历年收租赡陂，立有五彩描金花栏仁、义、礼、智、信字号，钤印官约，并私约各五张，俱收见存。

另外，族谱中还记载了胡济川两个族弟参与其中的情形：

> 胡麟昭，讳仁，号瑞庵……同兄济川与周、蒋、李、萧五姓理复陂田，约卷具存。胡鼎享，讳化泰，号享衢……又出资同周、蒋、李、萧清理赡陂田产，乡人赖之。①

从周、李、胡三姓族谱中关于元代胡氏是否参与了槎滩陂水利管理（即担任陂长）的记载来看，胡姓族谱记载内容与周、李两姓记载内容存在着明显的矛盾，因而似乎可以认为其存在失真的成分。但是，也可看出，无论胡济川是否担任了陂长，他作为中证人参与了此次纠纷是毋庸置疑的。从胡姓成员多次参与槎滩陂的修建及水利纠纷来看，自元末特别是明代以来，胡姓宗族在槎滩陂水利事务中也有着比较重要的地位。②

## 三、水利区域的形成：宗族繁衍与社会整合

正如前面所述，尽管槎滩陂流域属中亚热带季风气候，水热资源丰富，但是由于其全年降水量分布不均，加上地处河谷平原及盆地地区，对洪涝干旱极为敏感。因此，在槎滩陂水利发展变迁的过程中，不可避免地会发生众多的水利矛盾与纠纷。而矛盾纠纷的发生与解决，不仅体现了水利对当地农业生产的重要性，也是地方族群繁衍发展及其带来的地方社会权力结构变化的反映，由此影响着地方社会的秩序。

---

① 《（义禾田）胡氏族谱》第三册，1996 年铅印本，第 98 页。
② 至明嘉靖时期，胡姓宗族参与槎滩陂事务的管理已经见于诸姓族谱中。

　　根据文献记载，流域区内的周氏家族属于发展较早的大族，在禾市、螺溪两乡其他家族力量还未成长起来之时，围绕槎滩陂水利管理权的矛盾并未显露。但是，随着大量移民的迁入，流域区内形成了不少宗族聚居的村落。在此过程中，包括蒋、胡、李、萧氏在内的宗族力量逐渐壮大，并开始向周氏权威发出挑战。对于流域区内族群的分布数量及其位置，当地如今还流传着相关描述："上有三十六蒋，中有七十周，下有十八王。"罗存伏兄弟对赡陂田产的侵占，为其他姓氏参与槎滩陂管理提供了契机。

　　通过对相关族谱及地方志等文献记载，宋元时期槎滩陂水利纠纷主要围绕赡陂田产的争夺，其中突出表现为元至正年间罗存伏兄弟侵占私卖赡陂田产的案例，最后在官府的支持下先后签订了《吐退文约》和《五彩文约》，重构了槎滩陂水利管理体制，不仅确立了上述几大家族在水利管理中的地位，也确立了当地社会各宗族在享用水利上的制衡性制度。

　　《五彩文约》的出台，是槎滩陂流域区四姓宗族力量与利益之间相互博弈的结果，其中宗族力量和利益观是影响其结果的重要因素。事实上，在周云从向官府进行诉讼之前，就曾私下联合李如春、李如山、蒋逸山和萧草庭签订了一份合约，名为《兴复陂田文约》，全文如下：

　　　　太和州五十二三等都人周云从、李如山、萧草庭、蒋逸山等，今立约，为因云从祖周羡大夫致仕还乡，见知高行、信实两乡九都田亩三十六万余亩高阜无水涯灌溉，将钱买到永新县六十六都刘简公旱田三十六亩五分、陆地五亩、房屋一十七间、火佃七户、鱼塘四口，将与茶滩，永作赡陂田产。于天禧年间，有近陂六十四都豪恶无耻小人罗存伏兄弟霸占前业，强横收取租利，妄招己业。私又将前田五亩、鱼塘一口，卖与蒋逸山为业。云从思得有祖出田赡陂，伊盗卖，有物不能继承，欲得告官，一人之身，要钱用度切，虑人心不齐，恐后各人退缩，凭僧谢悟轩会集亲眷李如春、李如山、萧草庭、蒋逸山等，到齐三派院，对神歃血誓天，当众议约，云从情愿出身告官对理，约内李如春、李如山、萧草庭、蒋逸山等每人先出花银十两入众公用，恐本州差官踏勘要银用度，日逐供给。自今立约之后，云从等再不敢退缩，其陂田争回，云从亦不敢擅自称主徇私，以为己业，永为赡陂田产。恐多要使用，照依前派，云

从无得干预。日后如有一人不遵者，罚银十两入众公用。中间但有走泄私
自送信者，子孙永堕沉沦，覆宗绝嗣。今恐无凭，立此文约一纸为照。至正
元年辛巳四月日，约一纸付李如春执照。

　　立约人：周云从、李如春、李如山、萧草庭、蒋逸山；僧人：谢悟轩。①

　　上述文约中记载的北宋"天禧年间"与《五彩文约》记载相同，应该是记载错
误。从中可以看出，周云从面对罗存伏兄弟对祖先购买的赡陂田产的侵占，在有
意向官府控告之前，应该是事先征询了李如春、李如山、萧草庭和蒋逸山等人的
意见并得到他们的支持，或者说应该是邀请他们参与其中并得到口头上的肯定
答复。但在周云从看来，这种口头支持还有很大的不确定性，有可能是他们因碍
于亲眷面子临时应允而已，一旦自己正式向官府控告，他们到时却退缩，不予支
持，会使得自己势单力孤，难以赢得官司；或者说，如果得到他们的支持，共同出
面做证，则可以壮大声势，使得官府重视并秉公办案，从而赢得官司。

　　基于上述目的，周云从于是通过三派院僧人谢悟轩，将李如春、蒋逸山、萧草
庭等人召集于三派寺院，共同对神歃血立誓，议定由周云从出面诉于官府，其余
四人每人出银十两，作为官府查勘等开支费用；陂产收回后，周云从也不得将其
据为"己业"，而是"永为赡陂田产"，其后如有人违反，则"罚银十两入众公用"。
为防止有人泄露此次的约定信息，立下了"子孙永堕沉沦，覆宗绝嗣"的誓言，借
助神灵的权威，确保大家共同遵守。众人的出资，不仅在经济方面减轻了周云从
的诉讼负担，也是在道义精神层面对周云从的大力支持。在周云从看来，通过让
众人直接出资以及在寺院内的对神盟誓，将有力地保障自己得到他们的积极支
持。而为防止有人泄密立下的誓约，从侧面也反映出此次纠纷背后的复杂性。

　　另外，根据上述文约中的记载，周云从与李如春、李如山、萧草庭、蒋逸山等
是亲眷关系。笔者查阅了五姓族谱，发现他们之间是一种套连的姻亲关系，如周
云从"配南冈李氏"②，蒋逸山"配禄冈萧氏"③，李如春"配严庄蒋氏"④，萧草庭

①　《(泰和)南冈李氏族谱》卷一《兴复陂田文约》，1995 年铅印本，第 22—23 页。标点为笔者所加。
②　《泰和周氏爵誉族谱》第二册，1996 年铅印本，第 59 页。
③　《(泰和)严庄蒋氏族谱》第二册，1919 年手抄本，第 73 页。
④　《(泰和)南冈李氏族谱》第二册，1995 年铅印本，第 43 页。

"配义禾田胡氏"①,胡济川之弟胡鼎享"配螺江周氏,继爵誉周氏"②;另外,李如春祖母为"爵誉里周氏,宋大观三年进士噩(字敦书,擢平阳令)五世孙子高甫之女"③,这种祖上"老亲戚"及当下"新亲戚"关系的结合,更强化了李如春与周云从之间的关系。这一情况表明,血缘关系在上述五姓人员走向协调联合过程中发挥了重要作用,成为他们最初联系的纽带。相对于地缘关系,这时的血缘关系充当了更为重要的角色,它突破了地缘和宗姓的限制,使五姓人员在利益的驱使下,走向了联合。

对比《五彩文约》和《兴复陂田文约》,我们不难发现,"官约"(即《五彩文约》)中的判决内容完全是"私约"(即《兴复陂田文约》)中早已规定好的。在这其中,官府所扮演的只是一种象征性的角色。官约只是一种形式,使四姓宗族取得官方的认同,从而取得对陂产及槎滩陂水利管理的合法地位。四姓宗族成员之间由于在利益上互有所需,于是互相妥协和协调,制定了《兴复陂田文约》。这是四姓宗族之间相互博弈的结果。在这次博弈中,他们分成了两个博弈方,其中周姓宗族为一方,以周云从为代表;蒋、李、萧三姓宗族为一方,以蒋逸山、李如春、李如山、萧草庭为代表。他们之间博弈的过程,是其选择采取何种策略(途径)的过程,也是其相互妥协和协调的过程。

由《兴复陂田文约》可知,当周云从决定向官府诉讼以求收回被占陂产时,他面临两种选择:第一种是独自诉讼;第二种是联合三姓宗族成员,获得他们的支持。第一种选择可能的得益是继续拥有陂产的独管权,但是面临的阻力有三方面:第一,资金有限,力量单薄;第二,由于陂产现归蒋逸山等人,牵涉其利益,可能会出现罗氏联合他们拒不承认的情况;第三,其他宗族要求分享槎滩陂管理权的意识,可能会使他们暗中阻挠官府做出有利于周氏家族的判决。第二种选择可能的得益和损失恰好与第一种相反。

对蒋、李、萧氏宗族成员来说,在得到周云从寻求支持的消息后,也面临着两种选择:第一种是不支持,第二种是支持。其中第一种选择可能的得益是不用支

---

① 《(泰和)禄冈萧氏族谱》第四册,1998 年铅印本,第 45 页。

② 《(义禾田)胡氏族谱》第三册,1996 年铅印本,第 98 页。

③ (元)李如春:《元故承事郎柏兴路同知先考菊隐府君行状》,《(泰和)南冈李氏族谱》第一册,2006 年铅印本,第 201 页。

出资金,但是可能面临三方面的损失:第一,人情损失,如文约中所述,四姓人员都是周的"亲眷",不予支持在人情面子上说不过去;第二,他们将丧失参与槎滩陂管理的机会;第三,槎滩陂毁坏未修复在农业生产上的损失。第二种选择可能的得益和损失则与第一种刚好相反。

面对两种选择可能带来的不同结果,周云从和四姓人员都采用了第二种选择,即都对自己比较有利的方案。事实正是如此,四姓成员签订了《兴复陂田文约》,最终周氏收回了被占陂产,而李、蒋、萧四族则取得了对槎滩陂的管理权。于是也就出现了"私约"和"官约"基本一致的情况,这也正是他们想要得到的结果。

从《五彩文约》和《兴复陂田文约》中的记载我们可以看到,罗存伏和罗存实兄弟在元至正时期将槎滩陂的一部分赡陂田产占为己有,并私自将其典卖。有关罗存伏兄弟的身份,根据两文约中的记载,似乎可以认为是当地的"豪民"。面对罗氏兄弟的霸占田产,周氏成员周云从联合其他四姓成员,向官府提出诉讼,于是出现了槎滩陂水利史上第一次有确切记载的纠纷。这种水利纠纷案的发生,有其深刻的历史背景,它既反映了当地社会的发展状况,也折射出当时的时代涵义。而围绕水利纠纷的解决,却透露出国家和地方社会各种力量在其中所扮演的角色和作用。

从上述文约中我们可以看到,官方承认了罗存伏兄弟侵占周氏宗族陂产的事实,并做出了相应的判决,将陂产归还周氏家族所有。在周氏家族人员看来,这无疑相当于官方正式承认了周氏对陂产的所有权,也就等于承认了周氏宗族对槎滩陂的所有权和管理权。由于槎滩陂水利对农业生产的重要性,在当地民众眼里,拥有它不仅可以获得切实的用水利益,更为重要的是,它是宗族身份地位的一种象征。这一点是非常重要的,正是由于这种民众心理,我们看到,围绕它,各宗族之间后来曾发生过多次纠纷。各宗族对槎滩陂的权属曾有不同的说法,笔者将在后面章节中进行具体分析。

而对于李、萧、蒋氏宗族来说,首先,槎滩陂冲毁后没有及时修复而给当地农业生产带来严重危害的现实,使他们认识到维护它的重要性。"螺溪之田,昔为膏沃,而时遇雨泽愆期,或青苗而不及秀,或垂黄而不及实,螺溪人甚病之。"[1]而

---

① 《(泰和)南冈李氏族谱》卷一《跋》,1995 年铅印本,第 24—25 页。

赡陂田产的恢复,可使槎滩陂有固定的维修经费来源,使其能够正常地发挥作用,保护当地农业的生产。其次,陂产的存在,可以使本族人员在享受槎滩陂水利利益的同时,又不必承担费用摊派的义务,可以说"一举两得",何乐而不为呢?再次,更为重要的是,《五彩文约》的制订,使四姓宗族拥有了槎滩陂水利的管理权,在各宗族成员心里,这意味着本族在槎滩陂水利事务中终于有了"主人"的地位,在用水时由过去那种"受恩"的感受转变为"施恩"的心理了,它体现了其宗族地位的强大。同周姓宗族成员一样,在四姓宗族成员心中,那种家族优越感和自豪感也自然而生。

这种优越感和自豪感是建立在本族群力量势力发展、对槎滩陂水利关注和重视以及参与维修的基础之上的。尽管元代周氏族群繁衍迅速,并涌现出众多的科举入仕成员,但流域区诸如蒋、胡、李、萧氏等族群也得到不同程度的发展,族群中科举入仕人员同样涌现。笔者仅以参与槎滩陂水利管理的南冈村李氏、严庄村蒋氏两个族群为例进行介绍。南冈村李氏家族在南宋绍定年间(1228—1233 年)由始迁祖李公仪迁居该村后,元末时大致繁衍至第七世,其中始迁祖李公仪"绍定间历官制置使,左迁南安大庾簿";第四世李英叔"仕元柏兴路同知",李庆叔"仕广东采珠局提举";第五世李皆林"仕元为吉安路儒学教授";第六世李如春"为翼义府万户侯,调南安路推官,文事武备,表著一时";第七世李伯颙"仕元宣徽院宣士郎中,有政绩"等。南冈李氏族群繁衍发展的情况,具体见表2-11 所示。

表 2-11　元代南冈村李氏繁衍概况表①

| 朝　代 | 成员繁衍概况 | | |
|---|---|---|---|
| | 世　系 | 人　名 | 生　平　事　迹 |
| 南宋 | 第一世 | 李公仪 | 字仪甫,初家袁州白芒,绍定间(1228—1233 年)历官制置使,左迁南安大庾簿,解组归袁过南冈,爱其山水之盛,遂家焉,是为南冈始祖。生宋淳熙甲午(1174 年),卒景定庚申(1260 年)。 |

---

① 《(泰和)南冈李氏族谱》第一册,2006 年铅印本,第161—164 页。

（续表一）

| 朝　代 | 成员繁衍概况 | | |
|---|---|---|---|
| | 世　系 | 人　名 | 生　平　事　迹 |
| 南宋 | 第二世 | 李禹辅 | 仪公子,讳弼,生宋庆元庚申(1200 年),殁咸淳乙亥(1275 年)。生白芒,受父命家于南冈,配分宜萧氏。子二。 |
| | 第三世 | 李仲明 | 辅公长子,讳辉,号南溪,生宋宝庆乙酉(1225 年),殁景定甲子(1264 年),屡征不仕。配周氏,葬爵誉长兴寺,佃人李阳一住守。 |
| | | 李仲芳 | 辅公次子,字华,号南园,子四。 |
| 元代 | 第四世 | 李英叔 | 明公长子,讳一蠡,号菊隐,生宋开庆己未(1259 年),殁元正元丙子(1336 年)。配早禾市乐氏、舍溪胡氏,县丞胡笺女。公仕元柏兴路同知。 |
| | | 李护叔 | 明公次子,配吉水解氏,子二。 |
| | | 李才叔 | 芳长子,字一举,号盘隐,生元景定乙丑(1265 年),殁至正壬辰(1352 年),配段氏、萧氏,子一。 |
| | | 李璋叔 | 芳公次子,字一玉,号梅隐,配刘氏、王氏。 |
| | | 李庆叔 | 芳公三子,讳一夔,号山隐,生元至元丙子(1276 年),殁至顺癸酉(1393 年),仕广东采珠局提举。配贯唐尹氏。子三。 |
| | | 李成叔 | 芳公四子,后裔徙池冈及湖北李家湾。 |
| | 第五世 | 李皆春 | 英叔公子,讳珍,生宋德祐丙子(1276 年),殁元皇庆壬子(1312 年),配赖氏、王氏、胡氏、江氏。公履盈盛之时,而俭德不试用,能继志前人、垂统后裔,以为东派之令祖,子一,如春。 |
| | | 李以传 | 护叔长子,配口氏,子五:庭兰、梧、竹、桂、远。 |
| | | 李以达 | 护叔次子,配口氏,子三:天瑞、祥、裕,徙黄陵,第三子迁庐陵东塘。 |
| | | 李皆山 | 才叔子,名义芳,生元大德癸卯(1303 年),殁至正辛丑(1361 年),配王氏,子四:如山、如采、文远、观远。 |
| | | 李皆陵 | 璋叔公子,名如冈,生元大德,殁元至正,配氏,子三:如景、学、有。 |

（续表二）

| 朝 代 | 成员繁衍概况 | | |
|---|---|---|---|
| | 世 系 | 人 名 | 生 平 事 迹 |
| 元代 | 第五世 | 李皆松 | 庆叔公长子,名以节,生元大德,殁元至正,配王氏。子一:如贤。 |
| | | 李皆林 | 庆叔公次子,名以芳,生元大德,殁元至正。公号芳林,仕元为吉安路儒学教授,配梁氏。子四:如明、恭、从、节。 |
| | | 李皆峰 | 庆叔公三子,名以中,生元延祐(1314—1320年),幼孤,伯才叔抚育,割田二十千七百石与之,殁元至正(1341—1367年)。子二:如辑、霖。 |
| | 第六世 | 李如春 | 皆春公子,讳辅,生元大德壬寅(1302年),为翼义府万户侯,调南安路推官,文事武备,表著一时,理复陂田有约,元兵犯境西昌,率义兵死难,有赞及名公题跋。殁至正(1349年),配黄泥岗胡氏,庐陵刘氏。子三。 |
| | 第七世 | 李伯颙 | 如春公长子,字严,仕元宣徽院宣士郎中,有政绩。配口氏,子一。 |

南宋中期,蒋季用由今泰和县万合镇梅溪村徙居严庄村(今螺溪镇老居村),成为蒋氏开基祖,元末时大致繁衍至第五世,其中始迁祖蒋季用"绍定间历官制置使,左迁南安大庚簿";第二世蒋宗周"元大德间授袁州学提举,及荐知万安县事";第三世蒋以义"任五云提领",蒋以昭"任袁州通判,升会昌知州"等。具体见表2-12所示。

表2-12 元代严庄村(今螺溪镇老居村)蒋氏繁衍概况表①

| 朝 代 | 成员繁衍概况 | | |
|---|---|---|---|
| | 世 系 | 人 名 | 生 平 事 迹 |
| 南宋 | 第一世 | 蒋季用 | 字必济,号竹庄,生宋淳祐乙巳(1245年)十月初四,江州失怙后,不乐仕进,恢拓先业,侍母严氏,徙今严庄。园林之胜,台榭之崇,乡邑所推。好施与,创建林溪院、众妙观、妙岩塘堂、福庆庵,舍田米各四十石,以饭僧道。度宗朝,尝领乡荐,不赴。殁元(代)元贞乙未(1295年)二月廿二。 |

---

① 《蒋氏族谱·严庄蒋氏四修族谱系》,第四册,1919年铅印本,第1—45页。

(续表一)

| 朝 代 | 成员繁衍概况 | | |
|---|---|---|---|
| | 世 系 | 人 名 | 生 平 事 迹 |
| 南宋 | 第二世 | 蒋宗旦 | 字希周,号逸径,善继述,排难解纷、赒急恤匮,乡人咸敬慕之。 |
| | | 蒋宗周 | 字希柳,号逸山,元大德间授袁州学提举,及荐知万安县事,辞弗就。性慈善,乐施与,尝舍田七十石该租米二百石与本府庐陵县清华观道士张天泉;又舍田十石与吉水立坛观道士;于本县五十七都置地建心田寺,舍田十石以膳僧人;又舍田一石五斗复与五姓共田七石膳修槎滩、碉石二陂。 |
| | | 蒋宗礼 | 讳希召,号逸溪,出赘千秋乡菖蒲田康氏。 |
| 元代 | 第三世 | 蒋以义 | 任五云提领。 |
| | | 蒋以闻 | 号南楼翁,好施与。 |
| | | 蒋以宁 | 配万安学堂萧氏,舍田八斗入众妙观供忌。 |
| | | 蒋以志 | 徙龙泉汤村(今南康县陇木乡晓园村)。 |
| | | 蒋以昭 | 号昭昭,任袁州通判,升会昌知州。 |
| | | 蒋以性 | 讳理,生元延祐乙卯(1315 年)十月初八,殁至正癸卯(1363 年)八月初九。拨田八斗入众妙观供祭,又南车田一石、塘四口递年膳祭。 |
| | 第四世 | 蒋志泰 | 讳泰,号弘所,性颖敏嗜学善吟。明洪武初以事谪,宁夏竹亭先生有序。生至元乙亥(1335 年)八月初六,洪武庚午(1390 年)十一月初八殁于南京。舍田一石二斗入众妙观。 |
| | | 蒋志祥 | 讳玄,号弘光,卓立有为,生至正辛卯(1351 年)四月初一,殁永乐甲申(1404 年)八月十八。配淳村彭氏,继龛溪刘氏。有田二石入众妙观膳忌。 |
| | 第五世 | 蒋吾与 | 讳存一,字子修,号清溪钓叟,王文端公有传赞,杨文贞公、少保陈公、少师萧公俱有赞。邑大夫重之三礼大宾位。生至正壬辰又三月初一,载县志耆年传,殁正统癸亥十月十三。 |

（续表二）

| 朝　代 | 成员繁衍概况 | | |
| --- | --- | --- | --- |
| | 世　系 | 人　名 | 生　平　事　迹 |
| 南宋 | 第五世 | 蒋子文 | 孤立谨守,生至正丙申(1356年)六月初六日,殁宣德癸丑(1433年)五月二十二。 |
| | | 蒋吾省 | 号省躬,性孝,谨作省躬轩于正心堂前。生元至正乙未(1355年)十月初十,殁明正统丙寅(1446年)七月初九。 |
| | | 蒋吾敬 | 讳主一,号隐溪,生至正甲申(1344年)五月十一,殁永乐戊子(1408年)七月廿二,杨文贞公有挽辞。 |

　　在此过程中,槎滩陂早已成为当地社会的公共性灌溉工程,成为当地千家万户生产和生活的重要保障。由于槎滩陂每年需要进行日常维修,且北宋中期以来周氏家族对此难以兼顾,于是逐渐出现了由其他受益家族维修槎滩陂水利的现象,从而削弱了槎滩陂管理层面的"周氏"标签,这为其他家族参与槎滩陂水利的管理创造了条件。早在宋末元初时期,胡氏宗族成员胡巨济和胡中济兄弟就曾捐资维修过槎滩陂,其后又有胡麟昭、胡鼎享的出资维修。胡氏族谱中有所记载:

　　　　胡巨济,讳汝舟,号泓翁,行三十八承事,富盛甲于一邑,偕弟尝捐重金倡修槎滩陂,独修稀筑陂。洪度诸务让弟执柄。胡中济,讳汝辑,号仁翁,行四十五承事,富盛甲于一邑,从兄尝捐重金倡修槎滩陂,独修稀筑陂。
　　　　胡麟昭,讳仁,号瑞庵,行一,乐善好义,尝修槎滩等陂……胡鼎享,讳化泰,号享衢,尝倡义修槎滩陂……①

　　到元至正元年(1341年),李氏家族成员李英叔也曾捐资两万缗对槎滩陂水利进行过重修。李英叔之孙李如春对其修陂事迹进行了记载:

　　　　菊隐君(即李英叔,号菊隐)是其言,乃以钱二万余吊募夫千余众,相士

---

① 《(义禾田)胡氏族谱》第三册,1996年铅印本,第95—98页。

宜上中下纳拱口广狭高低,固筑之石,以李公名识别于旧所筑也。①

元代曾任从仕郎、辽阳等处儒学副提举的庐陵人刘岳申在《柏兴路同知英叔李公墓志铭》中也有所记载,具体如下:

> 予闻西昌李英叔,其乡槎滩、碉石二陂,每岁屡筑,筑已辄坏,殆不可筑。英叔以钱二万缗募千夫,凿石堤水,陂成,灌螺溪良田三十万,乡人称之曰"李公陂"。②

明代曾任钦奉敕书提督四川等处学校、山东按察使金事的吴兴人王麟记载说:

> 余观之螺溪之田三十余万亩,柏兴公乡人共有之也。独恻其水利之未兴,能因宋之故迹倾圮不修,捐资以筑之,而堤防甚固。螺溪之陂茶滩、碉石,南安公与乡人共赖之也,独慨其赡陂之失业,能因宋大夫之所舍,置子孙不保,仗义以复之,而营缮有需,祖作孙述,其为善益至矣!③

此外,依据上述《五彩文约》《吐退文约》和《兴复陂田文约》中的记载,当罗存伏兄弟侵占赡陂田严后,首先是周氏乡绅周云从发起组织,联合其他四姓成员向官府控告。不过依据李氏族谱中李如春、萧器用等人的记载,则是由李如春发起组织的。具体如下所示:

> 筑成,至先君(李如春之父,笔者注)时,赡陂之业,周之子孙渐不能保,为乡细罗存伏所侵没。乡人慨陂无赡,乃谋及于余,余理讯周之子孙云从,倡乡义士若予、若李如山、萧草庭、蒋逸山讼罗存伏兄弟于官,乃得还其既迷

---

① (元)李如春:《跋》,《(泰和)南冈李氏族谱》第一册,2006 年铅印本,第 221 页。

② 《(泰和)南冈李氏族谱》卷一《元故承事郎柏兴路同知李公英叔墓志铭》,1995 年铅印本,第 9 页。碑文现存于泰和县螺溪镇普田村委会李下村李氏宗祠仙李堂的后院墙角。

③ 《(泰和)南冈李氏族谱》第一册,2006 年铅印本,第 222 页。

之业。大率以五分合钱并力费赎其业。业既还，为乡誓约，记以仁、义、礼、智、信五常字号，各执其一为据守焉！由是轮收其赡租。岁常修浚，堤防固而水泽不竭矣！此庶后知其其始末云。①

　　螺溪有粮田三十万余亩，其尽同知柏兴路李公英叔，与其孙南安路推官如春所有者乎！而灌田之陂若茶滩、碉石之坏，英叔公而募筑之，费钱二万余缗。其孙如春慨赡陂之田，宋周大夫羡之所舍入，而竟侵于乡细罗存伏之豪强，遂首大义，率周大夫之裔云从，蒋氏之逸山与萧氏之草庭偕厥弟如山，纠财而讼复之。使陂有固，堤筑有常需，田有常获矣。②

　　对于当时是由周云从还是由李如春率先发起组织，目前已不得而知，但从中反映出槎滩陂水利对当地农业生产的重要性，以及李氏家族乃至其他族群对该水利系统的重视程度逐渐加强。

　　总之，在宋元时期，槎滩陂流域地方宗族得到迅速的发展，这其中很大程度得益于槎滩陂水利在当地农业开发和发展中所发挥的重要作用。它在促进农业生产环境改善的同时，也确立了流域区内耕作（稻作）农业的经济结构。而宗族力量的发展和地方社会的开发，则打破了槎滩陂水利管理的原有格局，产生了新的管理体制，主要表现为由"周氏家族独自管理"向"四姓宗族联合管理"的形式转变，使得槎滩陂成为一种"乡族共有公共资源"。这种转变，以周、蒋、李、萧、胡五姓宗族成员联合夺回赡陂田产为契机，并以官方参与制定的《五彩文约》为其制度上的保证，从而达到以水利为中心的区域社会的初步整合。正是这种整合，地方各种力量达到一个初步的调和，在当地建立了一个相适应的稳定的发展环境，促进了地方社会在以后时期的进一步发展，也加速了流域区宗族之间的融合，为水利社区的形成打下了坚实的基础。

① 《（泰和）南冈李氏族谱》第一册，2006 年铅印本，第 221—222 页。
② 《（泰和）南冈李氏族谱》第一册，2006 年铅印本，第 245 页。

# 第三章 水利区域的发展演变：
## 明清槎滩陂流域社会

明清时期,槎滩陂流域区得到进一步开发,在原有族群繁衍变化的基础上,新的族群不断加入,流域区土地开发和族群村落总数稳定增加,槎滩陂水利的灌溉功能和效用得到进一步凸显。而地方社会的发展进一步促进了当地族群对槎滩陂的关注和重视,农业生产和生活对水地资源需求的扩大造成水资源的相对短缺,矛盾冲突"螺旋式上升"。在水利管理和纠纷处理过程中,国家、宗族、士绅等多种力量卷入其中,槎滩陂水利管理演变为"五姓宗族合修联管"形式,进一步强化了乡族负责制的性质,同时还出现了"官督民修"和"民修官助"的新形式,地方社会围绕槎滩陂水利系统再一次整合。

## 第一节 农耕经济的发展与宗族村落的繁衍

进入明代以后,槎滩陂流域得到进一步开发,原有的族群进一步繁衍变迁,新的姓氏族群不断迁入,一方面推动了族群结构的延伸和宗族村落数量的增加,出现了"房中有房,支中有支"的房派世系和村落结构,其中以周、蒋、胡、李、萧五姓宗族为主;另一方面使得流域区的地方社会经济得到进一步发展,成为吉泰盆地经济发展的组成部分和反映,且农耕经济的高度发展推动了本地区文化事业的繁荣,"务农业儒"的生产和生活模式在本区域得到进一步强化。农业生产和生活对水地资源需求的扩大造成水资源的相对短缺,流域区民众之间的矛盾冲突"螺旋式上升"。

# 一、农耕经济的进一步发展

江西自古以来就是一个农业比重较大的地区,农业生产在整个社会生产中占据着突出的地位和作用。在宋元两代的基础上,明清江西农业生产得到进一步发展。水稻种植不仅总产量有所提高,而且品种又有新的发展,依据当时地方文献记载,当时江西地区的水稻品种大概有早稻 28 种、中稻 26 种、糯稻 28 种、晚稻 5 种、旱谷 3 种,共计 90 种。① 特别是占城稻经过发展培育,品种日益丰富,有"救公饥""六十日占""八十日占""百日占"等系列。

不同稻谷种类的种植,既是各地土地开发利用的反映,也满足了广大民众的生活需要,促进了粮食产量的增长和地方经济的发展。旱谷中的"救公饥",在江西广大地区普遍种植,主要是由于其生长期较短,可以解决春夏粮荒,因而为广大民众所接受。

> 五十日占,俗名"救公饥",熟最早,然不广种,少莳以接粮。②
> 稻,名目不一,有一种最早熟者名"救公饥",色白味香。③

吉泰盆地的稻作农业生产也得到进一步发展。泰和县的稻谷种类有早秔、晚秔、早糯、晚糯、早粟、晚粟之分,各类之下又包含不同品种,如早秔有注马香、黄谷早、乌早、早占、女儿红等,晚秔有八月白、乌子、大黄等,总数达到数十种之多,正如县志中记载明弘治时期当地的水稻种植情况:

> 今西昌呼稷为粟者,稷为粟长通称之也。二者为谷粟之总名。稻之所以为稻,禾之所为禾,一类之中又有总名焉。曰稻云者,兼早、晚之名。大率西昌俗以立春、芒种节种,小暑、大暑节刈,为早稻;清明节种,寒露、霜降节刈,为晚稻。自类以推之,有秔有糯,其别凡数十种……百谷之种,其略见于

---

① 许怀林:《"天工开物"对稻种记述的得失》,《〈天工开物〉研究》,中国科技出版社 1988 年。
② (明)严嵩原修,季德甫增修:正德《袁州府志》卷二《土产》,《天一阁藏明代方志选刊》本。
③ (明)徐颢修,杨钧等纂:隆庆《临江府志》卷六《土产》,《天一阁藏明代地方志选刊》本。

经,其备见于令。其如或产于中国,或生于四夷。今西昌早种中有早占禾,晚种中有晚占禾,乃海南占城国所有,西昌传之才四五十年,推今验古,此其类也。①

除了稻谷外,明代泰和县也普遍种植豆、麦,其中麦又分为小麦、大麦和荞麦等,县志中记载有"豆麦二种,泰和六乡俱有"②。明初泰和人刘崧出游外地赋诗,有"顺承门外斜阳里,荞麦花开似故乡"③之语,也从侧面映射出荞麦在泰和一带已有种植。

清代以后,稻谷种类进一步丰富。清初双季稻开始出现。雍正五年(1727年),雍正帝闻听"江南、江西、湖广、粤东数省,有一岁再熟之稻"④。当时双季稻主要在赣南各县推广,赣中地区与赣南接壤的遂川、万安等县也有种植。

> (会昌)会邑三十年以前田种翻稻者十之二,种麦者十之一,今则早稻之入不足以供,于是有水之田至秋尽种翻稻。⑤

随着明中后期闽粤民众的大量移入,番薯、玉米、土豆等由国外传入闽粤一带地区的旱作物也开始传入江西地区,至清代中期,江西各地开始普遍种植。这些旱作物可以代替稻米充饥,而且产量较高,生长环境要求较低,因而得到广大民众的喜爱,迅速在各地普及种植。

此外,明中期以后,烟叶、甘蔗、蓝靛等经济作物开始传入江西广大地区,如乾隆《泰和县志》记载,在成化末年到弘治年间,泰和县已种植蓝靛,不过当时还不甚普遍:

> 本县土产蓝草,长尺四、五寸,故其为靛,色虽淡而价甚高。由于土人少种故也。成化末,有自福汀贩买蓝子至者,于是洲居之民,皆得而种之。不

---

① ②　(清)冉棠修,沈澜纂:乾隆《泰和县志》卷五《食货志·土产》。
③　(明)刘崧:《槎翁诗集》卷八《送别叔铭金宪出顺承门》,《文渊阁四库全书》本。
④　《清世宗宪皇帝实录》卷五十四,《清实录》第7册,第813—814页。
⑤　(清)戴体仁等修,吴湘皋等纂:乾隆《会昌县志》卷十六《土物》,乾隆十六年刊本。

数年,蓝靛之出与汀州无异,商贩亦皆集焉。[1]

水利是农业发展的命脉。这一时期泰和农业经济的开发和发展,是建立在水利开发的基础之上的。明清时期,当地的水利工程设施在前代的基础上进一步得到修建,如尹公陂,明永乐八年(1410 年)由乡人尹务厚率农修筑[2];万历三年(1575 年),泰和知县唐伯元修筑破塘口矶,共筑堤八百余丈,修建石矶五座,"历六百五十日而讫工"[3];二十八年(1600 年),泰和士绅郭元鸿疏凿云亭埠渠,渠长六里,灌田万亩[4];四十三年(1615 年),泰和知县王元瑞捐资修筑矶头和堤,使赣江东流[5]等。

随着人口的增加、耕地面积的扩大、水利工程设施的修建以及农业生产技术的进步,明代江西作为全国重要的产粮区和粮食供应地的地位日趋明显,主要表现为江西交纳的夏税、秋粮渐居全国之首。

表 3-1　洪武二十六年(1393 年)、弘治十五年(1502 年)、万历六年(1578 年)
江西夏秋赋粮征收表

| 区域 | 赋粮征收 | 洪武二十六年 | 弘治十五年 | 万历六年 |
|---|---|---|---|---|
| 全国 | 夏税麦 | 4712900 石 | 4625594 石 | 4605243 石 |
| | 秋粮米 | 24729450 石 | 22166666 石 | 22033171 石 |
| | 麦米合计 | 29442350 石 | 26792260 石 | 26638414 石 |
| | 米占百分比 | 83.99% | 82.73% | 82.71% |
| 江西 | 夏税麦 | 79050 石 | 87636 石 | 88072 石 |
| | 秋粮米 | 2585256 石 | 2528270 石 | 2528270 石 |
| | 麦米合计 | 2664306 石 | 2615906 石 | 2616342 石 |
| | 米占百分比 | 97.03% | 96.67% | 96.63% |
| | 全国排名 | 第二位 | 第一位 | 第一位 |

资料米源:万历《明会典》卷二十四至二十五《会计·税粮一》《会计·税粮二》.

---

[1] （清)冉棠修,沈澜纂:乾隆《泰和县志》卷五《食货志·土产》。
[2] （清)丁祥修,刘绎纂:光绪《吉安府志》卷三《地理志·泰和陂塘》。
[3][5] （清)冉棠修,沈澜纂:乾隆《泰和县志》卷三《陂塘》。
[4] （清)宋瑛等修,彭启瑞等纂:光绪《泰和县志》卷四《建置略·水利》。

受地理条件的影响,在社会经济发展过程中,明清江西各地区的人口分布极不均匀,主要表现为在平原、盆地区域,人口分布比较稠密,而在广大山区,人口分布则比较稀少。具体见表3-2所示。

表3-2　清嘉庆二十五年(1820年)江西各府人口密度表①

| 府　别 | 人　口 | 面积(平方公里) | 密　度 |
|---|---|---|---|
| 临江府 | 1270842 | 3900 | 325.86 |
| 南昌府 | 4623058 | 17100 | 270.35 |
| 南康府 | 1276725 | 4800 | 265.98 |
| 瑞州府 | 1018367 | 4500 | 226.30 |
| 吉安府 | 2969883 | 13800 | 215.21 |
| 九江府 | 1064165 | 5100 | 208.66 |
| 建昌府 | 1455997 | 8100 | 179.75 |
| 抚州府 | 1531498 | 10800 | 141.81 |
| 饶州府 | 1773171 | 12600 | 141.12 |
| 广信府 | 1445352 | 12000 | 120.44 |
| 宁都直隶州 | 824226 | 6900 | 119.45 |
| 赣州府 | 2414820 | 22800 | 105.91 |
| 袁州府 | 768056 | 8700 | 88.28 |
| 南安府 | 618993 | 7500 | 82.53 |

资料来源:参见梁方仲:《中国历代户口、田地、田赋统计》甲表88,上海人民出版社1980年,第276页。

从上表中可以看出,清中期江西各府的人口密度不尽相同,其中以平原、盆地面积为主的赣中北地区人口密度最高,而以山区为主的赣南、西北、东北地区人口密度较小,本地区所属的吉安府位居全省的第五位。与明代相比,清代江西广大山区已得到较大开发,山区经济已有一定发展。因此,明代江西各地区人口

---

① 许怀林认为,梁著中统计的各府州县的土地面积的总和为138600平方公里,小于现在统计的全省166933平方公里的实际面积。另外许氏也对该年江西各府州县的户口数进行了统计,数字稍微大于梁著的数字。参见许怀林:《江西史稿》,江西高校出版社1998年,第538页。本文仅以梁氏数字为例。

分布不均匀的程度应该更高。

这种地区间人口分布不平衡的现象,不仅使得各地区民众的生活方式各有不同,而且在面对频发的水旱等灾害时,他们的反应程度也不相同。一般来说,人口密度大的地区,在遭受自然灾害后,民众的生活会更加困苦,于是我们也就看到吉安府民众出现大量流移的现象。据史料记载,流民一部分流向赣南及本境边缘等的偏远山区,如明嘉靖元年南赣巡抚周用所言:

> 南赣地方田地山场坐落开旷,禾稻竹木生殖颇蕃,利之所共趋,吉安等府各县人民常前来谋求生理,结党成群,日新月盛。①

还有一部分则流向湖广和云贵等外省地区,如明成化时曾任内阁大学士的丘濬所言:"以今日言之,荆湖之地,田多人少,江右之地,田少人多。江右之人,大半侨寓于荆湖。盖江右之地力所出不足以给其人,必资荆湖之粟以为养也。"②而在二者当中,后者占据绝大多数,嘉靖时海瑞曾言:"今吉、抚、昌、广数府之民,虽亦佃田南、赣,然佃田南、赣者十之一,游食他省者十之九。"③

当然,这种流民现象除了人地矛盾和自然灾害的原因外,还有赋役繁重和豪绅富室对农民盘剥的因素。这一时期,江西"田归豪绅,而赋在贫民"的现象普遍存在,他们隐瞒田产、转嫁赋粮:"小民被狡蠹者霸占田地而不收粮,或卖以与而收粮不尽。间有诉告,又因依山负固,官府不能一一拘理。甚至物料夫差,百端催迫,至不能存,而窜徙于他乡,或商贩于别省,或投入势要,为家奴佃仆,民之逃亡,此其故也。"④这种现象在吉安府更是严重,"文人贤士固多,而强宗豪右亦不少,或互相争斗,或彼此侵渔,嚣讼大兴,刁风益肆"⑤。这加重了民众的负担,由此引发了许多民众的逃亡。

---

① (明)周用:《乞专官分守地方疏》,(清)白潢修,查慎行纂:康熙《西江志》卷一百四十六《艺文》,康熙五十九年刻本。
② (明)丘濬:《江右民迁荆湖议》,《明经世文编》卷七十二《丘文庄公集二》。
③ (明)海瑞:《兴国八议》,《明经世文编》卷三百零九《海忠介公文集》。
④ 《明经世文编》卷二百二十六《设县事宜》。
⑤ 《明宪宗实录》卷五十六,成化四年七月癸未。台湾中央研究院历史语言研究所校印本1962年。

在槎滩陂流域，耕作农业的形成，依赖的是槎滩陂水利工程，这在当地宗族村落的发展特点中得到突出体现。槎滩陂及其支渠的修成，在很大程度上改善了当地的农业生产环境，原来的许多"高阜之田"变成了肥沃之地，成为当地人民进行农业生产和生活不可缺少的依赖资源，同时也是当地宗族赖以发展的重要基础。正如明代当地著名士大夫周是修所述：

> 庐陵之西，泰和之北，河川之流出焉，至瀦江迤东，荡然平缅，为螺溪，巨野沃饶而常稔者百万余顷，富民匝其原以处者，棋布星列。①

另外，曾任工部主事的明代余姚人杨荣，曾任南京兵部尚书、都察院左督御史的庐陵人萧维祯也分别对槎滩陂水利的作用有所阐述：

> 彼螺溪之田连阡陌，群布上中下者三十万亩有奇。其田之有获，赖有陂以为之灌也；陂之有筑，赖有田以为之赡也。
>
> 泰和之州士得养于廪粟不继之际，螺溪之乡农有获于水流通之后，优于学者披诸弦声歌韵，力于本者彤诸含哺鼓腹，嘻嘻然宛在唐虞三代时也。②

槎滩陂水利管理形式的变化，是与地方宗族的繁衍发展相呼应的。槎滩陂水利系统的修建，促进了流域区内土地的较大开发，而土地的开发，则促进了当地宗族的发展。槎滩陂流域地方社会的兴起，是深深地根植于槎滩陂水利系统基础之上的。明代当地士大夫萧士安曾这样描绘了他所见到的家乡状况：

> 县治北四十里曰高行、信实两乡，余常过属乡觉海寺以与先祭，见里中溪流浩瀚条达不绝，而老农无涸辙之忧，回视四境，称地之膏腴者，莫先于

---

① （明）周是修：《南樵道者传》，（清）杨讱、徐迪惠等纂修：道光《泰和县志》卷三十七《艺文志·传》。
② 《（泰和）南冈李氏族谱》第一册，2006 年印刷本，第 223—224 页。

也。偕二子且行且叹,或询其源于村老,佥曰:"此周仆射槎滩碉石陂流也。"①

　　槎滩陂横遏牛吼江水,将其一部分水量改道东流,陂水由西往东依次流经禾市镇和螺溪镇,在三派村汇入禾水再注入赣江,从而形成一条与牛吼江平行的水系,将禾市镇槎滩村以下至螺溪镇的大部分地区的农田包括其中。渠道所经乡村在宽阔的盆地土地内,有渠水可资利用,遂能充分垦种,吸引更多的家族来此定居。槎滩渠流经的众多村落中,许多并不是原来就存在的,而是在槎滩陂流域的开发过程中,由于宗族发展迁移而形成的。这些村落旁都有分水陂,以从槎滩渠中分引一部分水流入村庄,作为村民生活用水。许多村落中并挖有水塘,连接引水圳,以储蓄水量。另外,在村庄四周还建有许多支流水圳,用以灌溉村庄四周农田。爵誉村是其中的典型代表,详见本书文前"爵誉水域水利示意图"②。

　　在地方社会开发过程中,伴随着地方宗族的发展,流域区内人口和土地开发面积大量增加,槎滩陂水利的灌溉面积也不断增加,流域区宗族村落的发展繁衍与有限水资源之间的矛盾呈现"螺旋式上升",造成流域区内人口和土地之间、生产生活需求与水资源之间的矛盾逐渐激化,由此使得流域区内的人口开始迁往本县或邻县区域,甚至向外省迁徙。

　　明清本地区耕作农业经济结构的持续发展进一步强化了当地"务农业儒"的习俗,以及推动了科举的发展和兴盛。史载:

　　　　泰和士人绰有风致,细民多技艺,而物产颇饶于他邑。谭经之士知爱名检,荷锄之夫不忌贵游。山谷偏民,奉公趋义,赴之如流水。

　　　　男女重于敦本忠义,本乎性成,不为势屈利诱。君子习诗书而笃忠贞,细民力生业而务俭朴,尤谨婚姻而重氏族,疾病多事祷禳,筑葬偏信风水。

　　　　邑素称文献之邦,其君子则守礼而畏法,闲居族处,相与讲先王之道,少

---

① (明)萧士安:《槎滩碉石陂事实记》,《泰和南冈周氏漆田学士派三次续修谱》第十册,《杂录》,第355页。

② 《爵誉康氏村志》,1996年铅印本,第46页。

者亦诵经史学,文章以举进士为业,故弦诵声相接。其细民则尽力于南亩,或转货于江湖,贸鬻于市区,营什一之利,以养父母、育妻孥,而有自得之乐。是以贤者皆明乎理谊,果于为善,其余既安于所业,而无外慕,亦易与为善,而难与为恶。①

明代泰和籍名宦杨士奇在《石冈书院记》中对自己家乡的"崇儒"习俗进行了描述,其中写道:

> 吾尝窃谓吾郡之俗,所为可重非他郡可及者,其民务义修礼,尚气节,虽至贫不肯弃诗书不习,至贱者能诵《孝经》《论语》,晓知其大义。凡城郭、间巷、山溪、林谷之中,无不有学,富贵者遇逢掖士必敬礼之,不敢慢易……②

另一位泰和县籍名宦王直也分别在《送郑知县之泰和序》和《耕读堂记》中叙述了自己家乡的风土人情:

> 邑素称文献之邦,其君子则守礼而畏法,闲居族处,相与讲先王之道;少者亦诵经史,学文章,以举进士为业,故弦诵之声相接。其细民则尽力于南亩,或转货于江湖,贸鬻于市区,营什一之利,以养父母、育妻孥,而有自得之乐。③
>
> 泰和之秀民盖多矣,其勤于耕稼者亦不少也。使人人而力于学焉,则仕者皆知小人之依,益有以厚国家处者,皆笃于君子之道,益有以隆风俗其美又非他邑之可比矣。④

清代曾担任过泰和县知县的高廷桢也说道:

---

① (清)宋瑛等修,彭启瑞等纂:光绪《泰和县志》卷二《舆地志·风俗》。
② (明)杨士奇:《东里文集》卷二《记·石冈书院记》,中华书局1998年,第23页。
③ (明)王直:《送郑知县之泰和序》,(清)宋瑛等修,彭启瑞等纂:光绪《泰和县志》卷二《舆地志·风俗》。
④ (明)王直:《抑庵文集》卷二《耕读堂记》,《文渊阁四库全书》第1241册,第40页。

> 泰和为声名文物之邦,忠义孝友之邑。山川挺秀,甲第云连。溯自宋、元,迄明以来,英贤崛起,勋业昭垂;经济文章,卓著千古。①

从以上描述中,我们可以看出泰和地区历史文化的变迁和发展,也可以看出泰和自古以来民风淳朴,崇尚读书。此外,泰和县历史上有相当完善的学校体制,包括州学、县学、乡学、村学等,县内还有石冈、萃和两个全省闻名的书院。教育体系的完善和发达,为当地文风兴盛奠定了基础,明人曾蒙简于弘治年间对泰和的科举文风进行了描述,称:

> 泰和邑儒学之设久矣,士子业诗书而谭礼乐,彬彬然文风之盛,他邑罕俪。自入国朝洪武、永乐以来,士之鏖战于文场者,自乡试以至延试,屡占第一之选;释褐而登仕版者,内而公卿郎署,外而牧伯守令、学校百执事、道德文艺事业著称于时者,不可胜数,何其盛之又盛也。②

## 二、地方宗族与村落的进一步繁衍

在明清漫长的时期中,槎滩陂流域的地方社会经济得到进一步发展。伴随着地区的开发,宗族人口也在不断增加,不仅宗族结构得到很大程度的延伸,而且宗族村落的数量也大大增加。如五代时期迁至泰和的曾、张、陈、严、王、萧、刘、倪等八姓族群,至明弘治年间大都繁衍了数百户,史载:"考之五季时自金陵、洛阳、长沙徙来者八姓九族,惟倪氏不嗣,其他八族之后,散处城郭、乡村者,每族多至三二百户。"③

到清末,当地的许多宗族,如周、蒋、胡、李、萧等大都繁衍到三十多世,因而其宗族结构相较于宋元时期已大为复杂化。一方面许多村落中的细支房发展为更细小的房派,出现"房中有房,支中有支"的局面;另一方面,由于人口的持续发展

---

① (清)高廷桢:《泰和县志序》,(清)宋瑛等修,彭启瑞等纂:光绪《泰和县志》卷首《序》。
② (明)曾蒙简:《重修文庙记》,(清)杨䜣、徐迪惠等纂修:道光《泰和县志》卷三十一《艺文志·记(上)》。
③ (清)宋瑛等修,彭启瑞等纂:光绪《泰和县志》卷六《政典志·户役》。

和迁徙,一些新的村落不断产生,这些村落在宗族结构层次上即是更为细支的房派。

这一时期,槎滩陂流域已经成为以槎滩陂为首端,流长三十余里、流经一百多个村落、灌溉面积数万亩的水利系统了。相对于宋元时期,该流域地方社会发生了一系列的变化,村落的繁衍速度达到顶峰,村落数量出现大幅度增长,地方族群结构逐步成熟。村落数量的大幅度增长,主要来源于本地已有族群的繁衍迁徙,也还有外来族群的迁入。根据统计,明清时期新衍化的村庄数量共计240个,其中明代为154个,清代为86个,占两乡镇目前自然村总数的近2/3;共涉及43个姓氏族群,除了原有的姓氏族群外,明代新增了吴、孙、严、赵、贺、温、毛、赖等8个姓氏族群,清代新增了蔡、杜、易、雷、龚、潘6个姓氏族群,使得本地区的族群数量达到49个,约合现有族群总数的96.08%。

明清禾市、螺溪两镇新衍化的村落中,位于槎滩陂流域区的村落共有128个(螺溪镇90个,禾市镇38个),其中明代繁衍的村落为96个(螺溪镇66个,禾市镇30个),清代繁衍的村落为32个(螺溪镇24个,禾市镇8个);位于非流域区的村落共有112个(螺溪镇31个,禾市镇81个),其中明代繁衍的村落为58个(螺溪镇25个,禾市镇33个),清代繁衍的村落为54个(螺溪镇6个,禾市镇48个)。如表3-3所示。明清两代当地村落繁衍的具体情况分别见表3-4和3-5所示。

表3-3　明清泰和县禾市镇、螺溪镇村落繁衍情况统计表①

| 行政区划 | 所属范畴 | 村落数量(个) | | 村落合计数量(个) |
| --- | --- | --- | --- | --- |
| | | 明代 | 清代 | |
| 螺溪镇 | 流域区 | 66 | 24 | 90 |
| | 非流域区 | 25 | 6 | 31 |
| 禾市镇 | 流域区 | 30 | 8 | 38 |
| | 非流域区 | 33 | 48 | 81 |
| 合计 | | 154 | 86 | 240 |

① 江西省泰和县人民政府地名办公室编印:《江西省泰和县地名志》,第40—70页。

表 3-4　明代泰和县禾市镇、螺溪镇村落繁衍情况表①

| 灌溉范畴 | 行政区划 | 繁衍村落 | 建村年代 | 村落族群 | 迁出地 |
|---|---|---|---|---|---|
| 流域区<br>(96 个) | 螺溪镇<br>(66 个) | 花园村 | 明万历癸卯年 | 谢氏 | 澄江镇上田谢家垄村 |
| | | 大岭上村 | 明代中叶 | 萧氏 | 万安县城江村 |
| | | 高上村 | 明崇祯丙子年 | 高氏 | 上圯沔口村 |
| | | 瓦居村 | 明正统年间 | 罗氏 | 南冈岭下村 |
| | | 白兰村 | 明洪武年间 | 李氏 | 禾市镇桐陂村 |
| | | 黄洲村 | 明永乐年间 | 李氏 | 南冈李家村 |
| | | 藕塘村 | 明成化年间 | 张氏 | 下张瓦村 |
| | | 古雅村 | 明成化间 | 曾氏、胡氏 | 吉安县敖城 |
| | | 潭埠村 | 明嘉靖间 | 郭氏 | 苏溪乡苏溪村 |
| | | 夏园村 | 明万历间 | 王氏 | 王家坊村 |
| | | 湍水村 | 明弘治间 | 萧氏 | 禾市镇芦源村 |
| | | 南门村 | 明末 | 吴氏 | 南冈田心村 |
| | | 花园彭瓦村 | 明嘉靖壬辰年 | 彭氏 | 澄江镇上田白水村 |
| | | 郭瓦村 | 明成化间 | 郭氏 | 冠朝乡冠朝村 |
| | | 太原曾瓦村 | 明洪武甲寅年 | 曾氏 | 黄洲瓦居村 |
| | | 坤塘村 | 明末 | 周氏 | 松山村(已殁) |
| | | 横坑村 | 明嘉靖间 | 孙氏 | 澄江镇上田月池韭园村 |
| | | 象牙山村 | 明宣德年间 | 王氏 | 安福县 |
| | | 凰驻山村 | 明洪武间 | 周氏 | 爵誉周家村 |
| | | 螺塘村 | 明嘉靖间 | 李氏 | 李下村 |
| | | 南冈段瓦村 | 明万历间 | 段氏 | 吉安县岭田村 |
| | | 长洲村 | 明嘉靖间 | 胡氏 | 洲上村 |
| | | 北溪村 | 明天启间 | 郭氏 | 苏溪乡太原村 |
| | | 沧下村 | 明天启间 | 阙氏 | 栋岗村 |
| | | 洲上村 | 明永乐间 | 胡氏 | 义禾田村 |

---

① 江西省泰和县人民政府地名办公室编印:《江西省泰和县地名志》,第40—70 页。

（续表一）

| 灌溉范畴 | 行政区划 | 繁衍村落 | 建村年代 | 村落族群 | 迁出地 |
|---|---|---|---|---|---|
| 流域区<br>（96个） | 螺溪镇<br>（66个） | 龙沟村 | 明天顺间 | 康氏 | 爵誉康家 |
| | | 雁口村 | 明正统间 | 康氏 | 爵誉康家 |
| | | 上湖边村 | 明永乐间 | 萧氏 | 禾市镇芦源村 |
| | | 义禾大塘坛村 | 明弘治间 | 胡氏 | 义禾田村 |
| | | 阳田村 | 明洪武间 | 胡氏 | 义禾田村 |
| | | 富家潭村 | 明洪武间 | 胡氏 | 义禾田村 |
| | | 罗瓦村 | 明洪武间 | 罗氏 | 禾市罗瓦村 |
| | | 夏潭村 | 明宣德间 | 胡氏 | 南径村 |
| | | 车山村 | 明嘉靖间 | 胡氏 | 桥头镇材陂村 |
| | | 钟瓦坊村 | 明洪武丁卯年 | 钟氏 | 马市镇荷塘村 |
| | | 宋瓦村 | 明景泰间 | 周氏 | 高冈村 |
| | | 南庄村 | 明隆庆丁卯年 | 戴氏 | 吉安县东山村 |
| | | 枧桥村 | 明末 | 周氏 | 螺江村 |
| | | 罗湾村 | 明隆庆间 | 胡氏 | 桥头镇长溪村 |
| | | 亚江村 | 明嘉靖间 | 胡氏 | 桥头镇长溪村 |
| | | 高湖村 | 明代中期 | 萧氏 | 禾市镇芦源下大夫村 |
| | | 晚桥村 | 明正统间 | 周氏 | 漆田村 |
| | | 筠川村 | 明永乐间 | 李氏 | 南冈口李垫村 |
| | | 圳口村 | 明洪武间 | 刘氏 | 吉安清水村 |
| | | | 明成化间 | 康氏 | 爵誉康家村 |
| | | 槎江村 | 明嘉靖间 | 陈氏 | 田心村 |
| | | 大夫第村 | 明洪武间 | 周氏 | 爵誉周家村 |
| | | 大塘坛萧家村 | 明万历间 | 萧氏 | 沙塘村 |
| | | 背斜村 | 明万历间 | 萧氏 | 马市镇新屋场村 |
| | | 彭瓦村 | 明永乐间 | 周氏 | 漆田村 |
| | | 硕百斤村 | 明嘉靖间 | 周氏 | 彭瓦村 |
| | | 对田村 | 明宣德间 | 周氏 | 漆田村 |

（续表二）

| 灌溉范畴 | 行政区划 | 繁衍村落 | 建村年代 | 村落族群 | 迁出地 |
|---|---|---|---|---|---|
| 流域区<br>（96 个） | 螺溪镇<br>（66 个） | 漆田大塘坛村 | 明成化间 | 周氏 | 漆田村 |
| | | 新祠堂村 | 明成化间 | 周氏 | 高冈村 |
| | | 高冈村 | 明正统间 | 周氏 | 漆田村 |
| | | 木垄村 | 明天顺间 | 周氏 | 高冈村 |
| | | 塪溪村 | 明嘉靖间 | 胡氏 | 吉安县院背村 |
| | | 洋溪村 | 明成化己亥年 | 康氏 | 禾市镇礼门村 |
| | | 戴野村 | 明洪武间 | 戴氏 | 吉安县指阳东山村 |
| | | 胡家下村 | 明洪武间 | 周氏 | 漆田村 |
| | | 小东村 | 明洪武间 | 戴氏 | 黄陂村 |
| | | 萼下村 | 明成化间 | 胡氏 | 栋头村 |
| | | 黄瓦村 | 明末 | 黄氏 | 吉安县固江村 |
| | | 阙瓦村 | 明洪武间 | 阙氏 | 栋岗村 |
| | | 留车田村 | 明永乐壬辰年 | 胡氏 | 栋头村 |
| | | 周瓦村 | 明成化间 | 周氏 | 对田村 |
| | | 佩紫岭村 | 明洪武间 | 刘氏 | 冻冈岭村 |
| | 禾市镇<br>（30 个） | 永瓦村 | 明万历间 | 吴氏 | 吉安县永阳朗石村 |
| | | 隘前村 | 明宣德间 | 萧氏 | 螺溪镇秋岭村 |
| | | 官田萧家村 | 明正德年间 | 萧氏 | 马市柳塘村 |
| | | 夏富洲村 | 明弘治间 | 郭氏 | 吉安田心演塘村 |
| | | 夏吉头村 | 明嘉靖年间 | 蒋氏 | 瓦坞村 |
| | | 大园村 | 明永乐年间 | 张氏 | 吉安县永阳邓瓦村 |
| | | 贤上村 | 明永乐年间 | 张氏 | 沙里村 |
| | | 包瓦村 | 明末 | 周氏 | 桥头镇高洲村 |
| | | 辋下村 | 明弘治年间 | 陈氏 | 螺溪田心村 |
| | | 广厚村 | 明崇祯壬午年 | 蒋氏 | 增庄村 |
| | | 袁瓦村 | 明永乐间 | 袁氏 | 门陂村 |
| | | 下邓瓦村 | 明初 | 邓氏 | 禾市镇三接桥邓瓦村 |

（续表三）

| 灌溉范畴 | 行政区划 | 繁衍村落 | 建村年代 | 村落族群 | 迁出地 |
|---|---|---|---|---|---|
| 流域区<br>（96个） | 禾市镇<br>（30个） | 严瓦村 | 明末 | 严氏 | 螺溪禄冈村严家村 |
| | | 八斤村 | 明万历年间 | 胡氏 | 夏湖村 |
| | | 小水田村 | 明洪武间 | 周氏 | 上西岗村 |
| | | 枫树垄村 | 明洪武间 | 蒋氏 | 新居村 |
| | | 增庄村 | 明宣德庚戌年 | 蒋氏 | 老居村 |
| | | 上市村 | 明崇祯丙子年 | 蒋氏 | 增庄村 |
| | | 两江口村 | 明万历间 | 蒋氏等多姓 | 增庄村 |
| | | 梅枳村 | 明洪武间 | 蒋氏 | 老居村 |
| | | 田心村 | 明永乐年间 | 蒋氏 | 康居村 |
| | | 洲上萧家村 | 明成化年间 | 萧氏 | 螺溪镇罗步田村 |
| | | 城山头村 | 明代中期 | 刘氏 | 刘瓦村 |
| | | 岭下村 | 明万历间 | 胡氏 | 南溪乡冻边村 |
| | | 临清村 | 明嘉靖间 | 乐氏 | 乐家村 |
| | | 桥上村 | 明嘉靖间 | 曾氏 | 吉安县永阳竹马桥村 |
| | | 周家村 | 明洪武间 | 周氏 | 螺溪镇漆田村 |
| | | 江下背村 | 明嘉靖间 | 乐氏 | 乐家村 |
| | | 上山村 | 明泰昌年间 | 杨氏 | 南溪乡源塘村 |
| | | 湖田村 | 明嘉靖年间 | 乐氏 | 乐家村 |
| 非流域区<br>（58个） | 螺溪镇<br>（25个） | 龙瓦村 | 明初 | 龙氏 | 南溪乡大屋场 |
| | | 王院村 | 明代前期 | 阙氏 | 栋岗村 |
| | | 槽下村 | 明永乐间 | 王氏 | 王家坊村 |
| | | 南岭下村 | 明嘉靖间 | 王氏 | 王家坊村 |
| | | 江边村 | 明正统间 | 萧氏 | 禄冈村 |
| | | 宠塘村 | 明弘治辛亥年 | 萧氏 | 禄冈村 |
| | | 圳上刘家村 | 明崇祯壬午年 | 刘氏 | 禾市镇官塘村 |
| | | 十八庄村 | 明万历辛巳年 | 王氏 | 吉安县横江钱塘村 |
| | | 上兰溪村 | 明正统乙丑年 | 胡氏 | 下兰溪村 |

(续表四)

| 灌溉范畴 | 行政区划 | 繁衍村落 | 建村年代 | 村落族群 | 迁出地 |
|---|---|---|---|---|---|
| 非流域区<br>(58个) | 螺溪镇<br>(25个) | 羊瓦垄村 | 明万历间 | 胡氏 | 马坊岭村 |
| | | 马坊岭村 | 明正统间 | 胡氏 | 义禾田村 |
| | | 湖塘村 | 明成化间 | 戴氏 | 禾市镇沙溪村 |
| | | 霄坞岭村 | 明代 | 李氏 | 南溪乡岭后村 |
| | | 北坑村 | 明代前期 | 胡氏 | 留车田村 |
| | | 晏下村 | 明永乐甲午年 | 萧氏 | 禾市镇芦源村 |
| | | 下坑村 | 明万历壬午年 | 曾氏 | 上田梦陂村 |
| | | 留家垄村 | 明嘉靖间 | 陈氏 | 大门口村 |
| | | 田丰田心村 | 明弘治间 | 蒋氏 | 禾市镇老居村 |
| | | 谭瓦村 | 明代后期 | 谭氏 | 湖北竹山县 |
| | | 老虎仚村 | 明弘治间 | 蒋氏 | 禾市镇老居村 |
| | | 山观村 | 明嘉靖间 | 李氏 | 藻苑村 |
| | | 车塘村 | 明嘉靖间 | 陈氏 | 塘洲洲头村 |
| | | 冻坑村 | 明嘉靖间 | 胡氏 | 永新县 |
| | | 谢坊村 | 明洪武间 | 刘氏 | 冻冈岭村 |
| | | 雅塘村 | 明洪武间 | 刘氏 | 塔冈村 |
| | 禾市镇<br>(33个) | 窗下村 | 明正德年间 | 赵氏 | 吉安永阳赵瓦村 |
| | | 熊瓦村 | 明嘉靖间 | 熊氏 | 马市镇大路熊家村 |
| | | 永睦岭村 | 明嘉靖初 | 陈氏 | 辋下村 |
| | | 鲤跃背村 | 明初 | 李氏、乐氏 | 杏亩塘村 |
| | | 杏亩塘村 | 明嘉靖间 | 萧氏 | 马市镇西村 |
| | | 长岭村 | 明弘治间 | 刘氏 | 桥头镇茶芜村 |
| | | 窑前村 | 明弘治间 | 刘氏 | 长岭村 |
| | | 田岸村 | 明洪武年间 | 李氏 | 螺溪镇李家村 |
| | | 锯木岭下村 | 明洪武年间 | 蒋氏 | 老居村 |
| | | 塘梅村 | 明宣德年间 | 吴氏 | 吉安县路边村 |
| | | 庵前村 | 明洪武年间 | 梁氏 | 吉安县指阳白石村 |

（续表五）

| 灌溉范畴 | 行政区划 | 繁衍村落 | 建村年代 | 村落族群 | 迁出地 |
|---|---|---|---|---|---|
| 非流域区<br>（58个） | 禾市镇<br>（33个） | 庙前村 | 明万历年间 | 萧氏 | 渡船埠村 |
| | | 围子里村 | 明洪武间 | 张氏 | 院头村 |
| | | 恒头村 | 明洪熙间 | 罗氏 | 螺溪镇岭下村 |
| | | 周瓦村 | 明万历间 | 周氏 | 桥丰周家村 |
| | | 大住下村 | 明万历间 | 胡氏 | 国渡村 |
| | | 芳溪洲村 | 明隆庆年间 | 刘氏 | 安福县螺溪祚陂村 |
| | | 冻坑村 | 明初 | 王氏 | 吉安县金钱王家村 |
| | | 土塘村 | 元末明初 | 萧氏 | 安平寺村 |
| | | 庙角上村 | 明洪武间 | 张氏 | 螺溪镇爵誉村张家 |
| | | 洋屋场村 | 明末 | 陈氏 | 福建武平上赤坑村 |
| | | 贺瓦村 | 明景泰年间 | 贺氏 | 永新县莲花坪 |
| | | 年洲上村 | 明景泰年间 | 李氏 | 遂川县衙前村 |
| | | 活溪村 | 明代中叶 | 蒋氏 | 瓦坞村 |
| | | 上官田村 | 明洪武间 | 彭氏 | 苏溪乡上彭村 |
| | | 下官田村 | 明代中期 | 梁氏 | 县城东门梁家 |
| | | 卧岭村 | 明末 | 温氏 | 遂川县武溪村 |
| | | 梅塘村 | 明万历间 | 杨氏 | 马市镇长溪村 |
| | | 棠棣村 | 明末 | 毛氏 | 毛家坊村 |
| | | 山塘村 | 明末清初 | 罗氏 | 苏溪乡老居村 |
| | | 石岗背村 | 明永乐间 | 戴氏 | 沙溪村 |
| | | 赖家村 | 明崇祯间 | 赖氏 | 福建上杭老观山茶地村 |
| | | 砂镜村 | 明代中期 | 刘氏 | 遂川县西昌尾村 |

表3-5 清代泰和县禾市镇、螺溪镇村落繁衍表①

| 灌溉范畴 | 行政区划 | 繁衍村落 | 建村年代 | 村落族群 | 迁出地 |
|---|---|---|---|---|---|
| 流域区<br>(32个) | 螺溪镇<br>(24个) | 旧居村 | 清顺治间 | 萧氏 | 大岭上村 |
| | | 小江边村 | 清乾隆间 | 刘氏 | 永新县中村 |
| | | 棚下蔡家村 | 清光绪年间 | 蔡氏 | 上犹县 |
| | | 坳上村 | 清宣统末年 | 王氏 | 王家坊村 |
| | | 三派村 | 清代中期 | 多姓 | 聚居的墟镇,不详 |
| | | 上边村 | 清雍正间 | 刘氏 | 禾市镇黄槽坳上村 |
| | | 老官洲村 | 清道光间 | 龙氏 | 郑瓦村 |
| | | 芳源岭村 | 清顺治间 | 黄氏 | 吉安县指阳渡塘逢村 |
| | | 高虎岭村 | 清康熙壬寅年 | 黄氏 | 黄瓦村 |
| | | 高田村 | 清乾隆间 | 胡氏 | 山背村(已废) |
| | | 新屋村 | 清代后期 | 胡氏 | 高田村 |
| | | 桥头村 | 清代后期 | 胡氏 | 高田村 |
| | | 石江口村 | 清同治间 | 曾氏 | 曾瓦村 |
| | | 高墈上村 | 清康熙间 | 胡氏 | 吉安永阳东湖村 |
| | | 塘边村 | 清咸丰癸丑年 | 李氏 | 南冈村李家 |
| | | 杜家村 | 清乾隆间 | 杜氏 | 桥头镇水北村 |
| | | 康瓦村 | 清康熙间 | 康氏 | 四川会理 |
| | | 庙下村 | 清咸丰间 | 胡氏 | 义禾田村 |
| | | 新蒋瓦村 | 清顺治间 | 蒋氏 | 禾市镇老居村 |
| | | 黄陂谢瓦村 | 清嘉庆间 | 谢氏 | 禾市十三景村 |
| | | 下斜村 | 清代后期 | 萧氏 | 禾市镇安平寺村 |
| | | 董瓦村 | 清康熙间 | 康氏 | 爵誉康家 |
| | | 董田村 | 清乾隆间 | 周氏 | 爵誉周家村 |
| | | 舍下村 | 清同治间 | 萧氏 | 吉水县螺陂 |

---

① 江西省泰和县人民政府地名办公室编印:《江西省泰和县地名志》,第40—70页。

| 灌溉范畴 | 行政区划 | 繁衍村落 | 建村年代 | 村落族群 | 迁出地 |
|---|---|---|---|---|---|
| 流域区<br>(32个) | 禾市镇<br>(8个) | 濠洲村 | 清乾隆间 | 萧氏 | 上田萧家村 |
| | | 潘瓦村 | 清乾隆年间 | 潘氏 | 吉安长塘边村 |
| | | 新门口村 | 清雍正年间 | 胡氏 | 吉安永阳廊湖村 |
| | | 兜坞村 | 清乾隆间 | 萧氏 | 洲上村 |
| | | 茆庄村 | 清康熙间 | 蒋氏 | 老居村 |
| | | 拱桥上村 | 清康熙末 | 蒋氏 | 茆庄村 |
| | | 上蒋村 | 清康熙间 | 蒋氏 | 老居村 |
| | | 阳陂山村 | 清嘉庆间 | 钟氏 | 桥头乡有孚村 |
| 非流域区<br>(54个) | 螺溪镇<br>(6个) | 大路江村 | 清初 | 阙氏 | 栋岗村 |
| | | 龙山村 | 清同治间 | 王氏 | 王家坊村 |
| | | 宠塘棚下村 | 清光绪间 | 萧氏 | 宠塘村 |
| | | 太平岭村 | 清咸丰间 | 陈氏 | 兴国县簧门村 |
| | | 南洲村 | 清康熙间 | 胡氏 | 霄坞岭村 |
| | | 东里村 | 清乾隆间 | 彭氏 | 禾市镇上官田村 |
| | 禾市镇<br>(48个) | 大禾场村 | 清康熙间 | 萧氏 | 上田黄冈台子上 |
| | | 杨瓦门前村 | 清康熙间 | 刘氏 | 湖南永兴水济村 |
| | | 夏坛村 | 清康熙间 | 郭氏 | 遂川县衙前桂溪村 |
| | | 新礼门村 | 清康熙年间 | 钟氏 | 吉安县指阳桥头村 |
| | | 孙瓦村 | 清康熙壬子年 | 孙氏 | 沿溪江畔 |
| | | 藕塘村 | 清康熙间 | 曾氏 | 吉安县麻桥 |
| | | 洋塘村 | 清康熙间 | 萧氏 | 螺溪镇高墈上村 |
| | | 樟木村 | 清乾隆间 | 萧氏 | 江瓦村 |
| | | 平园村 | 清康熙间 | 萧氏 | 水溪村 |
| | | 戴野村 | 清初 | 钟氏 | 钟瓦村 |
| | | 岭头村 | 清康熙年间 | 周氏 | 螺溪镇螺江村 |
| | | 白马塘村 | 清顺治间 | 李氏 | 吉安县永阳量头下村 |
| | | 新屋下村 | 清康熙间 | 刘氏 | 官塘村 |

（续表二）

| 灌溉范畴 | 行政区划 | 繁衍村落 | 建村年代 | 村落族群 | 迁出地 |
|---|---|---|---|---|---|
| 非流域区<br>（54个） | 禾市镇<br>（48个） | 马田垄村 | 清康熙间 | 杨氏 | 坑门村 |
| | | 冶草村 | 清康熙间 | 郭氏 | 冠朝镇郭家村 |
| | | 继坑洲村 | 清乾隆间 | 萧氏 | 雁溪村 |
| | | 蒋瓦村 | 清康熙间 | 龙氏 | 南溪乡大屋场村 |
| | | 流塘村 | 清代中期 | 曾氏 | 藕塘村 |
| | | 田野村 | 清乾隆年间 | 萧氏 | 螺溪镇秋岭村 |
| | | 上屋村 | 清乾隆年间 | 周氏 | 周瓦村 |
| | | 官车村 | 清初 | 李氏 | 螺溪镇李下村 |
| | | 江北田村 | 清康熙间 | 萧氏 | 吉安县永阳德桥村 |
| | | 桐井庙村 | 清乾隆间 | 黄氏 | 沙里村 |
| | | 下村村 | 清末 | 胡氏 | 桥头镇冶陂村 |
| | | 仓下村 | 清初 | 胡氏 | 吉安县指阳早塘边村 |
| | | 跑塘村 | 清乾隆年间 | 易氏 | 易家垓村（已殁） |
| | | 刘家背村 | 清乾隆年间 | 刘氏 | 吉安县永阳梅花村 |
| | | 柞树下村 | 清乾隆年间 | 彭氏 | 吉安县永阳官仓村 |
| | | 迁径村 | 清光绪年间 | 袁氏 | 冠朝镇宏冈村 |
| | | 东坑村 | 清顺治年间 | 周氏 | 螺溪镇爵誉村 |
| | | 庙下村 | 清康熙间 | 王氏 | 吉安县敖城流江村 |
| | | 荷塘埠村 | 清乾隆间 | 尹氏 | 苏溪乡排溪村 |
| | | 田心村 | 清代中叶 | 萧氏 | 螺溪镇前岸村 |
| | | 店前村 | 清乾隆间 | 萧氏 | 对瓦村 |
| | | 对瓦村 | 清康熙间 | 萧氏 | 芦源村 |
| | | 五斗塘村 | 清末 | 罗氏 | 罗瓦村 |
| | | 南岭背村 | 清雍正年间 | 杨氏 | 苏溪乡鲁木罗坑村 |
| | | 瑞门村 | 清初 | 刘氏 | 福建 |
| | | 杏彦村 | 清末 | 雷氏 | 芦源中田坑村 |

96

（续表三）

| 灌溉范畴 | 行政区划 | 繁衍村落 | 建村年代 | 村落族群 | 迁出地 |
|---|---|---|---|---|---|
| 非流域区（54个） | 禾市镇（48个） | 龚家村 | 清末 | 龚氏 | 福建省龙岩县畲村 |
| | | 太公庙村 | 清代中期 | 刘氏 | 万安县船头坑村 |
| | | 三塘下村 | 清初 | 刘氏 | 福建长汀刘屋坑村 |
| | | 富子前村 | 清代中叶 | 刘氏 | 福建省长汀县 |
| | | 康家村 | 清康熙间 | 康氏 | 马市镇垄里村 |
| | | 珠坑村 | 清初 | 萧氏 | 下大夫村 |
| | | 中田坑村 | 清代中叶 | 雷氏 | 福建燕子窝村 |
| | | 山背村 | 清初 | 萧氏 | 下大夫村 |
| | | 老坑村 | 清初 | 龚氏 | 福建省龙岩县倍畲村 |

根据对上述表3-4和表3-5的统计，我们不难发现，明清时期当地族群呈现出两种不同的倾向：一方面，此时依旧还有外来族群的迁入而形成新的村落，其出发地主要是附近的县乡，即吉安、遂川、万安等县以及本县马市、桥头、苏溪等乡镇，共有89个村落（其中明代50个，清代30个），约占新增村落总数的1/3；此外还有来自福建、湖南等省外族群的迁入，共有9个村落（其中明代2个，清代7个）。与宋元时期相比，明清外来族群迁入本区域的比重大为减少，而由本地向外迁出的族群数则大为增加，反映出地方社会经济发展和地方生态环境的变化。

这些由外地迁入的族群中，许多还停留在开基建村的阶段，如明代时期的孙氏、严氏、赵氏、贺氏、温氏、毛氏、赖氏，以及清代的蔡氏、杜氏、易氏、潘氏等11个族群。而此前迁入的族群中，唐氏、丁氏、欧阳氏、段氏、龙氏、尹氏、杨氏、郭氏、高氏、袁氏、谭氏等11个族群尽管此时已繁衍多世，但仍为一个村落。[①] 具体见表3-6所示。

---

① 其中段氏、龙氏、尹氏、杨氏、郭氏、高氏、袁氏、谭氏等8个族群在明清时期的螺溪、禾市镇尽管有数个村落，但并不是由本地村落繁衍而成，而是由外地新迁入的，属于"同姓不同宗"的情况。

表 3-6　明清泰和县禾市镇、螺溪镇繁衍仅为一个村落的族群情况表①

| 姓氏 | 村落名称 | 建村年代 | 姓氏 | 村落名称 | 建村年代 |
|------|----------|----------|------|----------|----------|
| 唐氏 | 唐雅村 | 宋代 | 丁氏 | 丁瓦村 | 南宋建炎间 |
| 欧阳氏 | 江头村 | 南宋景炎丁丑年 | 段氏 | 段瓦村 | 唐末 |
| 尹氏 | 古竹洲村 | 南宋景定年间 | 龙氏 | 郑瓦村 | 南宋淳祐间 |
| 郭氏 | 上车村 | 元大德年间 | 杨氏 | 杨瓦村 | 北宋庆历间 |
| 袁氏 | 上门村 | 宋末 | 高氏 | 治冈村 | 后唐天成间 |
| 谭氏 | 竹椅村 | 唐初 | 孙氏 | 横坑村 | 明嘉靖间 |

　　另一方面,与宋元时期相比,明清本地区新衍化的村落主要来自原有村落的繁衍分化而成(其中明代为 102 个,清代为 50 个),约占新增村落总数的 2/3,形成了"宗族型村落"的发展模式,成为这一时期当地宗族和村落繁衍的突出特征。此时,在宗族人口的不断迁徙下,分支村落进一步增加,宗族结构逐步成熟,形成了始祖村—总房派村—支房村—分支房村—细支房村的多层级族群村落结构。

　　在此过程中,同姓不同宗的总房村落各自繁衍出支房村落,支房村落其后又繁衍出众多分支房村落,如螺江村、高冈村等村落都自漆田村繁衍分迁而成,而高冈村其后又繁衍出木垄村、新祠堂村和宋瓦村,螺江村又繁衍出枧桥村、岭头村等;增庄村自老居村繁衍分迁而成,其后又繁衍出广厚村、上市村和两江口村;下兰溪村自南冈口村繁衍分迁而成,其后又繁衍出上兰溪村等。族群人员的迁徙和分支村落的不断形成,进一步强化了宋元以来形成的"同姓同宗"村落群,以及"开基祖—房祖—支祖"的宗族层级结构发展模式。族群人员在流域区范围内的迁徙,不仅体现了地方族群的繁衍,而且也映射出当地社会开发的加强,以及水资源为主的自然环境的可容纳性。

　　自明代以降,随着槎滩陂流域地方社会的发展,周、蒋、胡、李、萧五姓宗族得到较大程度的繁衍,逐渐发展成流域区内的五大著姓宗族。五姓宗族不仅繁衍了众多的房派支系,而且发展出众多的村落,它们在宋元时期还只是为五六个村落的小宗族,而到清代则已发展成拥有几十个村落的大宗族了。如周氏宗族,明

① 江西省泰和县人民政府地名办公室编印:《江西省泰和县地名志》,第40—70 页。

清以来,形成了漆田村学士派和爵誉村仆射派两大总房世系,其下又分别繁衍发展成众多的分支房,宗族村落也得到增加。具体见表3-7所示。

表3-7　明清周氏族群村落繁衍结构表①

| 姓氏 | 开基祖村 | 总房村 | 支房村 | 分支房村 | 细支房村 |
|------|----------|--------|--------|----------|----------|
| 周 | 南冈村 | 爵誉村(仆射派) | 雁溪村 | | |
| | | | 上西岗村 | 小水田村 | |
| | | | 大夫第村 | | |
| | | | 凰驻山村 | | |
| | | | 东坑村 | | |
| | | | 董田村 | | |
| | | | 松山村(已殁) | 坤塘村 | |
| | | 漆田村(学士派) | 螺江村 | 枧桥村 | |
| | | | | 岭头村 | |
| | | | 高冈村 | 新祠堂村 | |
| | | | | 宋瓦村 | |
| | | | | 木垒村 | |
| | | | 晚桥村 | | |
| | | | 彭瓦村 | 硕百斤村 | |
| | | | 对田村 | 周瓦村 | |
| | | | 大塘坛村 | | |
| | | | 胡家下村 | | |
| | | | 周家村 | 周瓦村 | 上屋村 |

与周氏族群相比较,这一时期胡氏、李氏、萧氏、蒋氏族群则存在更多的迁入地来源,由此形成更为多元化的宗族村落。如胡氏分别由湖南醴陵县、江苏南京、江西吉安县、福建崇安县等地迁入本区域,形成了义禾田村、国渡村、南冈村、南径村、夏湖村、舍背村等始迁村落,其后这些村落又析出新的村落,形成不同层级的宗族结构及村落。相关宗族结构和发展村落分别见表3-8至表3-11所示。

---

① 江西省泰和县人民政府地名办公室编印:《江西省泰和县地名志》,第40—70页。

表3-8　明清胡氏族群村落繁衍结构表①

| 姓氏 | 开基祖村 | 总房村 | 支房村 |
|------|---------|--------|--------|
| 胡 | 义禾田村 | 旧居村 | |
| | | 马坊岭村 | 羊瓦垄村 |
| | | 洲上村 | 长洲村 |
| | | 大塘坛村 | |
| | | 阳田村 | |
| | | 富家潭村 | |
| | | 庙下村 | |
| | 国渡村 | 吾瓦村 | |
| | | 渡船埠村 | |
| | | 大住下村 | |
| | 水西村 | | |
| | 南冈村 | 下兰溪村 | 上兰溪村 |
| | 南径村 | 上坑村 | |
| | | 下潭村 | |
| | 夏湖村 | 八斤村 | |
| | 枧溪村 | | |
| | 舍背村 | | |
| | 栋头村 | 尊下村 | |
| | | 留车田村 | 北坑村 |

---

① 江西省泰和县人民政府地名办公室编印:《江西省泰和县地名志》,第40—70页。

表3-9 明清李氏族群村落繁衍结构表①

| 姓氏 | 开基祖村 | 总房村 | 支房村 |
|---|---|---|---|
| 李 | 桐陂村 | 白兰村 | |
| | 南冈李家村 | 车田村 | |
| | | 田岸村 | |
| | | 黄洲村 | |
| | | 筠川村 | |
| | | 塘边村 | |
| | 李下村 | 螺塘村 | |
| | | 官车村 | |
| | 竹山村 | | |
| | 枧后村 | | |
| | 新塘村 | | |
| | 车田村 | | |
| | 沛潭村 | | |
| | 藻苑村 | 山观村 | |
| | 池坑村 | | |

表3-10 明清萧氏族群村落繁衍结构表②

| 姓氏 | 开基祖村 | 总房村 | 支房村 | 分支房村 | 细支房村 |
|---|---|---|---|---|---|
| 萧 | 池下村 | 渡下村 | | | |
| | | 东冈村 | | | |
| | | 山下村 | | | |
| | 禄冈村 | 罗步田村 | 前岸村 | | |
| | | | 洲上萧家村 | 兜坞村 | |
| | | 董村 | | | |
| | | 江边村 | | | |
| | | 宠塘村 | 棚下村 | | |

---

① ② 江西省泰和县人民政府地名办公室编印：《江西省泰和县地名志》，第40—70页。

(续表)

| 姓氏 | 开基祖村 | 总房村 | 支房村 | 分支房村 | 细支房村 |
|---|---|---|---|---|---|
| 萧 | 芦源水口庄村 | 上大夫村 | 下大夫村 | 潞滩村 | |
| | | | | 山背村 | |
| | | | | 高胡村 | |
| | | | | 珠坑村 | 大岭下村 |
| | | | 沙塘村 | 桥头村 | |
| | | | | 大塘坛萧家村 | |
| | | | 塘边村 | | |
| | | | 岩前村 | | |
| | | 官陂村 | | | |
| | 安平寺村 | 土塘村 | | | |
| | | 下斜村 | | | |
| | 路边村 | | | | |
| | 秋岭村 | 水门村 | 双房口村 | | |
| | | 水溪村 | | | |
| | | 隘前村 | 彬里村 | | |
| | | | 寨下村 | | |
| | 桑田村 | | | | |
| | 山下村 | | | | |

表 3－11　明清蒋氏族群村落繁衍结构表[1]

| 姓氏 | 开基祖村 | 总房村 | 支房村 |
|---|---|---|---|
| 蒋 | 老居村(严庄村) | 洪潭村 | |
| | | 新居村 | 枫树垄村 |
| | | 增庄村 | 广厚村 |
| | | | 上市村 |
| | | | 两江口村 |

---

[1]　江西省泰和县人民政府地名办公室编印:《江西省泰和县地名志》,第40—70页。

（续表）

| 姓氏 | 开基祖村 | 总房村 | 支房村 |
|---|---|---|---|
| 蒋 | 老居村(严庄村) | 茆庄村 | 拱桥上村 |
| | | 新蒋瓦村 | |
| | | 上蒋村 | |
| | | 梅枧村 | |
| | | 田丰田心村 | |
| | | 老虎仚村 | |
| | | 锯木岭下村 | |
| | 瓦坞村 | 山下蒋家村 | |
| | | 活溪村 | |
| | | 夏吉头村 | |

　　总之,在漫长的明清时期中,槎滩陂流域的地方社会经济得到进一步发展。这一时期,槎滩陂流域已经形成以槎滩陂为首端,流长三十余里、流经一百多个村落、灌溉面积数万亩的水利系统。相对于宋元时期,该流域地方社会发生了一系列的变化。伴随着地区的开发,宗族人口也在不断增加,不仅宗族结构得到很大程度的延伸,而且宗族村落的数量也大大增加。到清末,当地的许多宗族如周、蒋、胡、李、萧等大都繁衍到三十多世,因而其宗族结构相对于宋元时期已大为复杂化,一方面许多村落中的细支房发展为更细小的房派,出现“房中有房,支中有支”的局面;另一方面,由于人口的持续发展和迁徙,一些新的村落不断产生,这些村落在宗族层次上即是更为细支的房派。

　　根据各姓族谱记载,各姓族群繁衍的村落除了位于槎滩陂流域区内的村落外,还有一些位于流域区外(其中位于禾市镇、螺溪镇的见前所述)。一些宗族人员由于经商、从军等原因而迁居广东、四川等省,在那里繁衍为新的支派和村落,还有一些成员迁居流域区外的山区或邻近尚未完全开发的地区,如万安、永新、赣州等地,形成新的村落。笔者对周、胡、萧三姓族群进行了大致统计,具体如表3-12所示。

表3-12　周、胡、萧三姓繁衍流域区外村落概况表

| | |
|---|---|
| 周姓 | 马市镇周家村、栖龙镇周家坊、苏溪乡周家背、万安县土岭村、万安县北坑村、吉安县大桥头村、遂川县邱坊村、四川某处、吉安县上东门、广西桂林临桂县、四川宁蕃卫 |
| 胡姓 | 遂川县中团村、永丰县田垅、永新县古桥、南康县洞上村、南溪乡、桥头镇 |
| 萧姓 | 吉安县横江上陂头村、石山乡琅上村、石山乡良潭村、永新县霞溪村、万安县百嘉村、永新县牛田村 |

# 第二节　官督民修与五姓宗族联管: 官民结合下的水利运营管理

明清时期,围绕着槎滩陂水利的管理和维修、用水的分配等方面,地方社会之间产生了许多矛盾和冲突。其实这些在明代以前就已存在,只是到明清时期这种纠纷逐渐升级,且更加复杂化了。在这些纠纷的解决过程中,元代建立的地方权力格局被打破,出现新的变化。为了解决纠纷,国家、宗族、士绅卷入其中,槎滩陂水利地方公共事务的性质得到进一步强化,产生了新的地方权力体系。而在这种新的权力体系出现的同时,槎滩陂水利的组织管理形式也发生了变化,出现了"官督民修"和"民修官助"的新形式,地方管理也由"四姓宗族合修联管"演变为"五姓宗族合修联管"形式。

## 一、"官督民修":明初水利运营管理

明清以来的中国传统社会处于激烈的变革之中。明朝建立之初,由于长期频繁的战乱,广大农村凋敝,农田水利设施湮毁。为了恢复和发展农业生产,朱元璋实行与民休息、重农务本的政策,他说:"天下初定,百姓财力俱困,譬如初飞之鸟,不可拔其羽;新植之木,不可摇其根。"[1]

───────────

[1] 《明太祖实录》卷二十九,洪武元年正月辛丑,台湾"中研院"历史语言研究所校印本1962年。

　　为此,朱元璋采取了一系列垦荒屯田、修建水利等措施,要求全国各地地方官员,凡是百姓对水利的建议,必须及时报告,"明初,太祖诏所在有司,民以水利条上者,即陈奏";特别是在洪武二十七年(1394 年),朱元璋曾专门谕令天下有司皆兴水利,要求各地"凡乡村耕种之所,修筑陂塘,旧有额者修之,新可为者筑之"①,并"遣国子监生及人材分诣天下郡县督吏民修治水利"。正如史书记载:

　　　　上谕之曰:"耕稼衣食之源,民生之所资。……朕尝令天下修治水利,有司不以时奉行,至令民受其患。今遣尔等往各郡县集吏民,乘农隙相度其宜,凡陂、塘、湖、堰可潴蓄以备旱暵、宣泄以防霖潦者,皆宜因其地势修治之,毋妄兴工役,掊克吾民。"众皆顿首受命,给道里费而行。②

　　当时,修建陂塘、堰坝等水利设施成为地方官员的一项重要政务,如正统九年(1444 年)南京都察院右副都御使周铨所言:"洪武间,命官于各布政司、府、州、县相其地势,可积水处即令开挑陂塘溉田,壅塞则疏通之,雨涝则放泄之。"③于是由各级地方官府发起一次组织农田水利建设的高潮。此时,国家权力深入地方社会的各个领域,政府加强了对包括农田水利在内的地方公共事务的直接管理。

　　至永乐二年(1404 年),明成祖朱棣谕令"工部,安、徽、苏、松、浙江、江西、湖广凡湖泊卑下,圩岸倾颓,亟督有司治之",并诏天下:"凡水利当兴者,有司即举行,毋缓视";宣德三年(1428 年),诏天下"凡水利当兴者,有司即举行,毋缓视"④;六年(1431 年)八月,"上命行在工部令天下有司悉遵洪武旧制,于农隙时发军民协同修浚(水利),惰慢者罪之"⑤。

　　在此背景下,江西各地掀起了水利建设的新高潮,修复和新建了众多的水利工程设施。槎滩陂作为泰和县最大的农田水利工程,自然受到官方的重视,在其

---

① (清)欧阳骏等修,(清)周之镛等纂:同治《万安县志》卷三《建置略·水利》,同治十二年刊本。
② 《明太祖实录》卷二三四,洪武二十七年八月乙亥。
③ 《明英宗实录》卷一百二十二,正统九年十月庚午。
④ 《明史》卷八十八,志第六十四《河渠六·直省水利》。
⑤ 《明宣宗实录》,卷八十二,宣德六年八月乙亥。

组织领导下得到修复。正如周氏族谱中的记载：

> 洪武二十七年，太祖高皇帝诏谕天下修筑陂塘。钦差监生范亲临期会，鞭石修砌坚固，自此赡用减费。宣德间时，则有若钦差御史薛部临修筑。①

从上述记载可以看出，进入明代，槎滩陂水利在组织形式上发生了很大的变化，改变了过去那种由地方社会自行负责的方式，而改由官吏出面组织修建。而且我们看到，并不是一般的地方官员，两次都由"钦差"亲临督导。至于这是不是周氏家族故意夸大官员的身份，我们已不能确定，但是由官员出面组织槎滩陂修建却是不争的事实。

不过需要指出的是，朱元璋谕令地方官员"督吏民"修治地方水利，并派遣国子监生分赴各地督导，但这并不说明水利设施所需的物料、资金等完全由官府支出。根据史书记载，明初水利建设的高潮实是以江西万安县庶民匡思尧的上奏为推动契机的。关于此次水利修建的性质，我们可以从匡思尧给朱元璋的上疏中窥见大概，具体如下：

> 臣居乡井，以耕为本，输贡粮税由斯，而供田非水莫救，水非圳莫通。本村田连数百顷，沟洫未疏，禾苗悉皆枯死，生民悬命，差粮虚负，父子化离，深为民瘼。幸沐恩圣朝，大辟言路，诸凡利病，许军民叩阍直疏，臣敢冒死上渎于陛下，乞赦庸愚，俯纳荛菲。臣伏为居住六都刿溪，上接五都，下暨七都，一望一十余里皆可耕之地，遇春而涝，遇夏而旱，西成则三釜不登，俯仰无资；国赋则两税莫给，逋负载道；是皆输沦之未尽，沃野而成赤土者也。……臣目击艰难，身阅利病，具情诉县并诉司府，未蒙详允。臣今不避斧锧，填图画形，敢冒奏宸听，乞下饬差官同江西使司廉能官员亲诣本县，起集乡夫，将前奏图式宽岸圳堵堪足，注水开筑陂圳二所，直从图形指处开圳。圳若有犯沿途田塘，臣愿收粮入户，承应差徭，国供时赋。②

---

① （明）刘不息：《槎滩碉石陂事实记》，《泰和南冈周氏漆田学士派三次续修谱》第十册《杂录》，1996年铅印本，第353页。

② （明）匡思尧：《通水利疏》，（清）欧阳骏等修，周之镛等纂：同治《万安县志》卷十七《文翰志·疏》。

在朱元璋"大辟言路"的背景下,万安县民众匡思尧直接"叩阍直疏",向王朝最高统治者上奏,请求饬派朝廷官员并督饬本地官员来乡主持开筑陂圳。同治《万安县志》中有所记载:"匡思尧,六都人。洪武时以草莽臣上疏通水利,以纾民难。辞理恺切,上俞之,采思尧所陈诸图,命官邓南一、易祥可专理疏凿,复令周视天下沟渎川渠,宜开导者无俾障塞。"①

从匡思尧的上疏中可以看出,其上奏的原因主要有二:一是当地存水利失修,"沟洫未疏",导致"禾苗悉皆枯死",由此使得当地民众生活困苦、赋税难承、逃亡他乡;二是他向县、司府衙门陈述水利建设规划而"未蒙详允"。可以看出,匡思尧并不是请求官府出资操办本地水利建设,而只是要他们来本地进行督导,即"起集乡夫",并且表示"圳若有犯沿途田塘,臣愿收粮入户,承应差徭,国供时赋"。也许有人会说,这是匡思尧在上疏中所用的借以打动朝廷的策略,但这更不如说是他对本地官员无视水利的检举,因而希望朝廷能派遣"廉能官员"来督导。无论如何,却从侧面给我们展示了明初水利修建的面貌,因为后来朱元璋正是采纳了这种请求,命令地方官员"督导"本地水利,从而掀起明初水利建设的高潮。

郑振满教授在分析明清福建沿海的农田水利制度时指出,自明代以降,地方官府并无用于修建水利的专款。因此,即使由官吏出面组织修建水利,一般也只能取资于民。明中叶以前,地方官府筹集修建水利的经费,主要以赋役的形式直接摊派。② 槎滩陂水利也是如此。自洪武十四年(1381 年)建立黄册制度将地方财政体制制度化后,直至嘉靖年间,江西地方财政主要来源于"因事编金"的徭役,其名目主要是"里甲正役"和"均徭""驿传""民兵"(后三者总称为杂役)四大类,也称为"四差"③。对"四差"的具体用途进行分析后,我们不难发现,地方政府征调的"四差"主要用于建衙署、驿站、学校、药局、养济院、仓储等事业活动,而用于修建水利事务用途的较少。在这种体制下,江西各地水利设施的修建并不完全由官府出资主办,而以官吏督导、民间出资出役的情形比较多见。

---

① (清)欧阳骏等修,周之镛等纂:同治《万安县志》卷十四《人物志·义行》。
② 郑振满:《明清福建沿海农田水利制度与乡族组织》,《中国社会经济史研究》1987 年第 4 期。
③ (明)王宗沐纂修,陆万垓增修:万历《江西省大志》卷二《均书》,万历二十五年刊本。

　　在槎滩陂流域,维修经费除可能来源于赋役外,还可能来源于陂产收入。槎滩陂早在宋代就已"增置山田鱼塘,岁修籽粒,以赡修(陂之费)"①;明代政府实行黄册制度,并对全国土地进行丈量清查,槎滩陂的赡陂田产得到保留,归入五姓宗族户名下进行管理,其租金收入存入五姓宗祠,作为槎滩陂日常维修经费来源,直至嘉靖时期还是如此。胡氏族谱中记载了嘉靖四十一年(1562 年)赡陂田产由五姓宗族管理的情形:

　　　　嘉靖壬戌,丈量攒造黄册,以周、蒋、胡、李、萧五姓立户。②

　　无论是来源于直接征派赋役,还是来源于陂产收入,或者两者都有之,这都是一种"以民之财而成民之事"的组织形式,其可称为"官督民修"形式。③ 在这种管理体制下,水利设施的日常管理主要由地方官吏出面成立诸如堰长、圩长、甲长等专门的管理组织进行负责,其日常维修由堰长、甲长等在地方官吏督导,组织当地民众出力、出费。

　　在"官督民修"体制下,水利工程设施修建所需经费主要来源于地方民众,官府在其中只是起到督导的作用。在每年农隙之际,由地方官吏(如县丞、典史等)到各地进行查勘,督率地方民众采取"按田派费"或"按田派夫"的形式进行维修。在工程设施浩大、民力不支之际,也可能出现官员捐款、士绅劝捐、动用官帑资金等情况,但是这些都不是日常管理维修的主体。地方社会对水利设施的管理,大都设有如甲长、堰长、圩长等管理机构和人员,专门负责工程设施的日常事务,如用水分配、清查田册、分发费用、派分劳役、上报工程设施情况等。槎滩陂水利自元末以来就建立了陂长组织,主要由周、蒋、李、萧家族中的乡绅担任,成为与里甲长平行的一套管理组织体系。他们在地方官吏的督导下,借助官府的权威,维持对地方水利设施的管理。在"官督民修"体制下,官府对地方水利设施事务的介入,更多的是一种象征的意义,主要是对地方民众起精神和心理上的威慑作用。在许多场合,尤其是在水利纠纷发生的情形下,官府才被动地介

---

① (清)冉棠修,沈澜纂:乾隆《泰和县志》卷三《陂塘》。
② 《(泰和)胡氏族谱》第三册,1996 年铅印本,第 98 页。
③ 郑振满教授将这种"以民之财而成民之事"的组织形式称为"官督民修"形式,笔者引用其观点。

入,对其进行协调、处理,以维护地方社会的稳定。

"官督民修"体制的执行,对地方社会水利设施的组织和管理产生了重要影响。官方参与其中,可以解决地方社会难以自行处理的问题,如维修费用的摊派、设施维修的组织等。地方官员在水利兴修过程中发挥着积极作用,是地方社会中代表公正、秩序与权威的一种象征性资源。因此,作为官府和民众联系中介的地方绅士,在处理水利这种地方公共事务过程中,必然会借助官方权力资源,尤其在出现矛盾纠纷的时刻更是如此;而对一般民众而言,地方官吏代表的是政府,因而其参与就等于政府的加入,修陂也即为政府行为。于是对劳力和资金的摊派与征收就成为合法行为,从而减少了劳力征用、资金征收过程中的阻力,防止了矛盾、纠纷现象的产生。

## 二、"五姓宗族联管":明中期以后

进入明中叶以后,由于赋役制度的改革,地方财政日益窘困,迫使各级政府相继放弃了许多固有的行政职能,将各种地方公共事业移交给当地乡族集团。水利事业方面,政府不仅对"民修"水利难以顾及,就是原来由官府主办的"官修"水利,也出现了向"民修"逐步转变的趋势。槎滩陂作为一种民修设施,在此背景下,不再由官员出面组织修建,而改由元末以来形成的地方乡族负责的方式。官府在其中的作用,只是使之更具有合法性,这种形式一直延续到清末。郑振满教授认为,农田水利事业的组织形式,不仅取决于自然条件,而且受社会权力体系的制约,因而在不同的历史时期,同类的农田水利事业可能采取不同的组织形式。①

管理形式的变化,反映出该时期槎滩陂水利系统的"民治"性质出现变化,国家权力开始参与其中。当国家权力处于强势,对地方社会进行直接控制时,相应地,槎滩陂事务也由其负责组织,也即是取代了地方社会力量的职能;而当国家权力处于弱势,难以对地方社会进行直接控制时,则将实际管辖权交给地方权力体,由其向国家负责。

---

① 郑振满:《明清福建沿海农田水利制度与乡族组织》,《中国社会经济史研究》1987 年第 4 期。

与此同时,明清槎滩陂水利系统的民间管理组织制度也发生了变化,元末《五彩文约》中所规定的乡族联合管理形式得到延续和拓展,流域区胡姓宗族开始加入槎滩陂水利系统的管理,于是原来周、蒋、李、萧"四姓宗族合修联管制"演变为周、蒋、胡、李、萧"五姓宗族合修联管制"。①

这种属性的改变,是胡姓宗族与蒋、李、萧姓宗族势力发展的结果。明代以降,槎滩陂流域地方社会得到进一步发展,蒋、胡、李、萧和周姓宗族繁衍迅速,不仅宗族村落数量众多,而且宗族成员人才辈出,出过众多的文官武举、贡监生员,其中不乏诸如周是修、萧歧、萧镒、胡直、萧士玮等著名人物,成为流域区内的五大著姓宗族。随着胡姓宗族的壮大,开始加入到槎滩陂水利管理的行列,原来的"四姓宗族合修制"水利管理格局被打破,变为"五姓宗族合修制"的新管理格局。而且,在此过程中,蒋、胡、李、萧四姓宗族在槎滩陂事务中的作用越来越明显,四姓宗族士绅成员不断捐资重修槎滩陂,推动了槎滩陂运营管理形式的转变。

表 3-13　明清蒋氏严庄房派科举仕宦及忠孝节义人物统计概况表②

| 朝代 | 辈分 | 人名 | 科宦概况 |
|---|---|---|---|
| 明 | 第十九世 | 蒋以义 | 任五云提领。 |
| | | 蒋以昭 | 号昭昭。任袁州通判,升会昌知州。 |
| | 第二十一世 | 蒋子夒 | 字吾心,号复古。任蜀府纪善。生洪武庚戌十二月十五,殁天顺庚辰又十一月廿七,享年九十有五。 |
| | 第二十二世 | 蒋恢裕 | 讳峮,号慎独。敦厚诚谨,县礼大宾。生洪武丙寅正月初一,殁天顺癸未十一月二十八。 |
| | | 蒋恢亮 | 讳嵩,号松轩。敕令文林郎,诰赠大夫,襟期超逸,择梅枧村而居焉。生洪武辛未二月廿日,殁宣德辛亥九月初八。 |

---

① 从《五彩文约》的记载来看,胡姓宗族成员胡济川虽然参与其中,但是并没有担任陂长,表明胡姓宗族在当时还没能够参与槎滩陂水利事务的管理,但是至明代以后,胡姓宗族开始参与了槎滩陂的管理(具体时间已无考),槎滩陂水利管理也由"四姓乡族合修制"变为"五姓乡族合修制",直至清代。

② 主要包含进士、贡士、举人、征辟及廪、增、庠生和诰封、旌赠等相关人物情况,资料主要来源于《严庄蒋氏四修族谱·严庄蒋氏四修族系》,1919 年铅印本。

（续表一）

| 朝代 | 辈分 | 人名 | 科官概况 |
|---|---|---|---|
| 明 | 第二十二世 | 蒋恢周 | 讳汾,号谦抑。以怀才抱德举任广东阳江县丞。生永乐丙戌五月十二,析居兜坞(村),殁成化乙酉十月三十。 |
| | | 蒋恢仰 | 讳峨,号平皋。习诗经,游邑庠,累试不第。气度远大,偕弟恢硕迁居田心(村)而开基焉。生永乐己亥三月二十一,殁弘治庚戌八月二十二。 |
| | | 蒋恢俊 | 讳俊,字俊堂,号吁斋。习诗经,游邑庠。建文壬午六月二十二日,殁景泰乙亥二月廿四日。 |
| | 第二十三世 | 蒋时勤 | 讳铚,治《诗》,以贤良举任高邮、常熟二学训导,升善化教谕。 |
| | | 蒋时化 | 讳铎,号乐庵。博学攻文,为少傅陈少师萧二公所知,以经行明修荐授直隶武邑训导,士子悦服,化及乡民。官满,实县令缺,百姓保代奉,景泰四年敕命到任而卒。生永乐甲申七月二十五,殁景泰癸酉十月廿日。 |
| | | 蒋时迈 | 讳经,号双江散人。幼失怙恃……景泰间邑大夫陈以贤良举,初任广西平南县丞,再任福建顺昌县丞,两邑皆有惠泽及民名闻于上,赐承事郎,敕谕嘉勉,载谱首。 |
| | | 蒋时吉 | 讳闻,号履素。好学明易,饬躬励行,成化间擢赵府平乡王教授。生宣德癸丑又八月初一,殁弘治壬子十月十七日。 |
| | 第二十四世 | 蒋孚胜 | 征进有功,擢指挥金事。 |
| | | 蒋逢庆 | 任宝庆邵阳县训导,升蜀府纪善。 |
| | 第二十五世 | 蒋端椿 | 字其寿,号乐山。业儒博学,生正统乙丑四月廿日,殁正德己巳正月十四日。 |
| | | 蒋端巢 | 字其安,号静山。习易经,游邑庠。生成化丙申六月二十二,殁正德丙子二月十二。 |
| | | 蒋端枨 | 字而刚,号谨独,习诗经,游邑庠。 |
| | 第二十六世 | 蒋天茨 | 号萤窗。业儒,习礼记。生成化辛丑三月十六日,殁正德丁丑二月二十七。 |
| | 第二十八世 | 蒋才元 | 讳乐亭,字嘉宪,号德庵。富而好善,岁饥,捐粟赈济,名闻于上,赠以冠带,并题"流芳余庆"匾 |
| | | 蒋才起 | 字适也。生顺治丙申十月二十四,登仕郎,乡人举充约长,重修房祠及兴祭祀,年八旬,翰林梁机赠匾。殁乾隆丙辰九月十三。 |

（续表二）

| 朝代 | 辈分 | 人名 | 科宦概况 |
|---|---|---|---|
| 明 | 第二十九世 | 蒋明松 | 讳鹏，字羽尊。邑庠生，积谷兴祭，中年隐居不仕。生天启癸亥四月初八，殁康熙戊辰。 |
| | | 蒋明序 | 字元哲，大学生。生万历辛丑十二月廿四，殁顺治壬辰三月廿五日。 |
| | | 蒋明游 | 字文芳，业儒。生崇祯辛巳，殁康熙壬午十一月十六日。 |
| | | 蒋明汉 | 讳美，字运昌，号季如。业儒。 |
| | | 蒋明秀 | 讳乔，字世臣，号超谷。郡庠生，屡试超等。生万历辛丑八月廿日，殁顺治。 |
| | | 蒋明芳 | 讳艾，字小威，号五吉。邑庠生，棘闱屡荐。生万历，殁崇祯壬午。 |
| | | 蒋明海 | 讳文英，字英子。郡廪生，屡试超等。生万历甲寅十二月初八，殁康熙戊寅二月初八。 |
| | | 蒋明淑 | 字美子，号文菁。邑庠生，屡拔超等，棘闱呈荐一次。生崇祯戊辰九月十七，殁康熙乙亥二月廿一。 |
| | | 蒋明斗 | 字文彦，号石人。业儒。 |
| | | 蒋明逢 | 讳晋，字文辉，号左皇。邑庠生。生康熙乙巳六月二十日，殁雍正辛亥五月二十七日。 |
| | | 蒋明耀 | 字荣爵，号贲客。迪功郎，殁赣州，配东界刘氏，继陈氏。 |
| | | 蒋明仰 | 讳承基，字灿矣。邑庠生，屡试超等。生崇祯己卯二月十八日，殁康熙丙子正月初八日。 |
| | | 蒋明兰 | 号景川。业儒，邑大夫徐累召乡饮，不赴。生嘉靖庚申五月十一日，殁天启丙寅十一月十四。 |
| | | 蒋明梯 | 号茂英，字升甫。性孝友，乐施与，明诏授福建宁化县令，乃乐隐不仕。 |
| 清 | 第二十九世 | 蒋明恕 | 字而行，号兰谷。生康熙庚申十月初五，七岁失怙，事母孝，邑侯刘简为社正，赠以"公正堪嘉"匾，邑大史梁机赠序，进士梁钦作孝传，事详邑志。《惠恤传》有"捐金修陂，农民利之"云云。殁乾隆丁卯十月十四，乾隆己卯年追赠为登仕郎。 |

(续表三)

| 朝代 | 辈分 | 人名 | 科宦概况 |
|---|---|---|---|
| 清 | 第三十世 | 蒋冠愉 | 讳善策,号方亭。生康熙乙酉十二月初四日,习易经,邑庠生,九赴棘闱。殁乾隆甲午五月廿五日。 |
| | | 蒋冠华 | 字素先。业儒。 |
| | | 蒋冠修 | 字欲先。业儒。 |
| | | 蒋冠珍 | 字祥先。承德郎,适于广东大街市,后归正黄旗。 |
| | | 蒋冠睿 | 字哲斯。业儒。 |
| | | 蒋冠骈 | 讳云锦,字霞士,号龙庵。邑廪生。 |
| | | 蒋冠尹 | 讳士龙,字孟麟,号惕庵。治易经,游邑庠,试冠多士,屡举不第。崇祯季奉诏勤王,题准内阁参谋授七品服俸前教授蜀江。 |
| | | 蒋冠君 | 讳芾,字季章,号亦庵。治易经,邑庠生。崇祯末起义勤王,奉旨题准忠义营监纪,后出师杀贼,战败于庐邑庙山触石以死。所著书有《大将须知》,又偕兄冠尹著有《易解心灯》,府志载入艺苑。 |
| | | 蒋冠汏 | 字一去。耆年入县志,邑侯洪沌尊赠匾。 |
| | | 蒋冠乾 | 字易龙,号镇冈。旌表孝子,事实详县志列传。其善行难以枚举,寿六旬,以后刘国英赠匾。 |
| | | 蒋冠玫 | 号非石。克承世业,乾隆间以孙玉请赠儒林郎。 |
| | 第三十一世 | 蒋曰寅 | 讳德诚,字敬堂。生雍正戊申四月初三日,恩赐九品冠带。 |
| | | 蒋日安 | 字志诚,号仁斋。生乾隆丁卯十二月初一,由大学生授布政司经历,倡兴文会、乡约及修邑之学宫、考棚、快阁诸美举,皆为董理,详诸碑记。 |
| | | 蒋日寀 | 讳意诚,号慊斋。生乾隆癸酉二月初六,性乐易,多善行,虽晋秩司马,不营仕进。殁道光己酉八月廿七。 |
| | | 蒋日宰 | 讳思诚,字赞育,号困斋,一号亨斋。业儒,习五经。生乾隆丙子正月十六日,乾隆甲辰李宗师试取入邑庠,年六十七,亚元萧锦皆有序。殁道光丙戌十二月初四。 |
| | | 蒋日谦 | 字自牧,业儒,性孝友。生顺治乙未十一月二十四日,殁雍正丁未十一月廿八。 |

（续表四）

| 朝代 | 辈分 | 人名 | 科宦概况 |
|---|---|---|---|
| 清 | 第三十一世 | 蒋日智 | 字灼犀。业儒，虚衷好学。生康熙甲寅十月二十日，殁乾隆庚申又六月十二日。 |
| | | 蒋日诏 | 修职郎。徙广东，入镶黄旗。 |
| | | 蒋日弴 | 字学坚，号捷魁。业儒。 |
| | | 蒋日颐 | 字承泳，号陶宇。登仕郎。生康熙丁亥三月初九，殁乾隆癸丑三月初十。 |
| | | 蒋日明 | 字九章。业儒。生万历戊午八月十五日，殁顺治丁酉二月十七。 |
| | | 蒋日新 | 讳伟绩，字德师。弃文就武，赏奏行在，亲觐天颜，题准忠义营守备。生天启壬戌四月廿六，殁康熙辛酉十二月初十日。 |
| | | 蒋日阜 | 字子安。六岁失怙，奋志卓立公益，乐捐不少，以孙俊仕州同貤赠儒林郎，州司马李公经有双喜像赞，年跻七秩，乡先生有诗文庆寿。生崇祯辛巳十月二十，殁康熙己丑九月十一日。 |
| | 第三十二世 | 蒋立信 | 字以成。业儒。生康熙己巳七月廿七日，殁乾隆癸未二月廿五日。 |
| | | 蒋立位 | 字列三。业儒，有声。生康熙癸酉五月十七日，殁乾隆己丑二月十二。 |
| | | 蒋立扳 | 讳球如，字台阶，号锵鸣。生乾隆甲午正月廿八，嘉庆庚申吴宗师试，偕弟琳如同游泮水，旋贡明经。殁道光戊申正月初六。 |
| | | 蒋立振 | 讳琳如，号炳宇。生乾隆辛丑十二月初一，吴宗师试，偕兄球如补诸生，旋食饩。庚午举于乡，七上公车，屡荐不第。邑人创建澄江书院，聘公开主讲席，历主永丰、万安诸县讲席。教授生徒广造就，晚守恬退，淡仕进，截取知县，辞不就。殁咸丰辛亥五月初九。 |
| | | 蒋立搏 | 讳璠如，号东蔚。生乾隆乙卯六月十三，业儒，大学生。道光年间，与亲兄亦韩各出数百金修余野陂，殁道光己酉四月初二日。 |
| | | 蒋立持 | 讳璜如，号伯辅。生嘉庆丁巳七月二十六日，道光癸未李宗师取古入邑庠第一，文梓试牍。殁道光甲申九月初八日。 |

（续表五）

| 朝代 | 辈分 | 人名 | 科宦概况 |
|---|---|---|---|
| 清 | 第三十二世 | 蒋立撰 | 讳琦如,号亦韩。生乾隆丁未九月廿九,嘉庆潘宗师取入邑庠,王宗师补增,旋贡明经,干练有精诚,创修陂桥道路费不资。道光年间,与亲弟霞程各出数百金修余野陂,续修叙伦堂。培祀典,邑人谋复建澄江书院,聘公为首董,八年勤劳事,皆瞻举,详邑志。殁咸丰甲寅正月初八日,进士张恩溥为作行述,以胞姪开骦司训宁都,覃恩貤赠如官职。光绪乙未当事为汇其懿行闻于上,膺旌义士。 |
| | | 蒋立操 | 讳璪如,号冕九。大学生。生乾隆庚戌十月十八日,殁道光壬寅七月十六。以孙锡祉任丰城县教谕,覃恩貤赠如官职。 |
| | | 蒋立抒 | 讳珽如,号黇耦。生乾隆癸丑十一月初九日,嘉庆戊寅顾宗师取入郡庠,道光辛巳中副举,屡荐未售,以州判职该教谕,未选,殁道光甲辰十二月十六日。以子开骦司训宁都,覃恩貤赠如官职。宣统己酉,以曾孙朝裣筹饷议叙,诰赠奉直大夫。 |
| | | 蒋立扩 | 讳璨如,字广才,号碧伍。修职郎,乡饮介宾。生乾隆癸卯十二月廿四日,殁咸丰丙辰十二月十一日。 |
| | | 蒋立掀 | 讳璠如,号巅山。生乾隆己酉九月初八,举饮宾,授修职郎,殁同治癸西八月初三日。 |
| | | 蒋立揭 | 讳璟如,字昭若。业儒,屡试前茅。 |
| | | 蒋立珆 | 字继周,号宗姬。业儒,屡拔前茅,登仕郎。 |
| | | 蒋立瑗 | 讳元中,字钦士,号法唐。邑庠生,棘闱呈荐三次。生雍正庚戌十一月廿三,殁嘉庆丙辰五月廿一日。 |
| | | 蒋立普 | 字灿廷。业儒。 |
| | | 蒋立仕 | 字质彬。登仕郎。生乾隆辛未四月初四日,殁道光壬辰十二月十一。 |
| | | 蒋立杨 | 字光邦。登仕郎。生乾隆丙申三月初一,殁道光辛丑子月初九。 |
| | | 蒋德立 | 字慎先。捐资倡修叙伦堂及尊德堂。生顺治癸巳九月初四,殁雍正庚戌十月十八,年七十八,入县志耆老传。 |
| | | 蒋鼎立 | 字有实。业儒,隐居不仕。生顺治乙酉又六月十一,殁康熙戊戌十月廿日。 |

（续表六）

| 朝代 | 辈分 | 人名 | 科宦概况 |
|------|------|------|----------|
| 清 | 第三十二世 | 蒋晟立 | 字胐明。性好义,多善行,年跻六秩,乡先生有文,教谕李经有孝行传。生顺治己亥十二月二十九日,殁雍正丙午十二月十六。 |
| | | 蒋昊立 | 字一煌,号暗斋,登仕郎。生康熙壬申十二月十三日,殁乾隆乙酉八月初一。 |
| | | 蒋昺立 | 字帝昭。乡饮介宾,以子俊仕州同,请赠儒林郎。性至孝,尤喜施余。雍正间捐谷置仓,载县志附传内,邑侯李刘皆赠以匾,康阜有《孝义纪略》,载四祀志,梁机有序文。生康熙己酉九月三十,殁乾隆丁卯二月十五。 |
| | | 蒋立经 | 字达五,号圣斋,登仕郎,候选县左堂,六旬,学师徐世倬及各缙绅俱颂以诗文。生康熙乙酉八月二十一日,殁乾隆庚寅闰五月初十。 |
| | | 蒋立绶 | 字锡纶,号佩轩。性慷慨,由大学生贡明经,邑侯刘崇、李淑世皆赠以匾。生康熙庚子六月二十七日,殁乾隆乙未十二月十七。 |
| | | 蒋立绂 | 字方来,号朱轩。大学生,授明经,屡试棘闱。生康熙丙申二月十四,殁乾隆乙巳十二月初三。 |
| | | 蒋立祐 | 字自申,号锡恩。登仕郎,寿六旬,亚魁萧应白有序并匾。生雍正丁未十月初九,殁嘉庆辛未三月十七。 |
| | | 蒋立禄 | 讳其应,字合廷。登仕郎,寿七秩,太守袁纯德、吏部员外郎卢元伟俱赠匾。生雍正庚戌八月初六日,殁嘉庆丙寅十月十四。 |
| | | 蒋立煜 | 讳允升,字廷昇。登仕郎,素性敦厚,年六旬,族孝廉琳如赠匾。生乾隆丙子十二月初六日,殁道光壬午九月初二日。 |
| | 第三十三世 | 蒋士艾 | 讳回春,号雨村。业儒,大学生。嘉庆丁丑三月二十六,殁咸丰戊午七月初五日。族廪贡生世亨铭墓,以子锡祉任丰城教谕,覃恩貤赠如官职。 |
| | 第三十四世 | 蒋进憪 | 字恬庵,号日新。业儒,赠登仕郎。生咸丰癸丑十二月初五日,殁同治癸酉十一月十一。 |

(续表七)

| 朝代 | 辈分 | 人名 | 科宦概况 |
|---|---|---|---|
| 清 | 第三十四世 | 蒋进昶 | 讳锡祉,号鳌予,一号子纯。坦夷朴真,侃直不阿,年二十八补诸生,旋食饩,屡试高等举优。秋闱十四科,十膺房荐,甲午由岁贡中式第六名举人。诗文梓行直省名墨,任丰城县训导,升教谕,兼署南昌、进贤等县教谕,以监修文庙奖五品衔。生道光甲午十一月廿三,殁宣统辛亥八月初八日。 |
| | 第三十五世 | 蒋朝竝 | 讳寿萱,字丕基,号荫慈。登仕郎,请封父母,重修大宗祠牌坊,捐资不吝。生同治辛未九月二十八日,殁光绪丙午十二月初八日。 |
| | | 蒋朝辂 | 字汝玉,号朴斋。以未入流请封父母,生母加捐花翎五品衔,中袖大宗祠牌坊,捐资赞助。生光绪丁丑九月十五,殁民国壬子九月二十六日。 |
| | | 蒋朝冕 | 字冠英,号又雏。业儒。果敢刚毅,磊落光明,宣统三年由全国陆军速成学堂毕业,授官副,军校陆军部带领引见,充本省步兵营副官,升营长,征兵区长,民国二年令补炮兵少校,任北京陆军讲武堂教官,陕西潼关司令部参谋,陆军部差遣。 |

明中叶以后,由于官府不能再直接摊派赋役修建水利,槎滩陂水利的维修费用主要来源于以下三种形式:

第一,陂产收入。如前文所述,在槎滩陂创建后,周矩及其子周羡先后购买了田地山林作为日常维修费用来源。这些赡陂田产在很长一段时间内都存在,其间虽然不断遭到侵占,但在明万历年间依然还有留存①。在陂产存在的情形下,自然为槎滩陂日常维修费用的主要来源。但是在明后期以后,特别是经历了明清鼎革变迁之后,到乾隆时期,赡陂田产已经不复存在②,于是槎滩陂维修经费来源于陂产收入的情形也随之中止。

第二,流域区民众"按亩派费"。关于地方民众按亩派费的事例主要见于清

---

① 由《五彩文约》可知,陂长制度是建立在赡陂田产基础之上的。由于万历期间陂长制还存在,因而可以推断陂产也有所留存,具体见后文"书省县志槎滩雕石陂后"内容。

② 由于资料的限制,具体时间已不能得知。但是从乾隆年间维修经费来源的变化、嘉庆初五姓宗族将槎滩陂旁树木作为维修经费来源、道光年间的官府判语等材料来看,陂产失去的时间大约在明末至清前期。

乾隆年间(1736—1795 年,具体年份不详),由受益区民众"斗田派钱四十"对槎滩陂进行修建。从清光绪《泰和县志》记载"该陂为两乡公陂已久,后遇修筑,仍归各姓按田派费"中可以看出,这种修建形式在清代较为普遍,一直延续到清末。

第三,地方绅耆(主要是五姓宗族人员)的个人捐款。除上述两种形式之外,槎滩陂水利的维修经费还来源于地方绅耆的个人捐赠,各姓族谱中对此都有充分反映。如明初,严庄村(今螺溪镇老居村)蒋子文、蒋吾敬等人捐资买田四亩,以其收入作为槎滩陂分支余家陂的赡修费用;其后弘治八年(1495 年),蒋氏族人又对此进行了维修:

> 泰和西鄙溉田有槎滩陂,耕凿其间者凡几著姓。槎滩之下有余家陂,世族严庄蒋氏之先世逸山提举独捐私田二亩赡力修筑,决渠引流,灌溉都鄙。厥后逸山以下之三世孙子文、子修、吾敬、吾贯、吾望,续捐己资,买田四亩赡筑,供费倍于昔日,历世享有富贵。乃者兼并之徒壅害可恶。蒋氏清明佳会,族尊时利、时万命其弟时介协诸姪孚华、孚宣、孚登、孚顺、孚久、孚惠、孚尧、孚沧、孚胙其蹑其珍而宴,而槽端贤端继其美,而曰:匪为于前,虽美弗彰;莫承于后,虽善弗扬。捐田赡陂者,为吾祖父;坐视颓壅者,为吾子孙,可乎?孚简君读书乐劝人善,即贺而赞成之,诸彦神气振拔,始事以弘治乙卯三月望后二日集力,陂石倾者补之,水道壅者开之,不刚屈,不柔抑,行所无事,旬月之间,灌之利,周便乡都,厥功伟哉![①]

大约在明英宗、宪宗时期(具体年份不详),沧洲村胡塞庵曾组织民众对槎滩陂进行过重修:

> 先生姓胡,名闻,字僮聪,别号塞庵。其先有曰文美,由长沙醴陵徙吉之庐陵,仕至银青光禄大夫……祖子忠,徙今沧州(即今长洲——笔者注)……先生自幼岐嶷,颖敏嗜学。甫长,益勤励专业,子史百家,博采旁搜。

---

① (明)刘德光:《蒋氏修通陂记》,《(泰和)蒋氏侍中联修族志》一册,1994 年铅印本,第 497—498 页。

当道以明经荐再三,先生固辞弗起,推其弟亶明、亶英领荐。历官宝坻司训、南漳教谕……乡有槎滩、碉石二陂,灌田六百余顷。每罹洪流冲决,辄率众修筑,以永民利……生永乐戊子八月二日,殁弘治甲寅五月十一日,享年八十有七。①

成化至嘉靖年间,义禾田村胡资敷和胡时练也曾捐资对槎滩陂进行重修:

> (胡)资敷,讳渤,号南园。常捐金助修槎滩陂,生天顺癸未(1463年)八月十四,卒嘉靖癸卯(1543年)九月二十二。②
> (胡)时练,讳顺,一讳钢,号钝从,君南昌府新建县铁柱观,后以输粟授冠带,尝割田一亩二分以助祠祀,又捐金协修槎滩陂。生天顺丁丑(1457年)四月十一,卒嘉靖丙午(1546年)八月二十一。③

另外,正德年间(1506—1521年,具体年份不详),义禾田村胡国用"尝捐重金续修槎滩陂"④;嘉靖十三年九月(1534年),严庄村蒋氏人员又捐资重修一次⑤等。

清代地方绅耆的捐赠主要是螺江村周敬五于清道光己酉(1849年)、同治辛未(1871年)、光绪戊戌(1898年)三次捐资对槎滩陂的重修,其中第三次是和义禾田胡西京共同出资。

> 槎滩陂据禾溪之上游,凿三十六渠,分酾于信实、高行两乡,泰和水利莫大乎是。光绪戊戌(清德宗二十四年)周君敬五偕里人胡君出私财修之。工甫竣,以旱告,己亥、庚子两年,它处田禾多槁死而陂之所注,独以不失水

---

① 《明故胡公承事郎塞庵墓志铭》,高立人编:《庐陵古碑录》,江西人民出版社2007年,第244—245页。
② 《(泰和)胡氏族谱》第三册,1996年铅印本,第198页。
③ 《(泰和)胡氏族谱》第二册,第138页。
④ 《(泰和)胡氏族谱》第四册,1996年铅印本,第65页。
⑤ 刘祥善:《泰和县槎滩陂历史文物考察》,《江西水利志通讯》1989年第2期。石刻现保存在槎滩陂水利管理委员会。

庆丰年,予闻而题之。①

(周)昌遐,宝善堂祖,讳辑光,字松龄,号敬五,生清道光丙戌五月二十一,业儒,由监生捐助军饷议叙县丞,旌孝友,清光绪元年覃恩,以弟经光贵赐封朝议大夫,刑部主事加三级。清道光己酉、同治辛未、光绪戊戌三修槎陂。②

(胡)承镐,字西京,少孤贫居,镐年五十由监生捐职州同,加二级覃恩,诰封二代,旋晋四品衔,生平事实在宗族。……□□□千六百金在乡党偕螺江周旌孝堂修槎滩碉石二陂,独修稀筑陂。③

纵观明清时期,槎滩陂水利的"民修"性质一直没有改变,无论是"官督民修"的形式,还是由地方民众组织修建的形式,其维修费用都来源于地方民众,以地方力量为主。在水利日常管理方面,都由五姓宗族实际负责。《五彩文约》中所规定的五姓宗族管理形式得到延续。当陂产存在时,陂产收入分别存入五姓宗祠;当陂产不存在时,则或者由士绅捐资,或者实行"按亩派费",余额分别存入五姓宗祠,作为下次维修经费。

## 三、水资源的分配与规则

就水资源使用分配而言,赣江中游地区主要是灌溉用水的分配。就陂堰设施的利用而言,槎滩陂灌溉范围较大,围绕主体设施建有众多的分水渠道,甚至还有分支设施,出现"主陂(堰)—分陂(堰)"的情况。就陂堰的灌溉区域而言,明清时期槎滩陂已成为灌溉面积上万亩、村落一百多个、流长三十多里的水利系统。由于涉及不同的民众,于是在用水的问题上也就存在着如何分配的问题。

由于民众的田地离水源有远近之分,因而农作物得水的时间也有早晚之分。在雨水充足年份,这种情形影响不大,但是如果遇上干旱季节,则影响非常。因

① (清)郭曾泩:《螺江旌孝堂记》,《泰和南冈周氏漆田学士派三次续修谱》第十册,《杂录》,1996 年铅印本,第408 页。
② 《泰和南冈周氏漆田学士派三次续修谱》第九册,1996 年铅印本,第206 页。
③ 《(泰和)胡氏族谱》第六册,1996 年铅印本,第87 页。

此,如何合理分水、用水始终是陂堰灌溉水利系统管理中的重要问题,对水利设施流域区内的民众具有重要的意义。围绕陂堰等灌溉设施的用水分配,地方社会制定了相应的分水方式和用水规则。

槎滩陂除了拥有较长的主圳道外,其间细圳支渠更是无数,它们与主渠相连,从主渠中分水灌田甚至为民众提供生活用水。时至今日,笔者在当地村落进行考察时,依然见到许多分支水道流入村庄中央的状况。由于本地区年降雨量比较丰富,许多水利设施在修建后可以对所灌田亩进行有效地灌溉。于是,在正常雨水季节,地方民众的灌溉用水大都使用所开圳渠进行自然流灌。在主渠保持较多水量的情况下,上下游村落、田亩通过这种按照所开支渠水道分水的方式是可行的;一旦遇上干旱年份,主渠水量减少,上游民众拦水浇灌,则往往会造成下游村落田亩缺水的现象,于是争水纠纷也易产生,具体如下文所述。

## 第三节　水利纷争与地方社会整合

明清时期,槎滩陂流域发生了众多的水利矛盾和冲突。针对频繁发生的复杂的冲突纠纷,地方社会是如何应对和处理的? 政府在此过程中又扮演着何种角色? 判决结果对当地社会产生了什么样的影响? 对这些问题进行探讨,将有助于我们了解其背后所蕴含的社会内容。槎滩陂水利纠纷的发生,反映了槎滩陂流域社会不同的利益格局,而其解决则又反过来促进了地方社会的分化与重合,形成一种多元的社会权力秩序。槎滩陂水利案的背后所蕴含的不仅是地方各种力量之间的互动,也是国家与地方社会权力体系的某种调适和互动。

### 一、陂产、陂权、用水争夺:多重利益下的水利纷争

在地方社会发展和各姓宗族繁衍的过程中,槎滩陂水利设施继续发挥着不可忽视的纽带作用。正如前文所述,槎滩陂的修建使得当地的农业耕作环境大为改善,在有利于地方社会开发的同时,也为地方人口的繁衍提供了外部条件。我们知道,在"以农为本"的中国传统社会,农业对地方百姓是如何的重要,而

水利设施又是农业发展的基础,因此,槎滩陂水利设施一直受到当地民众的重视。特别是明清时期,由于人口的大量增加,人均土地相对减少,人们对土地的重视程度更高,因而对槎滩陂水利设施的敏感度也自然比较高。尤其是遇上干旱季节,由于水资源不均,便会出现上下游之间、同级村落之间争水的情况。

在此背景下,地方社会秩序开始发生变化,引发了地方权力的争夺。反映在槎滩陂水利领域,则主要表现为地方社会围绕陂产、陂权、用水等方面的争夺,发生了众多的矛盾和纠纷,并引发了多次的争讼,在这其中,既有受益区民众之间的争夺,也有非受益区民众之间的争夺。而受益区民众既包括五姓宗族成员,又包括五姓宗族成员与其他宗族成员。

通过对现有文献资料的整理,笔者认为,根据不同的内容,明清槎滩陂流域所发生的水利纠纷案大致可分为三种基本类型:其一是对赡陂田产的争夺;其二是对槎滩陂创建权的争讼;其三是用水纠纷。其中,关于赡陂田产争讼的案例占据了槎滩陂水利案的主体,构成了这一时期槎滩陂水利史中的一个突出特点。

### (一) 关于赡陂田产之争

自明初以来,地方社会对陂产的争夺就一直不断,直至清中期陂产的完全丧失。这其中既包括受益区民众之间的纠纷,也包括受益区与非受益区民众之间的争夺。

关于受益区与非受益区民众之间发生纠纷的记载共有两次,分别发生在明永乐和清嘉庆时期。明永乐年间(1403—1424 年),吉安千户所军人南仲簇将赡陂田产占为己业,以周姓家族成员周六奇为首的五姓宗族诉讼于官府,从而发生了明朝以来的第一起水利争讼案。"永乐间,叔祖均应以能复掌其事。吉安千户所军人南仲簇,欲挟为己有,兄六奇以不平诉于官府,得白。"①在清嘉庆年间,槎滩陂地方社会曾发生两次争夺槎滩洲树所有权的案件,其中第一次为嘉庆二年(1797 年),第二次为嘉庆八年(1803 年)。具体如下:

---

① (明)刘不息:《槎滩碉石陂事实记》,《泰和南冈周氏漆田学士派三次续修谱》第十册《杂录》,1996 年铅印本,第 354 页。

### 槎滩陂洲树案卷纪略

此洲之树向归槎滩陂管。近村张姓附陂而居，故其村亦曰槎滩陂。清嘉庆二年，洲树被张窃，经中胡象贤等理论，凭字偿缗钱二十八吊文寝事。八年，洲树又被洪水倾，周、蒋、胡、李、萧五姓陂首因陂需费，卖与乐善长村，有张明德者争之。勾通永新县张可芬、张懋桂、张懋淮等诉府县，而五姓中螺江周先（即永暹）、周永璞二公，偕蒋鹤、胡馥、李桂芳、萧晓诸公，相率起诉。蒙府宪武公鸿、县宪李公芳春、捕宪江公志良讯供详断"槎陂五姓卫陂洲树，嗣后张姓并就近村庄人等一概毋许砍伐，倘遇天旱，五姓砍取枝口塞陂堵水，灌注两乡田亩"云云。二造具结遵之，其印给凭，字存螺江周叶平家，讼费归五姓派认。盖自嘉庆八年癸亥至十年乙丑而案结。余详槎滩陂洲树案卷也。窃考此陂之创筑为我周南冈基祖后唐天成进士、官御史矩公，二世叔祖宋仆射羡公增置山田、屋宇、鱼塘，岁收子粒，以赡陂费。具详清雍正一统志、前朝省府县各志、江西要览、泰和文献通考、宋中和公（即中复公）碑记、元欧阳公玄、明陈公昌绩各文集、明周氏通谱。……蒙生前清闻关于槎滩、碉石陂事，皆周一本堂、蒋叙伦堂、胡六经堂、李偃李堂、萧达尊堂世为之首，盖受二陂水者为螺溪洞，洞以周、蒋、胡、李、萧为五大姓，故嘉庆八、九、十年间，张姓争陂洲树，五姓出而干涉之。[①]

案卷中所涉及的槎滩陂村位于槎滩陂的对面，为单一张姓村落。由于"附陂而居"，而称之为槎滩陂村（现称槎山陂村）。村民的农田位于槎滩陂的上游，基本上不受槎滩陂的灌溉，因而属于非受益区。在围绕槎滩洲树木（即槎滩陂旁的树木）的权属问题上，从上述文献中我们可以看到，张姓宗族与五姓宗族发生的两次纠纷中，第一次解决靠的是地方社会内部的自我协调，而第二次则是借助于官府的权威予以完结。

关于受益区民众之间的争夺主要发生在周、蒋、胡、李、萧五姓宗族成员之间。现有资料记载的共有三次：第一次是明宣德年间（1426—1435 年，具体年份不详），胡计宗私自典卖赡陂田产的事件，由周氏族人周碧奇等人向官府兴诉，

---

① 《泰和南冈周氏漆田学士派三次续修谱》第十册，《杂录》，1996 年铅印本，第364 页。

在官府的支持下，被侵占田亩得以追回：

> 宣德间，幹(干)人胡计宗私将典与陂近蒋恢章等，时则有若钦差御史薛部临修筑，碧奇复其情诉之。蒙不没前人之善，追给子粒银货，入官原田断归本族。一兴一复，今幸全复旧矣。①

第二次是成化年间(1465—1487年，具体年份不详)，蒋端潮、浮柔等强割陂田稻禾的事件，经周氏族人周庸和等人向官府兴诉而得以解决：

> (周)庸和，号介轩，生天顺庚辰，殁正德壬申。成化间，陂近蒋端潮、浮柔强割先世赡陂田禾，侵偷陂石，公具文道府，词拟重罪，具见成案。②

第三次是正德年间(1506—1521年，具体年份不详)，周庸富等人向官府兴诉，得以将被其他姓氏族人侵占的赡陂田产追回，并以其名立户：

> 至正德(明武宗年号)间，又往往睥睨于陂近之豪党。周(庸，笔者注)富乃能奋义率诸子弟自于巡院，谳平于邑侯之庭，复责诸胥里偕诸乡耆丈量画图，改立周(庸)富嫡名为户，以永杜其争端，而先业赖以不坠。③
>
> "庸富，(一)字庸相，号半池，承先世为槎滩陂陂长，告复陂田，立嫡名为户，萧公士安记其事，而陂业赖以不泯者，公之力居多。……生成化庚寅三月，殁嘉靖戊子三月。"④

第四次是嘉靖三十九年(1560年)，蒋、胡、李、萧四姓成员联合对田产侵占发生的纷争，经过周氏族人周方利等人的反复兴诉，最终田产得以追回，归入周

---

① (明)刘不息：《槎滩碉石陂事实记》，《泰和南冈周氏漆田学士派三次续修谱》第十册《杂录》，1996年铅印本，第354页。
② 《泰和周氏爵誉族谱》第一册，1996年铅印本，第141页。
③ (明)刘不息：《槎滩碉石陂事实记》，《泰和南冈周氏漆田学士派三次续修谱·杂录》第十册，第354页。
④ 《泰和周氏爵誉族谱》第一册，第130页。

姓宗族名下管理:

> (周庸富子)方利,一名方,号半醒。嘉靖庚申间,邑侯杨公应东奉行丈量田。陂近蒋允倡其族人占丈陂田,公白于官。时蒋理屈,复纠胡、理、萧三姓为援,嗣任邢侯讳邢鞫其事,竟以贿挫公。公愤志而终。终之日犹怒目嘱族人顾以尸告。给蒙巡按陈、巡道谭委龙泉邑侯方潭清检勘,复委郡推任讳惟镗断复业,以周富立户,岁除原二十石供祭,以报御史、仆射二祖创陂施田之本。生弘治癸亥正月,终嘉靖壬戌三月。①

### (二) 关于槎滩陂创建权的争夺

围绕槎滩陂创建权的纠纷主要发生在流域区内的周、蒋、胡、李、萧宗族之间,是五姓宗族围绕槎滩陂由谁创建引发的一次纷争。道光三年(1823年),泰和县令杨讱重修《泰和县志》,时任编修成员之一的本邑士绅信实乡(今螺溪镇)彬里村举人萧锦利用职务之利,试图在新志中删除旧县志中记载的槎滩陂由当地周姓宗族祖先周矩父子创赡的内容,并联合当地的胡、蒋、李三姓及其他姓宗族中的一些乡绅成员予以支持,企图达到目的,这一做法引起周姓宗族人员周振等士绅的强烈反对。围绕槎滩陂设施名目下是否应刊载周矩父子创赡之事,双方进行了长达三年的诉讼纠纷,官司一直打到礼、刑二部,由二部出面十涉才得以在道光六年(1826年)将诉讼平息。由于资料的关系,笔者没有找到记载这次纠纷案详细情节的资料文献,只是在周姓族谱和地方志中发现相关的简单记载,具体见下文:

#### 书省县志槎滩碉石陂后

右采清光绪元年省县两志录存于此,俾后世子孙数典无忘也。考清康熙五十九年江西白志、雍正十年江西谢志、雍正一统志载有"槎滩、碉石二陂周矩父子创赡"云云,又宋中和公(即中复公)碑记、泰和文献通考、江西要览、元欧阳公玄、明陈公昌绩各文集、明周氏通谱、元罗存伏退业文约具详

---

① 《泰和周氏爵誉族谱》第一册,第130—131页。

其事。迨乾隆十八年泰和冉志局设省垣，因李、唐、田三志失载，致未补入。道光三年知县杨讱修志时，主志者为彬里举人萧锦，因挟宿嫌，借口李、唐、田三志之失载，捏称当日冉志周锡爵之请删，借公报私，坚持不载。唆使田心举人蒋琳如、义禾廪生胡以昌、监生胡一德、李野、李飞鹏、革生李凤翔、罗步田举人萧自勉及各姓人等，随声附和。族绅如龙冈封职蕴光公、漆田举人益三公、木陇州同志逊公、阳冈廪生升阶公、生员作沛公、高冈增生振公、监生于宜公、晚桥廪生腾春公、某村职员浩然公、增生立相公等，念祖德宗功，不忍泯灭，迭控省府县无效，而振公、于宜公控京，奉礼刑二部咨饬县令杨诉（讱，笔者注）照白、谢二志补载刊刷四部，解送礼刑二部存案息讼，而本省布政使司、浙江钱塘县潘方伯恭辰又赠郑渠衍泽匾额，饬县送县一本堂及县祠，以彰先德。盖自道光三年癸未至六年丙戌，此案始结，即今所录之省县二志也。余详一本堂刊案，此其梗概耳。……盖此陂筑始于宋（按：我祖矩公生唐昭宗乾宁二年乙卯二月初四日，殁宋太宗太平兴国元年丙子九月初九日，寿八十二岁，入宋时六十六岁，此矩公创筑之确证），其分灌有碉石陂、稀筑陂大小凡几处。明兴复修，百余年来，圮于嘉靖间，各右姓始出力修补。万历六年戊寅，因修乡约，议费及折帛银两专属陂长胡朝衮、康鲁、周梦萱（高冈三房）、周日阶（螺江长房）、胡以敬、萧旌贡、蒋天叙、李梦桂、胡舜恺等修槎滩陂，而稀筑陂则敛银托严庄蒋氏修理。是稀筑、碉石显然二陂，今俗以稀筑为碉石，误矣。然质诸乡者，亦不可考。①

在这段内容之前，周姓族谱中还刊列了《江西省志》和《泰和县志》中对槎滩、碉石二陂的记载内容，也即是文中所说的"书省、县志槎滩碉石陂后"及"右采清光绪元年省、县两志录存于此"的内容。"清光绪元年省、县两志"指的是光绪七年的《（重修）江西通志》和光绪五年的《泰和县志》，两者皆为槎滩陂创建权纠纷案平息之后所编志书。②

①《泰和南冈周氏漆田学士派三次续修谱》第十册《杂录》，1996 年铅印本，第 361—362 页。
② 笔者查阅了上述两志中记载的槎滩陂内容，发现与周姓族谱上刊列的内容完全一致。见光绪《（重修）江西通志》卷六十三《山川略·水利》，光绪七年刊本；光绪《泰和县志》卷四《建置略·水利》，光绪五年刊本。

文中所说的"宋中和公碑记"，指的是北宋仁宗四年（1052年）周矩嗣孙周中和撰写的《槎滩碉石二陂山田记》①，周中和为宋仁宗年间进士，累官至屯田员外郎②；"元罗存伏退业文约"，指的是元至正元年（1341年）周、蒋、胡、李、萧五姓宗族人员与罗存伏在官方参与下制定的《五彩文约》；李、唐、田三志，分别是指明弘治《泰和县志》（李穆修）、万历《泰和县志》（唐伯元修）和清康熙《泰和县志》（田惟冀修）；冉志，指的是乾隆《泰和县志》（冉棠修）。

而关于"冉志周锡爵之请删"之事，笔者查阅了乾隆十八年的《泰和县志》，记载了周矩父子创赡槎滩陂的事迹：

> 槎滩陂，在县西禾溪上流，后唐天成进士周矩所筑（矩官西台监察御史），长百余丈，滩下二里许筑碉石陂为二十丈。又于近地凿渠为三十六支，分灌高行、信实两乡田无算。子羡（仕宋为仆射）增置山田鱼塘，岁收子粒，以赡审（修）。何据新志混采，现据周锡爵等呈县削，故删之。③

从上文中可以看出，此次纠纷中，蒋、胡、李、萧四姓人员主张将周矩父子创赡之事不记入县志的理由是"李、唐、田三志之失载，且当日冉志周锡爵之请删"；而周姓人员认为，关于周矩父子创赡槎滩、碉石二陂之事在众多的省志、县志、碑刻、前贤文集及文约中都有案可稽，因此完全是事实所在，并认为萧锦因与本族人"挟宿嫌"，因此其做法纯属"借公报私"之举，根本不能以此来否认槎滩陂由周矩父子创赡的事实，因而其主张是不能接受的。

周姓所说的萧锦"因挟宿嫌"之事，是否指萧锦个人与周姓成员之间曾产生矛盾而积怨迁怒于周姓宗族，或者是否指萧姓宗族在发展过程中与周姓宗族因争夺权力而发生矛盾，因为资料的关系，我们已不能得知。但是面对四姓宗族成员的举动，周姓成员反应剧烈，进行了长达三年的持久诉讼，直至礼、刑二部出面解决。

---

① （宋）周中和：《槎滩碉石二陂山田记》，碑现存于螺溪镇爵誉村周氏祠堂内。也可见《泰和南冈周氏漆田学士派三次续修谱》第十册《杂录》，1996年铅印本，第352页。
② （清）冉棠修，沈澜纂：乾隆《泰和县志》卷十五《列传》。
③ （清）冉棠修，沈澜纂：乾隆《泰和县志》卷三《舆地志·陂塘》。

在这次纠纷的解决过程中,官方在追述争端缘由的同时,也做出了相应的判决,具体如下:

> 槎滩、碉石二陂,在禾溪上流,为高行、信实两乡灌田公陂(《通志》)。后唐天成进士御史周矩创筑,其子羡(仕宋仆射)赡修(《乾隆志》)。因李、唐、田三志未载,拟删。道光三年知县杨讱修志,生员周振与蒋、萧各姓迭控至京。六年春,奉部饬知,于新修志书载开槎滩、碉石二陂,后唐御史周矩创筑,子羡赡修,以示不忘创筑之功。惟周羡赡修田塘久已无据,该陂为两乡公陂已久,后遇修筑,仍归各姓按田派费,周姓不得借陂争水。判语:槎滩陂、碉石陂,在禾溪上流,灌高行、信实两乡田亩众,按亩派费,因时修筑。按《江西通志》"二陂在禾溪上流,后唐天成进士周矩所筑,长百余丈,滩下七里许筑碉石陂,约三十丈;又于近地凿三十六支,分灌高行、信实田无算。子羡(仕宋为仆射)增置山、田、鱼塘,岁收子粒,以赡修陂之费。皇祐四年,嗣孙周中和撰有碑记"云。田产久已无考,遇有修筑,按田派费,录之以示不忘创筑之功焉。①

从官府的判决可以看出,一方面官方对周矩父子创赡槎滩陂之事予以了认同,并规定将之记入县志,从而满足了周姓宗族的要求;另一方面,官方也认识到槎滩陂"田产久已无考,遇有修筑,按田派费"的现实状况,因而规定槎滩陂为"两乡公陂",刊载周矩父子创赡槎滩陂之事只是为了"不忘创筑之功"。

### (三)民众为争夺灌溉用水或航运之间的矛盾纠纷

槎滩陂水利极大地改善了当地的农业生产环境,支渠众多,流长数十里,成为当地农业生产的重要保障。在此过程中,围绕水资源的使用,地方民众不可避免地会发生争夺用水矛盾和纠纷。由于资料的局限,笔者几乎没有发现具体的相关记载,仅在周氏族谱中见到一例。但是,这并不意味着槎滩陂流域不存在用水纠纷。事实上,当地发生的用水纠纷贯穿于明清至民国时期。由于地处平原

---

① (清)宋瑛等修,彭启瑞等纂:光绪《泰和县志》卷四《建置略·水利》。

地带,降水量四季分布不均,所以尽管水资源丰富,但是到用水旺季(每年七八月间),由于水量不足,也往往会发生用水争夺。特别是在干旱之年,争水纠纷更易发生,正如当地民众所记载的那样:

> 因是平川地带,有利于修建水利设施,故历史以来,圳溪交错,引灌渠道很多。但历代所修溪圳、陂堰蓄水量少,水位低,一到灌溉旺期,水源感到不足,往往出现上堵下干现象。为争用水,经常发生械斗。[①]

笔者在螺溪镇和禾市镇进行田野考察时,就是否发生过争水一事,曾对爵誉、新居、螺江等村的一些老人进行调查。被访问者均回答说:"当然有!";"在解放前一直都有发生,而且往往会发生械斗,不但是一户与一户之间,还有一村与一村之间";"争水之事不会记入族谱中,因为平时大家都是乡邻甚至亲戚,通常不会因争水而绝交。"

周氏族谱记载的争水事件发生在道光年间,全文主旨在于称颂周昌遥的"义行",但是其中却透露出当地的用水纠纷情况。内容如下:

> 公讳昌遥,字骥程,吾邑信实乡螺江村人,明刑部郎中尚化公之从孙也。……槎滩陂者,高行、信实两乡之田资其灌溉十七八。道光乙未,岁大旱,水为上流所壅遏,邻近数十村禾苗将槁,农皆失措,其壮丁之强悍者,咸拘公愤,亟欲纠众持械往斗,祸端立启。公止之。躬诣其地,谕以厉害,委婉开导,陂始畅流。翌日,流仍壅遏,衅又将开。公于是邀同老成谙练者数人理喻,情感不惮,舌敝唇焦,闻者愧服,乃获开陂。然犹惧顽梗者之不无阻挠也,留守其地者三昼夜,得大雨,始辞归。其生平为地方息祸患者类如此……[②]

此外,槎滩陂截流的牛吼江发源于井冈山区,上游山区森林茂密,植被完好,一直以来竹木资源丰富。因此,该河流不仅是该地区农田灌溉及生活用水的主

---

① 康首源主编:《爵誉康氏村志》卷首《家宝》,泰和县地方志丛书,2001年铅印本,第56页。
② 《二十九世祖累赠朝议大夫周公骥程暨哲嗣浙江泗安司巡检在任升用布理问晋赠朝议大夫椒麟先生合传》,《泰和南冈周氏漆田学士派三次续修谱》第一册《附录》,1996年铅印本,第317页。

要水源,也是当地民众特别是上游山区民众的航运通道。尽管槎滩陂建有供船只、竹排通行的大小泓口,但是围绕水运与灌溉的时间分配问题,地方民众也常发生矛盾纠纷。限于资料局限,笔者仅在蒋氏族谱中看到一例,大约发生在清代后期,记载于由曾任陕西督军的陈树藩在 1919 年为蒋氏族人蒋鳌予写的传记中,文中记载重在赞誉蒋鳌予"热心公益"的事迹,其中就包括协调槎滩陂灌溉与水运之间的纠纷,具体如下:

> (鳌予)尤热心公益,泛爱乡里,居留地南有槎滩古陂,横断禾水中央,附近之田资其水以灌溉者三十万亩,遇干旱时封陂节流,上游之商贾以运输不便,屡起讼端,先生乃出与协约每旬三八两日开陂,以利舟航;余则封陂,以溉禾稼,农商两便而讼息……宣统辛亥八月初八寿终丰城县学署,距生于道光甲午十一月二十三春秋七十有八。[①]

通过以上对槎滩陂水利案的一般性描述,笔者认为,其中体现出三个主要特征:第一,水利案多复杂。围绕槎滩陂水利地方社会存在多方面的争夺,不仅仅是在用水方面,更多的是在赡陂田产方面的争夺。第二,水利案例涉及人员广泛。冲突的发生与解决涉及社会的各方力量,国家、宗族、士绅和一般民众均参与其中,各发挥了不同的作用。第三,水利纠纷主要发生在流域区的周、蒋、胡、李、萧五姓宗族之间,是五姓宗族之间力量发展及其竞争的反映。随着赡陂田产的逐渐丢失,元末制订的《五彩文约》的约定与规约逐步失效,成为一种象征。

## 二、合作与竞争:水利纷争与宗族整合

由于槎滩陂的受益者不仅仅是一个家族之人,而是涉及众多的族群和民众,是当地社会的一种重要公共资源,也是当地公共事务领域管理权力的载体和表现之一,因而不可避免地会引发当地各大家族对其的争夺。周矩是槎滩陂的创

---

① 陈树藩:《鳌予先生家传》,《蒋氏族谱·严庄蒋氏四修族谱序·序纪传铭》,1919 年铅印本,第174 页。

建者,其后世成员当然希望继承祖业,世代经营,也因此与其他家族及成员之间产生利益冲突。由于该项工程浩大,而且相对于主要居住于流域上游的蒋氏,周氏家族主要居于流域中游,所在位置不利,因此无论是在修建组织还是在享用水利之便上,此时周氏宗族都是不可能独立完成或裁断的。周氏宗族也意识到一点,尽管有着些许无奈,但不得不顺应地方社会经济和族群发展繁衍的趋势,采取与蒋、胡、李、萧等宗族联合的方式,共同修建与维护水利设施。而在此过程中,各大宗族在关乎本族利益时,仍然存在着一定的矛盾,突出表现在围绕槎滩陂如何记入县志的层面。虽然各宗族成员对槎滩陂是否记入史书的态度是一致的,但其中周氏极力要求体现其先祖创建之功,而其他四族则要求记撰时注明槎滩陂非周氏一家所有,而是两乡公陂。总体而言,在长期的共同用水和管理槎滩陂过程中,五姓宗族的认同感和凝聚力不断得到加强,并形成了乡族集团,共同维护着当地水利社区的利益。

元末《五彩文约》的制订,标志着五姓宗族共同组织管理槎滩陂的开端。槎滩陂水利的组织形成与运营及维修管理,完全是五姓宗族的民间行为。官府只是象征性地参与,这从《兴复陂田文约》与《五彩文约》中可以得到完全体现。进入明清以后,这一局面得到延续。槎滩陂水利逐步确立了五姓宗族管理体系,形成了地方社会水利管理的一大特征。面对非受益区民众或其他力量的争夺,五姓宗族组织共同出面,进行协调与诉讼,结成了宗族联盟。而这种联盟,正是槎滩陂水利流域的权力组织所在,也是槎滩陂流域社会地方管理组织的主体。它重构了地方社会的权力空间。

明永乐年间(1403—1424 年),面对吉安千户所军人南仲簏对赡陂田产的侵夺,由周氏成员周六奇出面,诉讼于官府。由于吉安千户所是国家权力机器,地位特殊,南仲簏的身份不同于一般民众,因此由官府出面解决。尽管桩山未能及时收回,但是大部分赡陂田产的收回,不但维护了《五彩文约》中规定的五姓宗族轮流收租管理的形式,更重要的是,通过共同出面诉讼,五姓宗族管理观念得到巩固和加强。到清嘉庆二年,当张姓家族争夺槎滩陂洲树所有权时,五姓宗族马上联合共同出面与张姓家族进行协商,使纠纷得以平息。嘉庆八年,当纷争再起时,五姓宗族再度共同出面,并诉讼于官府。至此,槎滩陂水利由五姓宗族共同管理的观念得到深化,为流域区内各宗族民众所认同。尽管后来陂产全失,但是这种观念一直得以延续,直至民国时期。[①] 自此以后,槎滩陂水利事务的组织和维修基本上由五姓宗族出面,它们成为槎滩陂水利地方权力组织,也是槎滩陂水利事务管理的重要地方权威。[②]

这种权威地位传沿悠久,明清以来几乎在地方上没有受到挑战,反映了五姓宗族在流域区的优势地位并得到了传统的认可。槎滩陂流域存在着众多的其他姓氏宗族,但是不见有其参与槎滩陂水利的记载。或者说,这些宗族在槎滩陂水利管理中没有发言权。笔者在禾市、螺溪两镇进行田野考察过程中,曾问询了如乐氏、梁氏、康氏等宗族的一些老人,得到的回答都是:"槎滩陂历来都是由周、蒋、胡、李、萧五姓管理,我们族不曾参与。"究其原因,这主要是与五姓宗族的发展相对应的。如前文所述,明清时期的周、蒋、胡、李、萧五姓宗族不仅人口众多,而且宗族政治势力强大,出过众多的文官武举、贡监生员,其中不乏诸如周是修、萧岐、萧镃、胡直、萧士玮等著名人物。人丁兴旺在家族和村落中既是一种荣耀,也是一种力量的体现。[③] 随着四姓宗族的发展,对流域区社会结构产生了重要影响。由于地方宗族发展的不平衡,影响到地方社会权力的分配,五姓宗族主要是蒋、胡、李、萧四姓宗族的发展,造成对地方权力空间的重构。

但是,在五姓重构地方权力空间的过程中,五姓共同管理观念的内涵经过了变化的过程,并因此在五姓之间产生了许多纠纷。由于槎滩陂在创建后的漫长时代发展过程中,曾经多次被冲毁又多次被修复。在这其中,除周姓成员外,四姓宗族成员都曾独自捐资对槎滩陂进行过重修。因此,流域区内关于槎滩陂的创建,出现了"李氏创建说""蒋氏创建说"等故事,一直流传至今。

这些故事并非空穴来风,我们可以在一些资料中看到相关的文本记载。"李氏创建说"主要是指元朝至正年间(1341—1343 年)南冈村李英叔(曾仕元同知柏兴路事)曾捐资两万缗对槎滩陂进行重修之事。根据李姓族谱的记载,这次重修后的陂曾被当地民众称作"李公陂",可见对当地社会的影响之大。[④]

---

① 《重修槎陂志》中详细记载了民国二十七年(1938 年)五姓宗族组织重修槎滩陂水利设施的状况,见周鉴冰:《重修槎陂志》,泰和县生计印刷局 1939 年铅印本。
② 尽管陂长制已不存在,但由五姓出面负责组织槎滩陂事务的方式却一直保存下来,直至民国时期。
③ 张宏明:《村庙祭典与家族竞争》,《民间信仰与社会空间》,郑振满、陈春声主编,福建人民出版社 2003 年,第 319 页。
④ 《南冈李氏族谱》卷一《元故承事郎柏兴路同知李公英叔墓志铭》,1995 年铅印本,第 9 页。

而"蒋氏创建说"的理由是明弘治八年(1485年)和嘉靖十三年(1534年)蒋氏成员对槎滩陂的两次独修。①

无论是哪种故事,似乎都是流域区内的蒋、胡、李、萧四姓宗族不满地方文献仅记载周矩创修槎滩陂的事迹的举措。因为在他们看来,本族成员同样也曾独自捐资创修过槎滩陂,因而其事迹也就应该同样记录于文献中,于是对官方的权威进行挑战,并最终导致道光三年(1823年)纠纷案的发生。这种挑战的背后,反映出权力资源象征的意义。事实上,自槎滩陂创建后,陂水就一直是归整个流域区民众共同拥有和使用的一种公共资源,槎滩陂由谁创建和水资源如何使用已经没有直接联系。到清代中叶,无论在观念上还是在现实中,五姓共同管理槎滩陂都已深入人心,槎滩陂的创建权对地方民众在其中的组织管理、维修、用水等方面没有实际影响。因而,文献记载陂由周矩父子创建已不重要。② 但对四姓宗族来说,这种文本权是本姓与周姓宗族地位差距的表现,不利于本族争夺地方社会权力。四姓族人极力想删除官方文献中对周矩父子创修槎滩陂事迹的记载,以模糊槎滩陂的来源,削弱和淡化陂由周姓创建的意识与观念,使得槎滩陂水利设施变成彻底的"公有"设施,以便在共同管理的体制下谋求为本族获得更大的利益。

事实上,围绕槎滩陂水利,五姓宗族之间在此次所有权纠纷案之前,就曾发生了许多矛盾和纠纷,并出现了四姓宗族联合的现象。如在明宣德年间(1426—1435年),耕种槎滩陂陂产的胡姓成员胡计宗将其中的八亩稻田私自典卖与蒋姓成员蒋恢章,从而引发了五姓宗族内部发生的第一次纠纷。对于蒋恢章而言,他可能不清楚八亩田地的来源,但是,胡计宗十分清楚却是毋庸置疑的。至于胡计宗与蒋恢章之间是否因为债务或其他原因而发生典卖,我们不甚清楚,但这一点是无关紧要的。重要的是,我们要知道胡计宗在明白田产属性的前提下还敢将其典卖。如果说是迫不得已的话,那么他至少也清楚不会受到本宗族

---

① 刘祥善:《泰和县槎滩陂历史文物考察》,《江西水利志通讯》1989年第2期。刻有"嘉靖十三年九月蒋氏重筑"的石刻现还保存在槎滩陂水利管理委员会。

② 至于官方文献中仅记载周矩和周羡父子创赠槎滩陂事迹的内容,是否会被周姓人员在与其他宗族人员争水过程中用来作为获得优先用水权利的凭据,由于资料的关系,我们已不能得知。但是从地理位置看,流域区内包括五姓在内的各姓村落呈交错杂居分布,而且村落数量繁多,周姓优先用水的情况似乎并不太现实。

的干涉。根据当时的情形，笔者认为，胡计宗典卖陂田，甚至得到宗族的默认。这也从另外一个侧面反映了地方普通民众的心态。在对待槎滩陂及陂产所有权的问题上，一般民众都是从自身利益出发，关注的是私人利益。成化年间发生的蒋端潮、蒋浮柔割禾侵石的事件也正是其体现。

如果说胡计宗和蒋端潮等人的行为是属个人自发行为的话，那么发生在明嘉靖年间的五姓成员纠纷则已经带有宗族争夺的性质了。借县令重新丈量田地之机，蒋姓族人对陂田进行侵占，且得到族中士绅的鼓励和提倡。而且在周姓争讼之时，蒋姓又联合胡、李、萧三姓，并拉拢地方官员，以达到侵占的目的。从中可见四姓宗族要求消除周姓对陂产专有权的意图和努力，而周姓也意识到这一点，向官府反复诉讼，最终维护了本族的利益。但是争夺还没有结束。至清道光三年(1823年)，五姓之间发生了直接争夺槎滩陂所有权的事件。这次纠纷完全是五姓宗族之间的利益争夺，涉及五姓之中的众多人员。经过了三年时间的争讼，官司一直打到礼刑二部，由两部出面干预才得以解决，可以说是五姓争夺的顶峰。官府的判决，一方面认同了"周氏创建说"，将槎滩陂为周姓祖先周矩创筑记入县志，保持了周姓在观念上的优越地位；另一方面，又规定槎滩陂为"两乡公陂"。"惟周羡赡修田塘久已无据，该陂为两乡公陂已久，后遇修筑，仍归各姓按田派费，周姓不得借陂争水。"槎滩陂由周姓"私产"变成"公产"，意味着周姓宗族在陂中的优越权中止。可以说，官府的判决结果是五姓宗族在竞争中的妥协。另外，判决也从侧面反映了陂产对槎滩陂权属的重要性，也解释了周姓对陂产重视的原因。

根据官府的判语和周姓族谱中记载的"先公之善，不特一乡而已。为子孙者，当上念祖宗之勤，而不起忿争之衅。均受陂水之利，而不得专利于一家"①的内容可以看出，自槎滩陂创建后，陂水就一直是归整个流域区民众共同拥有和使用的一种公共资源，槎滩陂由谁创建和水资源如何使用已经没有直接联系，陂的创建权对地方民众在现实中的组织管理、维修、用水等方面没有实际影响。因此，道光三年(1823年)将周矩父子创赡槎滩陂事迹记入县志，承认周矩对槎滩

---

① (宋)周中和：《槎滩碉石二陂山田记》，碑文现存于螺溪镇爵誉村周氏祠堂内。也可见《泰和南冈周氏漆田学士派三次续修谱》第十册《杂录》，1996年铅印本，第352页。

陂的创建权,对流域区民众来说已无所谓或不再重要,况且它早已为官方和地方所认同。可以说,它只是一种文本上的象征性权力。但是,就是这样一种现实意义不大的权力,却引发五姓宗族成员之间的一场剧烈纠纷,对其中的原因及其背后反映的流域区地方社会关系等问题的探讨,把我们引入到流域社会丰富的历史环境之中。

槎滩陂文本纠纷的背后,反映了槎滩陂流域地方社会五姓宗族之间力量发展及其竞争的过程。这可以从槎滩陂水利系统的发展脉络中得到体现。如前文所述,四姓宗族在槎滩陂创建之初并没有参与其中,而是直到元末才开始参与组织与管理,但在明清时期作用显著。究其缘由,是与宗族力量的发展相适应的。清代时期,蒋、胡、李、萧四姓和周姓一起成为流域区的五大著姓宗族,随着四姓宗族力量的发展,必然会对地方社会权力进行争夺。槎滩陂水利作为当地最重要的一项地方公共事务,是地方社会权力结构体系中的重要组成部分,因而自然会受到四姓宗族的重视并引发争夺。另外,明中叶以来,由于国家权力对地方事务直接管理的退出,也为四姓宗族组织的争夺提供了外部条件。槎滩陂创建权属文本纠纷案正是在这种背景下发生的,可以说,纠纷案的发生既是五姓宗族对地方公共事务权力争夺的反映,也是四姓宗族争夺地方社会权力的象征体现。

## 三、权力象征:水利纷争中的官方干预

从上述的争讼案中我们可以发现,国家对乡村社会的控制在不同的时期有所不同。明初,国家权力深入地方社会的各个领域,官方加强了对地方社会公共事务的管理,国家对乡村社会的控制得到了强化。这时期,民间社会处于弱势的状态,由此导致了地方社会自治能力和手段的不足。在这种背景下,槎滩陂水利管理由完全民办转变为官督民办,直至宣德年间还是如此。相应地,当发生水利纠纷时,官府也就自然地参与其中。明永乐年间,面对吉安千户所军人南仲簏对赡陂田产的争夺,五姓宗族为首的地方社会力量无力解决,必须借助官方政治权力的参与。因此,由周姓成员周六奇出面向官府提出诉讼,由官方做出相应的判决。但是,我们必须看到,由于国家权力的强大和地方社会力量的弱小,在地方官府做出判决后,吉安千户所直到宣德年间还没有将所侵桩山归还给周姓家族,

"惟桩山千户所尚有未变易"。吉安千户所代表的是国家暴力机器,拥有特殊的身份地位。因此,地方宗族对其一直不归还桩山也无可奈何。这正是地方社会力量处于弱势的表现。

进入明中叶以后,由于政府财政日趋窘困,迫使地方政府相继放弃了许多固有的行政职能,导致了国家控制权的下移,促进了地方社会的自治化。表现在槎滩陂领域,则是地方社会对槎滩陂的组织管理。相应地,当发生水利纠纷时,地方社会可先进行内部协调处理,国家对乡村社会内部的协调听之任之,除非在地方社会难以进行有效协调处理时,才会以仲裁者的身份被动介入。如发生在清嘉庆二年(1797 年)的槎滩陂洲树争夺案,就是由地方社会力量自行协调解决的,而当嘉庆八年(1803 年)再次发生争夺,地方社会已难以处理时,则借助国家的力量予以解决。

地方社会在处理水利纠纷的过程中,还形成一种特殊的处理办法,这种机制依靠的是个人的威信。如清道光乙未年(1835 年)发生的争水纠纷案。由于大旱,槎滩陂上游民众将陂水进行堵截,造成中下游地区无水灌溉。于是中游地区数十个村庄的民众想持械去抢水。螺江村乡绅周昌遥制止了准备械斗的村民,并亲自赶往上游堵水之地,据理力争,言明利害关系,晓之以理,动之以情,使当地民众理服,将陂水畅流。面对陂水老是被堵的情况,周昌遥坚守当地三昼夜,直到降雨出现。

另外,官府对槎滩陂水利纠纷的判决,也反映了国家与民间的意识形态关系。(英)沈艾娣(Henrietta Harrison)在分析山西晋水水利系统时指出,在晋水水利系统结构中,存在着两种不同的价值体系:官方正统的意识形态和民间非正统的价值体系。[①] 透视槎滩陂水利纠纷的发生与解决,笔者认为,在槎滩陂水利系统结构中,也存在着官府、宗族和一般民众之间与晋水水利系统相似的两种价值体系:官方所代表的正统意识形态和宗族及一般民众所代表的地方非正统价值体系。明清以来,无论官府处于强势还是弱势的状态,官方的意识形态都塑造了槎滩陂水利系统的某些方面。槎滩陂建立后,其属性经历了一个变迁的过程。槎滩陂从建立之初便不归周姓所独用,而是由流域区民众共用,

---

① (英)沈艾娣:《道德、权力与晋水水利系统》,《历史人类学学刊》2003 年第 4 期。

成为高行、信实两乡民众农田赖以依存的公共水利资源。这与官方或正统的观念——水是公有的,应该让大家共用——是一致的,官方在判决中严格体现了这一观念。如在清道光三年发生的五姓争夺陂权的纠纷中,官府在判语中规定"陂为两乡公产,周姓不得借陂争水"。另外,槎滩陂由周姓祖先周矩父子最早创修,却由流域区民众免费使用,这与官府所宣扬的儒家道义相符和,因而受到历世官府的维护和推崇。在明永乐、宣德和嘉靖以及清嘉庆年间所发生的赡陂田产纠纷中,地方官府都做出了类似的判决:将陂产归还给周姓宗族。清道光三年发生的争夺陂权纠纷,官府认同了"周姓创建说",将槎滩陂为周矩父子创修记入县志。这些都体现了官方立于儒家观念的立场,以及对其的维护。可以说,官方的判决既来源于槎滩陂水利的现状,又反过来在一定程度上维系着现状;既是对儒家道统观念的运用,又促进了其在地方社会的发展和传播。

与官方的正统意识形态相比,地方宗族和一般民众都以功利为价值取向。地方宗族追求的是族群集团的利益,包括实际所得和象征性权益。每一个宗族代表一个利益体,地方社会便是由许多不同利益体组成的。不同宗族之间既有相同的利益,也有不同的利益,由于族群利益的异同,不同宗族之间在长期的发展过程中便不可避免地会产生联合与冲突。在槎滩陂水利纠纷中,这一点得到清楚的体现。当其他姓氏宗族侵占赡陂田产时,直接损害了周、蒋、胡、李、萧五姓宗族的利益;由于利益上的一致,于是五姓便走向联合,如明永乐、清嘉庆年间发生的争讼案。而在明宣德、嘉靖年间和清道光年间发生的争诉纠纷,则是五姓宗族之间因各自利益不同而发生的宗族争夺的反映。这一点特别体现在清道光年间发生的水利纠纷中。可以说,族群利益是决定不同宗族之间联合与对抗的纽带,也决定了在争夺过程中是由宗族中的士绅领导的,是一种有组织的行为。与宗族不同,地方普通民众追求的是个人的利益,或者说是一家一户的利益。为了自身的利益,他们可以典卖陂田、割禾侵石以及械斗争水等,见前述水利纠纷。在其过程中,基本上是出自个人的自发行为。

透视槎滩陂的演变历程,我们可以看到流域区地方社会的变化轨迹,从中也可发现国家权力的一系列变迁过程。在槎滩陂众多水利纠纷案的过程中,我们可以发现,其中大多数纠纷的解决都依靠官方的介入,借助国家权威而得以平息。因此,似乎可以说,明清时期官府在水利纠纷中起着至关重要的作用。或者说,官府对地方社会的控制力强大。但是,我们也应看到,即使是在明朝之初,官府对地方社会的影响力也不是很大,其形成的具有法律效力的约定所能维系的时间并不是很长,水利纠纷依然频繁不断。这从侧面说明了官方在地方社会的权威并不是很强。事实上,官府对地方水利纠纷的介入与解决,并不是官府权力参与地方社会的表现,而只是其一项义务:为了保持地方社会的稳定,以利于王朝的统治。当然,官方的取向和判决成为制约和影响民间社会的重要因素。官府的判决使得地方社会一些力量的利益受损或某些要求没有得到满足,于是引发下一次纠纷。经过不断的纠纷和判决,官方意识与民间意志互相影响,达到某种平衡,这时地方社会各力量对国家判决都能接受,于是成为地方社会的一种约定。

进入明中叶后,国家对基层社会采用的是间接控制的方法,即将对地方社会的实际管理权交给其内生出的地方权力体——乡绅集团,建立一套地方权力体向国家负责的机制。① 对于地方普通民众来讲,他们在日常生活中并不直接与官方联系,而是与其在地方上的代言人——乡绅进行对话。乡绅既是地方利益的代表,又强烈认同国家权力的正统规范。由于其特殊的身份和关系,成为地方社会的实际管理者。凭借强大的经济实力,乡绅积极参与诸如水利、教育、祭祀等方面的地方公共事务的管理,成为地方公共事务的主持人。我们看到,在槎滩陂水利中,除了直接侵夺赡陂田产的一般民众外,与官府发生联系的基本上是乡绅人员。槎滩陂日常的组织管理、维修倡导、资金筹集和主持修建等,都由五姓宗族中的士绅具体负责。包括水利纠纷的解决,乡绅在其中都起着重要的作用;绅权的建立,代替了国家在槎滩陂水利事务中的职责和作用。官方的判决结果,又体现了其对地方乡绅权力价值体制的认定与更正,由乡绅将其传递于地方社会。借助乡绅层面,国家实现了对基层社会的控制。

① 张俊峰:《明清以来晋水流域之水案与乡村社会》,《中国社会经济史研究》2003 年第 2 期。

## 四、双重角色:水利纷争中的士绅参与

从明清以来发生的众多槎滩陂水利纠纷中,我们不难看出,地方乡绅阶层在其中扮演着十分重要的角色。事实上,明清以来槎滩陂水利的实际控制权一直掌握在地方乡绅集团手中。

如前文所述,宋明以来,江西科举事业一直位列全国前列,尤其在明代,更是达到鼎盛。而本区域所属的吉安府又是江西科甲最盛的府之一,当地广泛流传着"一门三进士、五里三状元,一门七尚书、十里九布政"的俗谚。据载,在明初建文帝二年(1400 年)和永乐二年(1404 年)的两次科考中,吉安府更是创下了包揽全部一甲进士的盛举。据统计,自明洪武四年(1371 年)到清光绪三十年(1904 年)间,江西共有 4583 人高中进士,约占全国进士总数的 8.86%;其中吉安府进士数为 1225 人,占江西十三府进士总数的 26.73%。① 科举的繁盛造就了大批才子、重臣,涌现出了如杨士奇、陈循、陈文、彭时、解缙、胡广、萧镃、刘定之、尹直、彭华等著名人物。正如《泰和县志》中记载:

> 洪武间,株林刘槎翁文行盖世,以吏部尚书归,敦睦族党,爱敬朋旧,与陈海桑、萧正固、王徵君、萧子所、廖愚寄、罗子理、萧鹏举等谈经学古,卓然大儒。至于穷乡僻壤,知邑有乡先生,不闻富贵华艳。永宣之际,杨文贞、王文瑞二公为国元老,笃爱梓里,引掖后进,必以正道义。②

这些声名显赫的上层士绅,大多担任过朝廷要职,参与国家政治,关心家乡建设。他们不仅为当地人津津乐道,而且成为世代教育后世的榜样,推动了当地社会儒学教育的发展。相对于进入官僚系统的上层士绅而言(尽管清代江西科举出现衰落的趋势,不过成就仍较显著),对地方社会影响更直接、更广泛的是众多的下层士绅,他们长期居住在乡土社会,拥有一定的地方权威,热衷于地方

---

① 袁海燕:《明清吉安府士绅的结构变迁与地方文化》,《江西科技师范学院学报》2004 年第 5 期。

② (清)宋瑛等修,彭启瑞等纂:光绪《泰和县志》卷二《舆地志·风俗》。

公共事务的管理和筹划,能够主动承担兴修水利、建设义仓、组织团练等地方事务,并往往充当着国家和民众之间的协调人,维持着地方社会的秩序和运转,成为地方社会的管理者和代言人。

表 3-14　明清泰和进士、举人、贡生、荐辟等士绅人数统计表①

| 士绅类型 | 明　代 | | | 清　代 | | |
|---|---|---|---|---|---|---|
| | 泰和县 | 吉安府 | 所占比 | 泰和县 | 吉安府 | 所占比 |
| 进士 | 204 | 1020 | 20% | 18 | 205 | 8.78% |
| 荐辟 | 496 | 1620 | 30.62% | 5 | 35 | 14.29% |
| 举人 | 651 | 3177 | 20.49% | 169 | 1686 | 10.02% |
| 贡生 | 625 | 3112 | 20.08% | 200 | 2132 | 9.38% |
| 合计 | 1976 | 8929 | 22.13% | 392 | 4058 | 9.66% |

明清时期,泰和县教育发达,科举兴盛,士绅队伍庞大,为他们参与水利事务管理提供了保证。明中后期以来,众多的绅衿人员在家传儒讲学,在王阳明南赣乡约的带动下,本地区绅士集团大力推行乡约,实施地方教化与管理②。在这种背景下,进一步促进了士绅对地方水利设施事务的管理。

槎滩陂由五姓宗族共同管理,实质上是由五姓宗族中的乡绅具体负责。这可以从在槎滩陂历次水利纠纷中出面进行协调和诉讼的各族人员的身份背景中得到说明和体现。笔者以清道光年间发生的水利纠纷案为例,进行详细论述。在清道光三年(1823年)发生的槎滩陂所有权争夺纠纷中,五姓宗族参与其中的人员众多,周氏族谱中对各族参与诉讼人员的姓名及身份均进行了记载。③ 具体见表 3-15 所示。

另外,笔者根据五姓族谱中的记载,对明清时期各宗族中捐资重修槎滩陂水利的成员的身份也进行了归纳。见表 3-16 所示。

---

① 衷海燕:《明清吉安府士绅的结构变迁与地方文化》,《江西科技师范学院学报》2004 年第 5 期。
② 参见张艺曦:《社群、家族与王学的乡里实践——以明中晚期江西吉水、安福两县为例》,台湾大学出版委员会 2006 年。
③ 《泰和南冈周氏漆田学士派三次续修谱》第十册《杂录》,1996 年铅印本,第 361—362 页。

表3-15　道光三年(1823年)五姓诉讼人员身份表

| 姓　名 | 身　份 | 所居村落 | 姓　名 | 身　份 | 所居村落 |
|---|---|---|---|---|---|
| 萧锦 | 举人 | 彬里村 | 周益三 | 举人 | 漆田村 |
| 蒋琳如 | 举人 | 田心村 | 周志逊 | 州同 | 木陇村 |
| 胡以昌 | 廪生 | 义禾田村 | 周介阶 | 廪生 | 阳冈村 |
| 胡一德 | 监生 | 义禾田村 | 周作沛 | 生员 | 阳冈村 |
| 李野 | 革生 | 不详 | 周振 | 监生 | 高冈村 |
| 李飞鹏 | 革生 | 不详 | 周于宜 | 监生 | 高冈村 |
| 李凤翔 | 革生 | 不详 | 周腾春 | 廪生 | 晚桥村 |
| 萧自勉 | 举人 | 罗步田村 | 周浩然 | 职员 | 某村 |
| 周蕴光 | 封职 | 龙冈村 | 周立相 | 增生 | 不详 |

表3-16　明清时期捐资重修槎滩陂的人员统计表

| 捐资人员 | 身　份 | 捐资时间 |
|---|---|---|
| 胡资敷① | 乡耆,贡生 | 不详(生天顺癸未,卒嘉靖癸卯,1463—1543年) |
| 胡时练② | 乡耆,授冠带 | 不详(生天顺丁丑,卒嘉靖丙午,1457—1546年) |
| 胡国用③ | 监生 | 不详(生成化乙未,卒嘉靖甲申,1475—1524年) |
| 蒋吾敬④ | 庠生 | 弘治八年(1495年) |
| 蒋氏(人员不详)⑤ | 不详 | 嘉靖十三年(1534年) |
| 胡西京⑥ | 州同 | 光绪二十四年(1898年) |
| 周敬五⑦ | 监生 | 道光二十九年(1849年)、同治十年(1871年)、光绪二十四年(1898年) |

① 《胡氏族谱》第三册,1996年铅印本,第198页。
② 《胡氏族谱》第二册,1996年铅印本,第138页。
③ 《胡氏族谱》第四册,1996年铅印本,第65页。
④ (明)刘德光:《严庄蒋氏修通陂记》,《蒋氏侍中联修族志》一册,1994年铅印本,第497—498页。
⑤ 刘祥善:《泰和县槎滩陂历史文物考察》,《江西水利志通讯》1989年第2期。石刻现还保存在槎滩陂水利管理委员会。
⑥ 《(泰和)胡氏族谱》第六册,1996年铅印本,第87页。
⑦ 《泰和南冈周氏漆田学士派三次续修谱》第九册,1996年铅印本,第206页。

　　清中期以前,在地方社会对槎滩陂水利事务的管理中,陂长充当了最直接的表演者的角色。因而陂长的身份对研究槎滩陂管理的地方力量的属性具有重要意义。清中叶以后,由于赡陂田产的失去,陂长制也就宣告解体,以后槎滩陂修建大都由受益区民众"按亩派费",经费余额分别存入五姓宗祠管理。由明至清前期这段时期,五姓宗族的陂长人员在各族族谱中均没有详细记载,也不见于其他资料。限于资料的原因,笔者只对万历年间的各姓陂长人员的身份进行了归纳①,见表3-17所示。

表3-17　万历年间各姓陂长人员身份统计表

| 陂　长 | 身份 | 所居村落 | 陂　长 | 身份 | 所居村落 |
|---|---|---|---|---|---|
| 胡朝裦 | 庠生 | 义禾田村 | 萧庭贡 | 乡贡 | 罗步田村 |
| 康　鲁 | 贡生 | 爵誉村 | 蒋天叙 | 庠生 | 严庄村 |
| 周梦萱 | 廪生 | 高冈村 | 李梦桂 | 廪生 | 南冈村 |
| 周曰阶 | 庠生 | 螺江村 | 胡舜恺 | 贡生 | 义禾田村 |
| 胡以敬 | 监生 | 义禾田村 | | | |

　　上述三表列明了不同时期对槎滩陂管理的地方力量的身份。从三个表中我们可以看出,无论是陂长和捐资人员,还是在水利纠纷中进行协调和诉讼的人员,他们大多是具有一定功名的士绅以及在乡村社会中拥有一定威望的耆老人员。这是由士绅的性质和特征所决定的。相对于一般百姓,士绅大多有知识、有关系、有经济实力,他们或曾担任过官职,具有一定的经济地位,或者是商人和地主,拥有较雄厚的财力。士绅既是地方利益的代表,又为国家所控制,成为政府和一般民众之间的中介人和地方公共事务的主持人,他们与官府有着特殊关系和广泛联系。通过士绅在乡村社会生活各方面的重大影响力及其在乡村事务中的仲裁权等,地方统治者与封建政权相互支持,相互补充,地方官府对士绅发挥的社会功能进行了默认和利用,而这又扩大了乡绅在地方中的影响。通过上述分析,可以发现槎滩陂水利事务建立的是绅权管理的模式。郝秉健指出,绅权的

————————

① 《泰和南冈周氏漆田学士派三次续修谱》第十册《杂录》,1996年铅印本,第361—362页。

建立标志着专制主义中央集权体制进一步强化,同时也在官民之间建立了一个"缓冲"①。笔者认为,槎滩陂水利绅权管理形式是国家、士绅、民众三者之间的调适,反映出国家政权与乡村社会的复杂的互动关系。

总之,在明清时期,槎滩陂流域地方社会产生了一系列的矛盾和冲突,纠纷的解决是地方社会力量既联合又冲突,相互妥协和矛盾的过程,在外来力量——国家的干预下,槎滩陂流域区形成了一个超越村落和宗族范围的地域更广的"水利社区"。它给我们生动地展现了一幅地域社会的社区生活和权力结构的变迁画面。

梁洪生教授认为,在社会的背后,存在着一个无时不在、无处不有的"国家",任何地域、城镇或乡村社会生活的变化,常常是与更大范围的经济和社会变动联系在一起的。② 张宏明教授也认为,没有纯粹的社区,国家深隐其中。③ 槎滩陂水利社会乡绅管理的背后,隐含着国家权力的控制。国家在通过乡绅集团达到对地方社会进行管理的同时,客观上却对槎滩陂水利社区的形成和强化起了催化和稳定的作用,尽管其主观目的是为了维护地方社会的稳定。一句话,国家力量促进了槎滩陂水利社区的发展。

---

① 郝秉建:《试论绅权》,《清史研究》1997 年第 2 期。
② 梁洪生:《传统商镇主神崇拜的嬗变及其意义转换》,《民间信仰与社会空间》,郑振满、陈春声主编,福建人民出版社 2003 年,第 262 页。
③ 张宏明:《村庙祭典与家族竞争》,《民间信仰与社会空间》,郑振满、陈春声主编,福建人民出版社 2003 年,第 334 页。

# 第四章　传统与变迁:民国槎滩陂流域社会

进入民国以后,国家权力加强了对地方社会的干预,且进行了近代化管理转型的尝试。在此背景下,槎滩陂水利组织和管理出现变化,由"民修"制演变为"官民合修"制,且传统的"五姓宗族合修联管"形式也有所改变,更多的族群人员参与其中,其地方公共事务的性质得到进一步延伸和拓展。这种演变不仅折射出本区域地方社会秩序和结构的变迁,也是近代特殊环境下国家和地方之间关系转型的反映。

## 第一节　农业生产与地方社会的延续及演变

近代以来,中国传统社会面临"千年未有之大变局"。这一时期,中国处于内忧外患、社会动荡的复杂局势之中,一方面,西方列强进行了源源不断的军事入侵和经济掠夺,使得中国日益成为它们的原料掠夺地和产品倾销地,掠走了广大财富;另一方面,国家的政治体制与意识形态发生了急剧的变革,内乱不断,社会生产遭受严重破坏,经济日益凋敝,广大农民生活逐趋困苦。

### 一、农业改良的努力与农耕经济的衰败

在此背景下,"以农为主"的江西社会经济深受影响。一方面,在政府的推动下,农业生产技术逐渐改良,农业生产意识和观念逐步改变,尽管效果不甚明显;另一方面,则是农村经济逐渐凋敝,农业发展开始滞缓,失去了在全国农业经

济中举足轻重的地位,体现出特殊的时代性。

清末以来,江西地区由于其在全国所处的自然地理位置影响,不仅曾作为战争的主要场所之一,而且也是国外掠夺原料的重要基地之一,加上自然灾害的频繁发生,以及民众长期以"务农业儒"为指导的生活模式,由此造成社会经济的极大破坏。到民国年间,"江西在外之商人,几全归破产",省内实业"因受北洋军阀苛捐杂税之敲剥朘削,重以近年之匪患连年,其所仅存而未至澌灭者,盖亦为数无几"①,传统经济处于日益严重的困境和危机中。

(一) 近代以来农业生产改良的努力

近代以来,在西方先进农业生产技术和观念的引领下,清政府开始了近代农业建设的尝试,颁布实施了一系列政策和措施,农业管理模式开始走向近代化。

在清政府政策指导下,光绪二十八年(1902年),江西巡抚李兴锐奏设成立了农政专门行政机构——农工商务总局,并通饬全省各府州县设立分局;第二年秋,护理巡抚柯逢时将之改为农工商务所,并成立农务公所。光绪三十年(1904年),设立农工商矿总局,农务公所迁入其中。光绪三十二年(1906年),农工商矿总局设立了农务总局,作为农务管理机构,通饬各县清查荒田、勘查水利、划定经界、清理赋税,并在各县设立分局和劝业道。②

此外,光绪三十年(1904年),江西省抚署在南昌设立了农业试验场,在南昌进贤门外租民地140亩,进行农业改良运动。其后推广到各府州县,如泰和县在光绪三十三年(1907年)三月,生员郑冠群集资在郑姓村开办农学试验场,"距城二十里,栽种树木杂粮"③。光绪三十三年(1907年),江西农工商矿总局在试验场内创办"江西农业研究会",次年(1908年)改称江西农务总会,并联合各府、州、县等热心农业的官绅民人组织成立分会。

光绪三十一年(1905年)七月,江西农工商矿总局和学务处协商,决定在农

① 国民党江西省政府经济委员会编:《江西经济问题·江西之产业》,台湾学生书局1971年影印本,第6页。
② 傅春官:《江西农工商矿纪略》,清光绪三十四年石印本,江西省图书馆藏。
③ 傅春官:《江西农工商矿纪略·泰和县·农务》。

事试验场内筹设江西实业学堂，由傅春官担任总办。光绪三十三年（1907 年），改称江西高等农业学堂，有学生 120 人，属专科性质。宣统元年（1909 年），添办中等科，第二年迁移至庐山白鹿洞书院，改为江西高等农林学堂。

另外，光绪三十三年（1907 年）四月，农工商矿总局在南昌正式编辑出版《江西农报》①，主要刊登农业科研结果及农业科普知识，发表农业问答、农业调查、农业公牍报告等，如"赣省农业之将来""泰和县农业调查录"等；同时，还翻译欧美等西方各国出版的新农书和农报，传播西方农业信息，介绍西方农作物种植技术及优良品种，一定程度上促进了江西农业知识和教育的发展。

清末江西各地乡村的农业施肥技术较之前也有了一定的改进，能够针对不同的土质、作物品种及其生长周期等施用不同的肥料。民国初期，施肥技术得到了进一步的发展，农业化肥开始施用。在许多经济作物区，种植技术集约化，精耕细作的程度也有所提高，大致包括了治土、育秧、移栽、压枝、除草、收获等十余道工序，作物套种制和二季稻耕作制度也得到了进一步的推广。

进入民国以后，特别是南京国民政府成立后，各级政府也进行了农业生产改良运动的努力。1926 年北伐军入赣光复江西后，即设立管理农林行政及技术事务的农务处，次年改组为农林局，是年秋旋遭裁撤，其行政事务由建设厅负责，并设立南昌、吉安、湖口三个农业试验场，分掌全省稻作、棉作、园艺、特用作物各项试验推广事宜。

1934 年 3 月，全国第一个省级农业科研机构——江西农业院成立，统一负责江西全省的农业科研、教育和农技推广工作。其隶属于江西省政府，最初在南昌农事试验总场内办公，后来设在南昌县莲塘伍农岗。全面抗战爆发后，随着南昌沦陷，1938 年江西农业院南迁吉安，次年又迁至泰和，1943 年日军侵占吉安、泰和时，又搬迁到宁都。1945 年抗战胜利后，江西农业院迁回南昌莲塘，1948 年更名为江西省农事试验总场，隶属于江西省建设厅。②

江西农业院成立后，为改变技术落后、工具简陋和生产减产的状况，开展了进一步改良农业的尝试，实施了一系列农业研究、试验、推广和教育的措施，"或

---

① 傅春官：《江西农工商矿纪略·南昌府·农务》。

② 江西省农业科学院编印：《江西省农业科学院沿革概况》，1979 年编印本，第 1—2 页。

变更陈法,或创立新规,以期农业之发展"①。农业院人员多来自美、德、英、法、日等留学归来人员及省内学有所长的学者,技术力量雄厚,对粮食和经济作物、蔬菜瓜果、家禽家畜等进行了一系列实验和改良,取得了一定的成就。

农业院成立后,开始大规模地进行稻作育种。先后育成如赣早籼号(即南特号)、鄱阳早、细粒谷、赣农5636、赣农3425、赣农976、长粒籼、黄禾子、油粘子等性状优良且获得生产实效的品种。其中的南特号,除产量高、米质好外,还具有耐肥不易倒伏、耐涝又能抗旱、对病虫害有较强抵抗力的优点,特别是由于它感光性、感温性弱,对光照长短及温度高低的要求不高,因而适应区域非常广,自1938年开始推广,1940年开始在江西20县大面积推广,到1941年推广面积已达12万余亩;1943年推广区域遍及赣、闽、粤、湘、川5省85县,推广面积约100万亩;1947年江西省推广面积230万亩,福建省30多万亩,湖南省10万亩以上;每亩平均产量600余斤,比当地种增收50斤以上,是1949年前"全国分布最广而成效最著的改良稻种"②。另外,农业院还不断引进良种,举行区域试验,选出适于本省风土的优良品种,如沈阳籼、中大帽子头、白谷糯16号、胜利粕、浙场8号、浙场9号等。品种检定方面,历年在南昌、新建、九江、鄱阳、上饶、临川、萍乡、万载、广昌、赣县、吉安、泰和等42县,举办农家种检定,计每县平均圈选优良品种7—8种,以做过渡时期推广之用。③

1937年,由于赣北地区被日寇占领,江西农业院迁往赣中的泰和地区,水稻育种人才分驻赣中南地区,大批育种材料亦带入上述地区,使赣中南地区稻作事业得到显著改进。

总之,清末民初以来,江西农政机构和农事试验场的设立及农业教育体制的创建,在一定程度上促进了江西农业发展的近代化转变,推动了本地区农业的改良,主要表现为农作物品种的改良、农业技术的提高、化学肥料应用的推广、农业结构的改变等方面。但必须看到,由于受到当时工业水平低、财政拮据、农民文化程度低下、水旱灾害发生频繁、战乱不断等因素的影响,这种改良的实际效果大打折扣。

---

① 转引自张宏卿:《民国江西农业院研究》,江西师范大学历史系硕士学位论文,2004年,第24页。
②③ 夏如兵:《中国近代水稻育种科技发展研究》,南京农业大学博士学位论文,2009年,第43页。

（二）近代以来江西农村经济的凋敝

由于近代政局动荡、苛捐杂税盘剥、水旱灾害发生频繁以及资本主义世界经济危机冲击等因素影响，不仅使得农业改良实效并不明显，而且造成广大农村经济凋敝，民众生活困苦。

近代以来特别是民国以后，江西农村的苛捐杂税十分繁重，远远超过了农民的负担能力，造成广大农村经济衰落。1933 年，国民党江西省政府经济委员会通过对全省 33 县的调查发现，当时各地存在的田赋附加税名目竟达 90 多种，大致有教育、自治、建设、自卫、筑路等类型，每一类型之下的附加税又分多种，且名称不一，令人触目惊心，具体记载如下：

> 以上仅就所调查之三十三县，加以统计，而田赋附加税之名目，即有九十余种之不同。同为附税，有名之曰捐，有名之曰费，有名之曰银，有名之曰附税。同一用途，而复各异其名，于教育，则有教育附税、教育经费、教育捐、教育经费、丁米教育附税、教育费、民义教育捐、串票带征教育费等名目；于自治，则有自治附税、丁米自治附税、米折自治附税、自治捐、自治费、地丁自治附税、自治经费、一五自治附税等名目；于建设，有建设附税、建设捐、建设费等名目；于自卫，有丁米保卫团附税、保卫团捐、警察附税、保卫团附税、保卫团费、保卫团清剿费、临时剿匪捐防务附捐、保长办公室附捐等名目；于筑路，有筑路款项、桥梁附税、筑路附捐、筑路捐、十成筑路附税、筑路费等名目。有数税合征立为一目者，如财政建银丁米教建附税、教建公益附税、教育建设附税、自治卫生附税、一五教建附税、教建漕米等名目。又有不标用途、只名附税者，如地丁附税、一层地丁附税、米折附税、一层米折附税、丁米项下附税、附税、地丁附税、丁漕附税、三元附税、漕米附税、丁米附税、三角地丁附税、一五地丁附税、地方附税、米折附税、地方一五附税等名目。更有巧立名目，以增加负担者，如公益附税、绅富捐、清查地亩捐、田亩捐、串票捐、特捐、地丁项下特别附税、米折项下特别附税等名目。一县少者三四种，多者至十余种，除教育、建设、财政、自治各附税曾由省政府通令征收，名称、税率比较划一外，余者均各县自为政，因地方财政之盈绌，经费需要之缓急，

随时征收,岁无定额,故各县间有时所征之税目相同,而税率互异者,且有在同一县内,同一用途,以同一标准,而同时征收二次者;即经省政府制定用途之附税,而私行挪移借用或增高税率者,所在多有。其苛扰繁杂,可谓尽租税之奇观者矣。各县田赋附加税名止之繁多,既如上述,而各县所征额量之巨,尤足骇人听闻。①

根据上述记载,除了全省统一征收的附加税外,各县还会另加杂税,少的县有三四种,多的县竟达十余种之多,且征收带有随意性、非额定性,甚至重复征收,另外对省政府的派定征收项目也挪用和增高税率,地方的田亩附加税额数量巨大,达到了"骇人听闻"的地步。

国民党江西省经济委员会在调查中,面对如此繁杂沉重的捐税,也感到有失妥当,认为其严重偏离了课税原则,而各县之间的私征和加征,对广大民众而言无非是"竭泽而渔之策",其结果必然加重民众的负担,导致广大乡村社会的崩溃。正如其在《剿匪期中江西各县地方之苛捐杂税》中的记载:

总观以上置捐税,其税目之繁杂,征收方法之不当,税率之奇苛,负担之偏枯,混乱棼淆,衡之以课税原则之平信便核之旨,相去之远,迨不可以道里计。至于擅征私敛,违背法令,又其余事,谓之苛杂,宁为过词。惟厥原因,皆源于过去官僚政治之因循蹈故,于征税既未能切实征核,于有丰厚收入有系统之新税,又未能因时创设,遂致支出日增而收入日萎,朝增一捐,夕加一税,浸假而造成各地方之自由征派,结果则重复累叠,多为竭泽而渔之策。课于人丁户口者,直接加重农村之负担;课之于消费品者,亦复转嫁于一般农民;课之于土货出境者,妨碍农家副业之发达;课之于米谷者,遏其自由之流通,酿成丰年为灾之现象。其结果则举凡地方之苛捐杂税,无非加重农村之负担,速其崩溃而已。②

---

① 国民党江西省政府经济委员会编:《江西经济问题·江西之田赋附加税》,第382—383页。
② 江西省政府经济委员会编:《江西经济问题·剿匪期中江西各县地方之苛捐杂税》,第430—431页。

其次,近代以来江西水旱等自然灾害的频繁发生,也直接给广大民众造成财产和生命的损失,加剧了乡村社会的衰败。据统计,1847—1948 年的 102 年间,有记录的水旱灾害共计 136 次,发生频率平均为每年 1.35 次,其中水灾 85 次,旱灾 51 次。① 连年的灾害,意味着被灾害破坏的农具、农田等一时难以恢复,生产难以为继。严重的自然灾害给农村经济带来了毁灭性的打击。如 1931 年大水,江西受灾 37 县,受灾 202 万人,被淹农田 940 万亩,死亡 7227 人,经济损失8500 万元。② 自然灾害的不断发生,不仅陷农民于饥馑,摧毁农业生产力,使耕地面积缩小,荒地增加,而且使耕畜死亡,农具散佚,造成农民因灾后缺乏耕畜、种子、农具等生产资料,以致农业生产完全停滞。

再次,频繁的战争是影响近代江西社会最重要的因素。近代以来,江西战乱频繁,太平军与湘军反复交战十余年,江西成为主要战场之一。在这场战争中崛起的湘军"战功未必在疆场",但"实实受害惟南昌",他们所到之处"抢夺民物持刀枪",江西百姓蒙受"杀劫之惨如亡羊"。③

民初以来,国内局势进一步动荡,新旧封建军阀间连续不断的混战,使江西屡遭战乱兵燹之苦。特别是"十年内战"时期,江西成为国共两党"围剿"与"反围剿"的主战场。战争使得各地农村大量农民死亡或外出当兵,农村劳动力急剧减少,造成大片田园荒芜,极大地破坏了社会生产力。根据史料记载,经过战争的摧残,江西人口从 1916 年的 2509 万人下降到 1935 年的 1569 万人,锐减近千万人口。全面抗战期间,江西地区成为抗日前线,日本侵略者侵占了赣中北众多地区,日军所到之处烧杀抢掠,江西社会经济更是遭受毁灭性破坏。据统计,战前江西全省人口为 1569 万人,到 1945 年抗战胜利前夕只有 1347 万人,8 年间全省人口减少了 220 多万人,省会南昌在沦陷敌手后全城人口由 26 万人减至6.7 万人。全面抗战期间,江西的财产损失(以战前物价计算)达 11.5 亿元,是江西省政府战前年收入的 42 倍。④

---

① 戴天放:《鄱阳湖流域农业环境变迁与生态农业研究》,福建师范大学中国近现代史博士学位论文,2010 年,第 126—127 页。

② 李文海:《中国近代十大灾荒》,上海人民出版社 1994 年,第 230—231 页。

③ 杜德凤:《太平军在江西史料》,江西人民出版社 1986 年,第 480 页。

④ 陈荣华等著:《江西经济史》,江西人民出版社 2004 年,第 677—678 页。

另外,1929—1933 年爆发的世界资本主义经济危机,使得大量的外国农产品倾销到中国市场,进一步导致江西农业经济的衰退。1932 年,江西农业尚称丰收,辛劳终年之农民,满希望米谷出口,换取现金,生活上可以稍为宽裕。然而由于"洋米倾销"长江下游一带,赣米"固无下引之希望,而汉口有湘米灌注,且受洋米、洋麦影响,赣米亦无法插足。省内各地除南昌、九江,可以销纳少数米谷外,均苦于出路穷绝。当时各地谷价,每担约在二元上下,交通不便之处,且在二元以下。值谷价惨跌之秋,农民因偿还耕牛、种子、典质、贩贷各种积欠,及田赋、捐税交相煎迫之故,虽吃亏不得不贱价出售,放下禾嫌没饭吃,成为农村之普遍现象"①。

在上述多方面因素的共同作用下,清末民初以来江西农村经济迅速走向崩溃。据载,至 20 世纪 30 年代,江西各地农村的耕植工具主要是犁、钉耙、耙、禾耙、锹、大锄、小锄等,打谷穗工具主要是石滚、打落床、禾解、连枷等,灌溉工具是手车、牛车、脚车等②,和传统时期的农具基本一致,且较为缺乏,反映出当时江西农业生产力水平的不足,以及国家农业生产改良成效的微乎其微。当时农村经济破产,天灾人祸战乱不断,造成农民生活状况日益恶化,越来越多的家庭"不但深感日不敷出,且渐有冻馁之虞"③。据时人的相关调查,20 世纪 30 年代初,江西平均每位农民的年均收入是 36.5 元,支出是 48 元,农民辛劳一年之后,还要亏损 11.5 元。当时,江西农民"最低之生活费都不能保障,不要说婚丧嫁娶,天灾人祸,就是正常年份,亦势非求之负债,不足以苟延残喘"④。

上述情形不仅是槎滩陂流域区社会生产所面临的宏观环境,也是流域区农业生产和民众生活的缩影和反映。频繁的灾害冲击了槎滩陂水利系统,而民众

---

① 马乘风:《最近中国农村经济诸实相之暴露》,《中国经济》1933 年第 1 卷第 1 期。
② 章有义编:《中国近代农业史资料》第三辑(1927—1937),严中平等编:《中国近代经济史参考资料丛刊》第三种,科学出版社 2016 年,第 858 页。
③ 章有义编:《中国近代农业史资料》第三辑(1927—1937),严中平等编:《中国近代经济史参考资料丛刊》第三种,第 31 页。
④ 孙兆乾:《江西农业金融与地权异动之关系》,萧铮主编:《民国二十年代中国大陆土地问题资料》,第 86 辑,台湾成文出版有限公司 1977 年,第 209 页。转引自万振凡:《弹性结构与传统乡村社会变迁——以 1927—1937 年江西农村革命与改良冲击为例》,经济日报出版社 2008 年,第 247 页。

生活困苦又使得其对水利维修参与强度的削弱,近代化政权建设的努力则强化了国家的参与力度,对槎滩陂水利运营管理产生重要影响。

## 二、地方宗族的繁衍与地方社会的延续

清末民初以后,槎滩陂流域水利社区得到延续和发展,尽管在其过程之中,许多宗族和村落发生此消彼长的变化,甚至出现一些村落消失和宗族衰败的情况,但是总的来说,本区域的族群和村落已大致成型,数量保持基本稳定。相对于宋明以来村落数量大增的情形,此时本区域仅新增村落五个(其中一个位于流域区内),且其中的三个村落是由本地村落的繁衍徙居而成,其余两个村落则为外地族群迁入徙居,仅是新增了俞氏、邱氏两个姓氏宗族,具体如表4-1和4-2所示。在长期的农业生产和生活过程中,流域区地方社会已成为一个整体。

表4-1 历史时期泰和螺溪、禾市两镇村落繁衍情况表

| 时　代 | 流域区村落数(个) | 非流域区村落数(个) |
|---|---|---|
| 宋以前 | 9 | 7 |
| 两宋时期 | 41 | 49 |
| 元代 | 17 | 13 |
| 明代 | 94 | 58 |
| 清代 | 32 | 54 |
| 民国 | 1 | 9 |
| 1949 年后 | 0 | 4 |
| 不详 | 9 | 4 |
| 合计 | 203 | 198 |

表4-2　民国以来泰和县禾市镇、螺溪镇开基村落情况表①

| 行政区划 | 灌溉范畴 | 繁衍村落 | 建村年代 | 村落族群 | 迁出地村落 |
|---|---|---|---|---|---|
| 螺溪镇 | 流域区<br>(1个) | 双房口村 | 民国初 | 萧氏 | 禾市镇水门村 |
| | 非流域区<br>(3个) | 大禾垄村 | 1947年 | 李氏 | 广东普宁县德安里 |
| | | 独屋下村 | 1939年 | 俞氏 | 螺溪镇太平岭村 |
| | | 屋背村 | 1956年 | 谢氏 | 螺溪镇北坑村 |
| 禾市镇 | 非流域区<br>(6个) | 大岭下村 | 1930年 | 萧氏 | 禾市镇珠坑村 |
| | | 谢家村 | 1945年 | 谢氏 | 赣县 |
| | | 六斤村 | 1954年 | 熊氏 | 禾市镇熊瓦村 |
| | | 石背村 | 1976年 | 周氏 | 南康县 |
| | | 坰上村 | 1958年 | 张氏 | 磨刀石村(已废,不详) |
| | | 洲上村 | 1972年 | 邱氏 | 南康县龙岭秀峰村 |

　　另一方面,流域区域内原有的族群结构继续延伸和拓展,明清时期"房中有房,支中有支"的房派世系和村落结构进一步成熟和深化。一些族群如康、周、蒋等繁衍了数十世,宗族房派衍化较多,如1921年的爵誉村康氏族群所修的族谱中记载了当时参与修谱并领取谱牒的各房支派情况,具体如下所示,从中可见该族群房派繁衍情况:

　　　　聿字号孝德堂,万字号怀德堂,守字号种德堂,穆字号成德堂,馨字号修德堂,孝字号敦礼堂,裳字号成德堂,乐字号任仁堂,祥字号抑庵堂,桂字号孝友堂,含字号梅竹堂,发字号养晦堂,道字号隆恩堂,昌字号崇庆堂,华字号明净堂,文字号养晦堂,德字号吉水县岭下村,友字号六吉堂,秀字号任仁堂祖栋众,礼字号敦礼堂青玉,香字号广东英德县樟滩乡,最字号广东英德县龙车洞,傅字号崇义县过车新田陂,为字号崇义县过车新田陂,璋字号上犹县水南坝,俎字号上犹县童子里,代字号四川叙永县房。②

---

① 江西省泰和县人民政府地名办公室编印:《江西省泰和县地名志》,第40—70页。
② 《西昌康氏右派族谱》卷一《领诸字号》,1921年铅印本,第33页。

此时,经过长时期的繁衍发展,自五代以来从不同地域迁居本区域的各姓氏开基祖村落,大都繁衍了支房村落。在各自繁衍的基础上,不同的族群繁衍程度不一,如蒋、周、胡、李、萧、刘、张等族群,在本地区的繁衍村落达到数十个不等,成为当地的著姓族群;而如段、孙、詹、杜、丁、朱、欧阳、俞、谭、潘、赵、邓、高、唐、蔡、尹、易、温、雷、毛、邱、赖、龚、严、贺等 25 个族群在本地区繁衍的村落数则仅为一或二个不等,且其中欧阳、俞、谭、赵、易、温、雷、毛、邱、赖、龚等 11 个姓氏族群位于流域区外,位于槎滩陂流域区的姓氏族群为 40 个。

表 4－3　泰和县禾市镇、螺溪镇姓氏繁衍村落情况表①

| 族群姓氏 | 位于流域区内村落数 | | | | 位于非流域区内村落数 | | | | 村落总数 |
|---|---|---|---|---|---|---|---|---|---|
| | 明以前 | 明清 | 民国 | 不详 | 明以前 | 明清 | 民国 | 不详 | |
| 李氏 | 6 | 5 | | | 5 | 7 | 1 | | 24 |
| 萧氏 | 8 | 14 | 1 | 3 | 17 | 19 | 1 | | 63 |
| 刘氏 | 6 | 5 | | 1 | 10 | 15 | 1 | | 38 |
| 张氏 | 10 | 3 | | 1 | 1 | 2 | 1 | | 18 |
| 周氏 | 6 | 19 | | | 1 | 4 | 1 | | 31 |
| 胡氏 | 8 | 21 | | | 6 | 9 | | | 44 |
| 蒋氏 | 3 | 12 | | | 2 | 4 | | | 21 |
| 谢氏 | 2 | 2 | | | 5 | | 2 | | 11 |
| 康氏 | 2 | 6 | | | 2 | 1 | | 1 | 12 |
| 罗氏 | 3 | 2 | | | 2 | 3 | | | 10 |
| 陈氏 | 2 | 2 | | | 3 | 5 | | | 12 |
| 王氏 | | 3 | | | 1 | 6 | | | 10 |
| 郭氏 | 1 | 5 | | 1 | | 1 | | | 8 |
| 彭氏 | 2 | 1 | | | 1 | 3 | | | 7 |
| 曾氏 | 2 | 4 | | | | 3 | | | 9 |
| 阙氏 | | 2 | | | 1 | 2 | | | 5 |

① 江西省泰和县人民政府地名办公室编印:《江西省泰和县地名志》,第 40—70 页。

（续表一）

| 族群姓氏 | 位于流域区内村落数 | | | | 位于非流域区内村落数 | | | | 村落总数 |
|---|---|---|---|---|---|---|---|---|---|
| | 明以前 | 明清 | 民国 | 不详 | 明以前 | 明清 | 民国 | 不详 | |
| 吴氏 | | 2 | | | | 1 | | | 3 |
| 黄氏 | 2 | 3 | | | | 1 | | | 6 |
| 戴氏 | | 4 | | | 2 | 1 | | | 7 |
| 乐氏 | 1 | 3 | | | | 1 | | | 5 |
| 熊氏 | 1 | | 1 | | | 1 | | | 3 |
| 杨氏 | 1 | 1 | | | | 3 | 1 | | 6 |
| 钟氏 | | 2 | | | 1 | 2 | | | 5 |
| 龙氏 | 1 | 1 | | | | 2 | | | 4 |
| 袁氏 | 1 | | | | 1 | 1 | | | 3 |
| 梁氏 | 1 | | | | | 2 | | | 3 |
| 杜氏 | | 1 | | | | | | | 1 |
| 朱氏 | 1 | | | | | | | | 1 |
| 丁氏 | 1 | | | | | | | | 1 |
| 严氏 | | 1 | | | | | | | 1 |
| 贺氏 | | 1 | | | | | | | 1 |
| 詹氏 | 1 | | | | 1 | | | | 2 |
| 孙氏 | | 1 | | | | 1 | | | 2 |
| 段氏 | 1 | 1 | | | | | | | 2 |
| 潘氏 | | 1 | | | | | | | 1 |
| 尹氏 | 1 | | | | | 1 | | | 2 |
| 蔡氏 | | 1 | | | | | | | 1 |
| 邓氏 | 1 | 1 | | | | | | | 2 |
| 高氏 | | 1 | | | 1 | | | | 2 |
| 唐氏 | 1 | | | | | | | | 1 |
| 欧阳氏 | | | | | 1 | | | 1 | 2 |
| 俞氏 | | | | | | | 1 | | 1 |

（续表二）

| 族群姓氏 | 位于流域区内村落数 | | | | 位于非流域区内村落数 | | | | 村落总数 |
|---|---|---|---|---|---|---|---|---|---|
| | 明以前 | 明清 | 民国 | 不详 | 明以前 | 明清 | 民国 | 不详 | |
| 易氏 | | | | | | 1 | | | 1 |
| 温氏 | | | | | | 1 | | | 1 |
| 雷氏 | | | | | | 2 | | | 2 |
| 毛氏 | | | | | | 1 | | | 1 |
| 邱氏 | | | | | | | 1 | | 1 |
| 赖氏 | | | | | | 1 | | | 1 |
| 龚氏 | | | | | | 2 | | | 2 |
| 赵氏 | | | | | | 1 | | | 1 |
| 谭氏 | | | | | 1 | 1 | | | 2 |
| 合计 | 76 | 131 | 2 | 6 | 65 | 111 | 9 | 3 | 403 |

在流域区的众多族群中，经过长期的繁衍发展，如周、蒋、胡、李、萧等一些族群不仅繁衍了众多村落，而且涌现了众多的名人士绅，成为当地极具影响力的世家大族。如严庄蒋氏，1912年邑人夏章的《沙湖沧州蒋氏族谱序》、1919年邑人张箸的《严庄蒋氏谱序》中曾分别写道：

> 我邑蒋卜筑于斯（沧州），称西昌巨族，吾思蒋氏为后唐僖宗侍中绍录公裔，世居杜陵，因避乱来家于此。其后子嗣繁衍，椒粲瓜绵，不可胜纪。故蒋氏之居梅溪者，即奉绍录公为基祖，阅宋、元、明、清，代代相承，无或散处。当是时，或以德业著，或以功勋显，或以文章词藻炫耀一时者，代不乏人。①
>
> 蒋氏一世祖绍录公尤长沙徙吾邑梅溪，至十七世祖竹庄公由梅溪徙严庄，支派蕃衍，名贤辈出，勿论其他，即余案头之尚约文钞十二卷，而卷四有《蒋处士诗集序》，为吾望公而作；卷七有《题蒋氏族谱后》，为恢重公而作。举一集以见例，窃叹蒋氏之盛。②

---

① 夏章：《沙湖沧州蒋氏族谱序》，《蒋氏侍中联修族志》，1994年铅印本，第133—134页。
② 张箸：《严庄蒋氏谱序》，《蒋氏族谱·蒋氏文集·序记传铭》，1919年铅印本，第1页。

1920 年,邑人刘源深在为蒋氏族人蒋挹泉写的传记中也说道:"蒋氏,为邑著姓。"①当然,正如前文所述,包括周、蒋、胡等族群在内,流域区内的众多族群存在着"同姓不同宗"的现象,即开基祖有所不同,具体见前文各姓族群繁衍结构表所示。

明清以降,特别是清代以来,由于槎滩陂的赡陂田产不复存在,其维修经费主要来自"按亩派费",在此过程中,流域社会产生了一系列的矛盾和冲突。纠纷的解决过程是槎滩陂水利成为地方公共事务的过程,但是却又促成了槎滩陂水利社区的形成和发展。与此伴随的是,在地方民众心里,这种超越血缘和地缘关系的社区的观念得到深化。当然,客观上官方的判决在其中起了催化剂的作用。

民国年间,槎滩陂共经历了两次维修,分别是民国四年(1915 年)和民国二十七年(1938 年),其中前一次维修经费主要来源于受益区民众的"按亩派费",后一次维修经费主要来源于政府和民众的捐资,具体内容见下节。可以说,这既是槎滩陂水利社区形成的表现,反过来又进一步强化了这一水利社区的发展。另外,在漫长的演变过程中,泰和县共形成三大方言区域,其中属于槎滩陂流域区内的禾市镇、螺溪镇及石山乡地区的民众同讲一种方言。笔者认为,这种语言上的一致性正是槎滩陂水利社区形成的重要反映。

纵观槎滩陂流域区各宗族的发展轨迹,笔者发现,在槎滩陂创建前,当地民众主要是沿牛吼江而居,如禾市、严庄、南冈、王家坊、三派、三都等村落,都位于牛吼江及其支流的两岸。其中三都、禾市在明清时期一直是信实、高行两乡的主要墟市,是两乡政治、经济、文化发展的中心地,一直延续至今。② 严庄村(今螺溪镇老居村)为蒋氏宗族最早的居住地,而南冈村(今南冈口)则为周、李、胡三姓宗族在泰和的最早居住地,在明清时期,这里也是一个著名的墟市。随着地区的开发,宗族人口也在不断增加,许多宗族如五姓宗族中的一些成员不断迁居他处,繁衍成新的村落。在此过程中,我们发现,总的来说,新的村落总是最先建在水资源丰富的牛吼江及其支流或槎滩渠的两侧,直到达到饱和状况,随后的新村

① 刘源深:《挹泉君家传》,《蒋氏族谱·蒋氏文集·序记传铭》,1919 年铅印本,第 171 页。
② 现禾市村为禾市镇政府所在地,三都村为螺溪镇政府所在地。

落于是又沿着原来的村落向两边延伸发展。

随着村落数的不断增多,新村落的水资源条件越来越差,许多村落已建在山区。依据村落建立的年代,笔者在第二章第一节中分析明以前槎滩陂流域地方宗族的发展状况时,曾将流域内的村落分为始祖村落、总房村落、分房村落和细支房村落四个层次。尽管到民国年间,流域内的宗族结构和村落数量已大大不同于过去,但是从其关系来看,各级村落都是沿着牛吼江水系及槎滩渠水系建立的,村落形成越早的村落越靠近江或渠的两侧。这些村落构成了槎滩陂流域内地方社会的基本族群架构。这既是地区开发的结果,也是流域区地理形势所决定的。

# 第二节　官民合修:近代视阈下的地方公共事务管理

民初以来,包括泰和县在内的整个江西省的省情发生了非常大的变化。一方面,全省连年战争,加上天灾、水患不断,给农业带来极大的损失,全省农村凋敝,民众困苦,包括槎滩陂在内的众多的原有农田水利工事大多荒废;另一方面,进入 20 世纪 30 年代后,国民党江西省政府试图在全省建立一个近代化的社会,为此对包括水利管理在内的各项政府管理模式进行了改革,客观上促进了江西由传统向近代的转型。在这种背景下,槎滩陂的组织形式发生了变化。

## 一、"五姓宗族联管"传统的延续:民初水利管理

清末民初,槎滩陂水利传统的"五姓宗族联合管理"体制得到延续。如前文所述,此时,由于政体变革,且战乱频仍,政府根本无力对包括水利在内的地方公共事务进行有效管理。在此背景下,作为一种民修设施,槎滩陂延续了明清时期形成的"五姓宗族联管"体制。在槎滩陂的日常维修中,大都采用"按亩派费"的形式,以及来自地方乡绅等的捐赠,政府几乎没有进行过资助,正如 1939 年曾任国民党江西水利局局长的燕方畛所说:

泰和槎滩陂,创自南唐,载诸通志,迄今千有余年矣。考其平时,蓄水灌田,数逾万亩,实为全邑水利工程之冠。其间历年兴修,或由善士慨捐,或由田亩摊募,从未乞助于有司。艰苦自持,千载于兹,具见当地物力之雄,而万民生计之是赖也。[①]

据目前文献记载,槎滩陂曾于1915年进行过重修,但限于资料局限,维修的具体情形已不得而知,仅能了解其中的大致概况。此次重修,延续了过去由受益区民众"按亩派费"及地方人员捐资相结合的形式,当时的乡人张箸曾有所记载,具体如下:

此番之修去最近一次将二十年,洪水为患,败坏已极,需费匪轻。既仿乾隆间故事,斗田派钱四十,仍有待于境内境外诸善士大公无我之心,乃得于大雪后四日兴工,大寒后七日告成。盖即境内诸善士亦属计田派费之外广种阴德,而境外诸善士之广种阴德,天地鬼神将有以报之,更可深信而无疑,记与不记原不足为加损。聊举其中捐数较多之五家,藉以讽世云尔,曰信实周旌孝堂捐钱二百缗……曰信实胡道德堂捐钱二百缗……二家于《求仁志》皆江南第三支食陂之利者也。其次曰千秋李相林堂捐洋银百元,乃不食陂之利者,余闻斯举,窃以不得御李君为憾。又其次曰高行蒋石峰捐钱百缗……曰信实萧君礼棠捐钱百缗,昔年君尝招余至其家畅谈二日,皆有益桑梓事,无一语及尔我之私,二家亦食陂之利,于《求仁志》皆江南第二支也。[②]

从上述记载中不难看出,此次维修经费除了由受益区民众"仿乾隆间故事,斗田派钱四十"进行摊派外,还来源于流域区内外民众的捐资。这种捐资,既包括了个人层面,也包括了以宗族房支为单位的捐资,从中体现出本地区族群观念的深厚和基于这种理念下的具体宗族实践行为。

---

① 周鉴冰:《重修槎滩陂志·民国二十七年重修槎陂志一·记一》,泰和县生计印刷局1939年印刷本,第1页。

② 周鉴冰:《重修槎滩陂志·民国二十七年重修槎陂志一·民国四年重修槎滩碉石二陂记》,第6页。

另外,此时槎滩陂的建设管理仍由周、蒋、胡、李、萧五姓族群共同管理。自明清以来,尽管陂长和赡陂田产不复存在,但槎滩陂水利由五姓宗族共同管理的观念一直得以延续,水利相关事务的组织和维修基本上由五姓宗族出面。1938年,周鉴冰在给南冈村李氏族谱的序言中曾说道:

> 泰和水利莫大于槎陂,清邑侯郭太史曾准记先王父祠,曾郑重言之:陂之历史有五大姓,曰周、曰蒋、曰胡、曰李、曰肖(萧)。①

根据相关资料记载,郭曾准出生于咸丰十年(1860年),逝世于宣统二年(1910年),光绪五年(1879年)中举,十八年(1892年)中进士,历任江西泰和、萍乡、万载、万安、上饶等县知县,去世前正拟赴义宁州就任知府。其为周氏写的《螺江旌孝堂记》,是在光绪二十七年(1901年)。从中可以看出,清末时期,槎滩陂水利"五姓宗族联合管理"制得到延续。而且在1915年的重修中,捐资最多的五家就是周、蒋、胡、李、萧五姓,也从侧面反映了五姓宗族受槎滩陂水利的影响及其在槎滩陂水利管理中的地位。其中,尽管李相林堂地处流域区外,但其是流域区内李氏族群的分支。

## 二、"官民合修":水利组织管理的转型

进入20世纪20年代以后,特别是30年代后,国民党政府进行了相关近代化改革的尝试,加强了它的控制力量,试图在各领域努力建立一套更有组织、更加规范的行政管理制度。在此背景下,从1932年以来,江西地区的"官修"水利呈现出十分活跃的局面,展现了一个特殊时期特定地区的水利管理变化情况。

### (一)国家权力在水利领域的深入和扩张

"十年赣政"期间(1932—1942年)②,国民党江西省政府在财政、地政、军政

---

① 周鉴冰:《南冈李氏谱序》,《(泰和)南冈李氏族谱·谱序》,2006年印刷本,第111页。

② 所谓"赣政十年",是一个特定的时间、空间概念,指国民党江西省政府主席熊式辉1932—1942年在江西主政的十年。该概念取自《赣政十年》一书中胡家风所著《民国30年之十年赣政之回顾与展望》(《赣政十年》,江西省政府编印,1941年12月)的定义。

等诸多领域进行了整顿和改革,践行了一系列崭新的理念和制度。这种有步骤、系统化的各项行政管理,是江西省地方政府通过组织网络构建国家政权与地方社会关系的一次不同寻常的尝试,以达到伸展国家权力,从而在全省建立一个有效的近代化政权建设的目的。① 尽管其最后失败了,但是其间政府在上述领域建立了一套全新的制度,加强了对地方社会控制的力度。

对于1932年熊式辉就任国民党江西省政府主席前江西省的省情,有时人描述为"江西政权是全国各省中最复杂、最崩溃的一省"②。这一时期,江西省战乱、天灾、水患不断,就各级政府而言,地政、财政、军务、税政等方面都已陷于混杂无序的局面,就连熊式辉在就任时也曾明言:"无论哪一件事,都已陷入极困难而无办法的环境中。"③

据时人记载当时的水利建设现状是"洎乎有清末造,政治失修,政府复绝不过问,遇有水旱灾歉,但知报灾请赈,敷衍塞责,窳败之端,实肇于此。鼎革以还,连年兵燹⋯⋯民力益困,原有农田水利工事,任其荒废,已废设备,无力恢复,乃渐沦于完全靠天吃饭之境"④。

基于现实的困境,熊式辉上任后开始对全省各级政府的财政、税政、地政等诸多领域进行了一系列的整顿和改革,实行有别于过去的新式的管理理念和制度,以便更好地伸展国家权力。江西是一个以农业为主的省份,农业生产对各级政府具有重要意义。而水利建设又是农业的命脉,因此,江西省地方政府在对上述各领域改革的同时,水利管理改革也开始展开。通过一系列的改革,政府对水利事业的控制力度得到很大加强。

在中国传统社会,各王朝政府内部都没有建立一个实行水利管理的专业化常设机构,直至民国初期,水利管理一般由基层的州县官员兼管负责或者由地方民众自行组织管理。1928年,省水利局经建设厅长李尚庸提议省政府省务会议

---

① 孙捷:《"赣政十年"期间(1932—1942)的江西地政》,南昌大学历史系硕士学位论文,2004年,第41—42页。

② 孙捷:《"赣政十年"期间(1932—1942)的江西地政》,第14页。

③ 熊式辉:《宣誓就职答辞》(1931年12月28日),《赣政十年》,江西省民生印刷第三厂1941年12月印,第3页。

④ 燕方畎:《十年来之江西水利》,《赣政十年》,江西省民生印刷第三厂1941年12月印,第1页。

予以恢复,此后其一直作为江西省水利管理的专门机构而发挥着作用。[①] 省水利局成立后,在各县兴办各项水利工程,并派员督促各县建设局及乡村机构办理各项灌溉工程,这样,全省形成了一个统一的、有组织的、专业化的水利管理系统。比之于传统社会所推行的水利事业建设,江西省水利局的出现表明了管理机构的常设化,而其组织结构内部的责任、职能和分工状况则表明这是一个近代管理体系,已大大有别于传统社会的了。

在中国传统社会,历来就存在着官修和民修水利工程的局面,但体现出阶段性和区域性发展的特点。"赣政十年"时期,由于自然灾害和当时形势等因素,政府加强了对水利工程建设的组织管理力度,不但大型的、民众难以自行修建的、其兴废足以影响全局的水利工程由政府负责组织管理,具体如赣中北地区的沿江沿湖圩堤、赣南山区的大型水库如南州水库、遂川南澳陂工程和万安渠工程等,而且一些中小型水利工程也开始由政府组织负责。

在此过程中,作为全省水利工程的专门管理机构,省水利局开展了堤坝堵决、残堤修复、修理陂坝、疏浚溪港以及建设新堤等工作,也拟订了兴建"五万水库"计划,分期兴修了各县的一些水库工程。各水利工程的所耗费用,不但来自各级政府的直接拨款,而且还有各银行的贷款。[②] 其历年水利建设及相关经费分别见表4-4和4-5所示。

**表4-4　江西省历年水利工程建设情况表[③]**（单位:长度为公尺,土方为市方）

| 年代项别 | 堤坝堵决 | | 修复旧堤 | | 堤坝大修 | | 新堤 | 护　岸 | |
|---|---|---|---|---|---|---|---|---|---|
| | 决口长度 | 堵筑土方 | 堤线长度 | 修复土方 | 大修长度 | 修筑土方 | 修筑土方 | 长度 | 石方 |
| 1928 | 1650 | 13575 | | | | | 79596 | | |
| 1929 | 1762 | 22703 | 16170 | 10000 | | | 426934 | | |

---

① 吴宗慈总纂:《江西通志稿》第二章,《江西水利局概况》,江西省博物馆1985年影印本,第16册,第1页。

② 见笔者论文《赣政十年(1932—1942)时期江西水利事业述论》,《赣文化研究》2004年第11期。

③ 江西省图书馆地方文献编辑组:《江西省水利事业概况》,《江西近现代地方文献资料汇编》(初编)第十册,1984年翻印,第20页。转引自曾志文:《民国江西农村经济危机与政府应对》,江西师范大学历史系硕士学位论文,2008年,第25页。

（续表）

| 年代项别 | 堤坝堵决 | | 修复旧堤 | | 堤坝大修 | | 新堤 | 护　岸 | |
|---|---|---|---|---|---|---|---|---|---|
| | 决口长度 | 堵筑土方 | 堤线长度 | 修复土方 | 大修长度 | 修筑土方 | 修筑土方 | 长度 | 石方 |
| 1930 | 2244 | 5440 | | | | | 675203 | | |
| 1931 | 1155 | 6940 | | | | | 844994 | | |
| 1932 | 29258 | 163345 | 113036 | 2275947 | | | | | |
| 1933 | 15183 | 48695 | 39458 | 127592 | | | 669455 | 2547 | 2289 |
| 1934 | | | 7260 | 56200 | 628475 | 554476 | 700478 | 2435 | 2260 |
| 1935 | | | | | | | 399817 | 1485 | 1600 |
| 1936 | | | | | | | 2405755 | 22226 | 14377 |
| 1937 | 3749 | 20160 | | | | | 3500531 | 12827 | 16576 |

表4-5　1928—1937年江西省水利局水利经费表[①]　　　（单位:元）

| 年度 | 事业费 | | 经常费 | | 共　　计 | |
|---|---|---|---|---|---|---|
| | 预算数 | 实领数 | 预算数 | 实领数 | 预算数 | 实领数 |
| 1928 | 99550 | 99550 | 41772 | 41772 | 141322 | 141322 |
| 1929 | 48600 | 48600 | 40998 | 40998 | 89598 | 89598 |
| 1930 | 27228 | 27228 | 53118 | 53118 | 80346 | 80346 |
| 1931 | 38056 | 38056 | 40998 | 40998 | 79054 | 79054 |
| 1932 | 9600 | 9600 | 28704 | 28698 | 38304 | 38298 |
| 1933 | 120000 | 119785 | 28704 | 28704 | 148704 | 148489 |
| 1934 | 120000 | 119948 | 28704 | 27736 | 148704 | 148683 |
| 1935 | 184795 | 179548 | 57204 | 56087 | 241999 | 235635 |
| 1936 | 307516 | 247516 | 56256 | 56256 | 363772 | 303772 |
| 1937 | 398756 | 398756 | 56256 | 45005 | 455012 | 443761 |

---

① 国民党江西省政府建设厅编印:《江西省水利事业概况》,1938 年6 月,第31 页。

全面抗战期间，发展农田水利以增加农业生产，整理航道以便于战时运输，成为当时江西国民政府水利事业的两大任务和目标，为此开展了一系列相关工作，正如时人所说：

> 本省战时水利事业，以发展农田水利、增加粮食生产，及整理主要航道、便利战时运输为两大目标，尤以农田水利为两年来施政中心工作。①
>
> 抗战军兴，政府鉴于农田水利直接关系粮食生产，简介影响抗战前途，至深且巨，特列为本省建设中心工作，于是各县积极推行，低洼之区，修筑圩堤涵闸，以防泛滥；高亢之地，建造陂坝水库，以资灌溉。②

1938 年日本侵略者占领南昌等地后，随着国民党江西省政府机构和许多企业南迁至泰和等地，泰和县成为省政府所在地。为更好地满足政府与地方社会之需求，泰和及赣中南部地区的水利建设得到政府的重视，槎滩陂等水利工程在政府的主导下开始重修。这导致槎滩陂水利的供给发生了新的变化，其组织形态和制度安排出现了由简单到复杂的变化趋势。

### （二）"官民合修"：槎滩陂维修形式的变化

在国家权力深入地方社会、政府加强了对水利事业控制的背景下，槎滩陂水利的组织形式发生了一些变化，突出体现在 1938 年的重修中。据载，本次重修于农历九月二十八日开始设立工程处（设立于槎陂村），十一月八日兴工，十二月十五日完工，总计时限为两月有余。③

这次重修，改变了长期以来形成的由地方民众自行组织负责的传统模式，无论是具体组织或费用支出等方面，官方力量都有所涉及，形成"官民合修"的形式。

首先，此次维修不同于传统之处在于由政府批准成立了重修槎滩陂委员会，作为负责工程维修的专门组织管理机构。在本次重修之前，流域区地方民众于当年六月六日召开了各姓族群代表大会，商讨相关维修事宜。在此次会

---

① 胡家凤：《十年赣政之回顾与展望》，《赣政十年》，第 2 页。
② 燕方畋：《十年来之江西水利》，《赣政十年》，第 3 页。
③ 周鉴冰：《重修槎滩陂志·民国二十七年重修槎陂志六·文牍·水利局调查表》，第 19 页。

议中,决定成立重修槎陂委员会,作为专门组织管理机构,设委员十三人,人员不仅包括传统的周、蒋、胡、李、萧五大著姓宗族成员,而且还包括康、梁、乐、龙等姓氏成员。不仅如此,还包括了代表地方政府的"五六两区区长",具体如下:

　　一、组织重修槎陂委员会,设委员十三人,五六两区区长为当然委员;

　　二、委员人选:康席之、郭星煌、蒋竹书、胡明光、李舒南、周鉴冰、乐怀襄、龙实卿、梁锦文、周郁春、萧勉斋,共十一人,加五区长周心远、六区长吴家诚,共十三人。①

从中可以看出,相较于传统时期,本次维修的管理组织已经发生变化,突破了原来的"五姓宗族联合"制,槎滩陂地方公共事务的性质进一步凸显,乡族联合管理的内涵得到进一步延伸。当然,这可以说是特殊时期下为解决维修经费所采取的不得已措施,而"五六两区区长为当然委员"的规定则不仅是这种不得已措施的进一步体现,反映出地方民众希望获得官方力量的支持与认可,以使得相关规定和措施具有合法性,地方官员的加入更有利于维修的顺利实施。

另外,还制定了《重修槎陂委员会简章》,共八条,对委员会成立的目的、设置地点及内部分工设置等内容进行了进一步规定(见本书附录《民国二十七年重修槎陂志》)。六月十日,再次召开会议,对委员会成员进行了明确分工,并规定由任职委员的各大姓宗族先行垫付五元作为运转经费,商议通过了鼓励社会民众捐资的方法,以调动民众的捐助积极性,具体如下:

　　一、公推负责人员周君鉴冰、康君席之、郭君星煌兼任主任委员,周君郁春兼财政股股长,蒋君竹书兼工程股股长,李君舒南兼总务股股长,胡君明光兼工程处委员,周君慧崖、胡君季毓为文牍。(说明:周郁春先生兴工之先病故,公推其家嗣周君万里继任。)

① 周鉴冰:《重修槎滩陂志·民国二十七年重修槎陂志六·议事录·六月六日议决案》,第20页。

二、筹措开办经费由各大姓预借五元。

三、向各方募捐其报酬方法:凡乐输一百元以上者,遇其直系尊亲属或本身及妻室举行寿典,则宜致祝;举行丧礼,则宜致祭,但以一种一度为限。二百元以上者,无论寿典、丧礼,俱宜致敬。每种俱以一度为限。①

此后,为进一步得到地方政府的支持和帮助,由担任重修槎陂委员会委员的十三人集体署名,向泰和县县长鲁绳月呈报此次维修的相关事宜,并请求县政府批准,具体如下:

迩年洪水冲决,以致农村凋敝,经费难筹,荏苒至今,败坏殊甚,倘不急起直追,恐将后悔无及,爰于六月六日由各姓代表会议决议,组织重修槎陂委员会,设委员十三人,除五六两区区长为当然委员外,公推周鉴冰等为委员,筹备一切,理合备文检同委员会简章及委员姓名表,呈请钧府鉴核备案,并恳颁发图记式样,以便刊刻使用,伏乞示遵,谨呈泰和县县长鲁,计呈委员会简章及委员姓名表各一份。具呈人:周心远、胡明光、吴家诚、李胥(舒)南、周鉴冰、萧勉斋、蒋竹书、梁锦文、康席之、龙士卿、郭星煌、乐怀襄、周郁春。②

在收到委员们联合署名关于成立重修槎陂委员会等事项的呈报后,泰和县政府做出了同意的批复,并于七月九日以该县"建字三八九号"的指令形式予以发布,由此确立了该委员会的合法性,并赋予了其在工程维修管理中的权力和权威。其后,委员会制定了一系列决议和方案,并通过呈请县政府批复后对外公布实施。

当选为重修槎陂委员会委员的十三人,除两名区长外,其余十一人也基本上是当地具有一定社会地位和财力的士绅,热心于宗族和地方公益事业,不仅在本族而且在当地都具有很高的名望。如作为主任委员的周鉴冰,曾为"日本中央大学商学士、前大本营度支处参议、江西筹饷局局长,原任永新县县长,调署吉

---

① 周鉴冰:《重修槎滩陂志·民国二十七年重修槎陂志六·议事录·六月十日议决案》,第20页。
② 周鉴冰:《重修槎滩陂志·民国二十七年重修槎陂志五·文牍·呈文(附指令)》,第10页。

安、安福等县县长,继任南城县县长,兼国民会议代表,南城县选举监督"①;另一位主任委员康席之,康氏族谱中记载了其相关生平事迹：

> 康席之,讳祯,号维周,谱名庆珍,清末邑庠生,后考选孝廉方正,钦奖六品官衔,曾任民国江西省第一届省议会议员,泰和学社社长。性好施予,地方义举莫不勇为,建祠兴学、修路筑桥,捐资无算,施棺赐衣,解囊不吝……后弃政从教,在家设经馆,培育青年,学子多有成就,同时研究中医,凡内经、伤寒、金匮等书,无不精研,求诊者踵至……如修槎滩陂、马国渡、建祠崇祀,不辞辛劳,排难解纷,挺身而出,全族应酬,无偿招待……民二十三年……鉴于我族历朝并未合修通谱,特与以德等诸先生提议,将左右两派合修,得父老同意,被推为总纂……②

其次,此次维修采取了政府出资和民众摊派及捐资相结合的形式,形成了官民合修的局面。由于时局维艰,民众生活困苦,导致维修经费难以筹措,为保障工程维修的顺利开展与完成,经重修槎陂委员会的申请,江西省水利局和泰和县政府分别捐助 1000 元和 500 元,共计 1500 元,占总费用的三分之一。这种由政府出资的形式,体现了国家权力对水利建设的直接参与。在当时的严峻形势下,这也反映了官方的重视与参与程度。1937 年日本发动全面侵华战争,至 1938 年,日军攻陷南昌,江西省政府机构和许多企业被迫南迁泰和等地,泰和县于是成为全省重要之地。槎滩陂作为当地最大的水利工程,其兴废在此时更是影响非凡,在这种背景下,槎滩陂水利的组织与维修于是出现了上述一些变化。

根据相关记载,当时原计划对槎滩陂进行整体重修,预算费用为 8000 余元,委员会呈请江西省水利局和泰和县政府分别资助 2000 元和 1000 元,其余部分由地方民众筹措。相关记载如下：

> 近以匪患初平,农村凋敝……以致槎陂久坏未克,随时补修,蹉跎至今。

---

① 周鉴冰:《南冈李氏谱序》,《(泰和)南冈李氏族谱·谱序》,2006 年印刷本,第 112 页。上述文字为周鉴冰在文末落款所题,表明了自己的身份。
② 康来善辑录:《爵誉康氏族谱》,2011 年铅印本,第 108—109 页。

工程愈大,损失愈巨……处此抗战时期,尤感修陂重要,倘不速图,将贻后悔……惟念工大费巨,估计预算需八千余元,孑遗黎民好义有心点金乏术,继思省政府振兴水利不遗余力,补助各种经费成例具在用,特绘具图说,编订预算,恳求转呈省政府体恤民艰,速令水利局派员查勘,准予补助二千元,并求钧长呈准于本县钨税建设费项下补助一千元,其余五千余元,则由委员等自行筹措,一俟款项有着,即行购办材料,以便冬间兴工,众擎易举,大功告成,国计民生实俱利赖之。[①]

说明:按当初计划,原欲根本重修,以期永久,经与县政府主管科长实地测勘,从长商讨,订定预算。洎时局变迁,省府指令久延未下,时间、财力两感困难,复变更计划修理,重要部分原预算书未生效力,故未列载。[②]

但是在实施过程中,由于时局艰难,财力难支,泰和县政府派员实地查勘后,决定改整体重修为部分重修,而江西水利局和泰和县政府的资助金额也有所缩减,分别为1000元和500元,维修工程总费用也仅计3844.93元。

此外,重修槎陂委员会的成员还积极向当地和旅居外地的同乡广为发布《募捐咨》《致旅外同乡催捐函一》和《致旅外同乡催捐函二》等募捐、催捐书,以获得各方力量的支持。各方支付维修经费具体如表4-6及4-7所示:

表4-6 1938年各方出资槎滩陂维修费用表[③] （单位:元）

| 出　资　方 | 出　资　额 |
| --- | --- |
| 受益区(五六区)民众捐资 | 1467 |
| 江西省水利局 | 1000 |
| 泰和县政府 | 500 |
| 非受益区民众捐资 | 1487 |
| 代工金 | 15.3 |
| 合计 | 4469.3 |

---

① 周鉴冰:《重修槎滩陂志·民国二十七年重修槎陂志五·文牍·呈文(附指令)》,第10页。
② 周鉴冰:《重修槎滩陂志·民国二十七年重修槎陂志五·文牍·呈文(附指令)》,第11页。
③ 周鉴冰:《重修槎滩陂志·民国二十七年重修槎陂志五·文牍·水利局调查表》,第18—19页。

表4-7　1938年地方民众捐资明细表① 　　　　　　　　（单位:元）

| 捐资人所属范围 | 捐资人(宗祠、商号) | 每人(店)捐资额 | 合计 |
|---|---|---|---|
| 不食陂水利者 | 杏岭村刘厚生 | 300 | 300 |
| | 朱局长绍基 | 100 | 100 |
| | 商副司令震、彭副军团长进之、刘总司令建绪、陈处长炁先、杨营长献文 | 50 | 250 |
| | 湘商春茂庄、湘商瑞丰祥、庾商胡义和 | 30 | 90 |
| | 李军长觉、陶军长柳、宋军长绳武、傅副军长立平、王师长仙峰、王师长立基、王师长力行、王师长仡、张师长慎之、莫师长与石、汪师长之斌、何师长平、段师长珩、唐师长永良、李师长兆镆、王处长鸿诰、张处长相周、高处长昆麓、吕行长雪年、汉商公记庄、(五区)仙溪周青白厂 | 20 | 420 |
| | 永新县龙吉贵 | 15 | 15 |
| | 陆股长圣俞,王保臣、戴少章,汉商刘承京,汉商萧筱畬,汉商项仁溥,汉商杨丽生,汉商裕和庄,汉商聚安盐号,汉商正裕庄,汉商万钰山,汉商大成庄,汉商瑞安正,湘商鸿记庄,湘商正裕庄,茶陵县康鑫记,永新县汤松茂,五区谢瓦村谢周仁妹,六区治冈村陈焕燕,院头村张荣林堂,汉商陈子显 | 10 | 210 |
| | 苏主任子春,乐主任圣武,张树人,杨永清,汉商艾工溪,汉商戴裕尘,汉商刘霖湘,湘商田湘藩,湘商湘潭轮船,湘商通达公司,湘商祥源庄,庾商萧自昌 | 5 | 60 |
| | 湘商镇泰庄,湘商陈翼德,一区萧象弈,王默庵,钱炳麟,欧阳谦,邵仲世,何利源,吴绍德,赣商立昌号 | 3 | 30 |
| | 赣商戴裕佳,赣商永和顺号,庾商元丰号,庾商益顺福号,庾商阜康号,庾商胡玉澜 | 2 | 12 |
| | 合计 | | 1487 |

---

① 周鉴冰:《重修槎滩陂志·民国二十七年重修槎陂志五·文牍·水利局调查表》,第23—26页。

(续表)

| 捐资人所属范围 | 捐资人(宗祠、商号) | 每人(店)捐资额 | 合计 |
|---|---|---|---|
| 食陂水利者 | 五区大夫第村周笃敬堂、留车田村胡蔚文 | 300 | 600 |
| | 谢瓦村谢应宿 | 160 | 160 |
| | 五区爵誉康步七、螺江周鉴冰 | 100 | 200 |
| | 义禾村胡晓东 | 55 | 55 |
| | 爵誉村康厚予,南冈村李郁周 | 30 | 60 |
| | 富家潭村胡季毓,义禾村胡雨岩,彭瓦村周命三,螺塘村李养吾,六区梅枧村蒋睦修,乐家村乐启周 | 20 | 120 |
| | 田心村蒋欢予,蒋道楼 | 12 | 24 |
| | 五区螺江村周莲青、周慧崖,螺塘村李芷阶、李典五,筠川村李誉朗,圳头村康敬五,义禾村胡淮山,胡养吾,富家潭村胡令德,鼎瓦村张光之,唐瓦村唐世麟,六区上市村蒋显诰,梅枧村蒋德修 | 10 | 130 |
| | 五区高田村胡元吉 | 9 | 9 |
| | 五区爵誉村周聘龙、周宾贤,枧桥村周兴远、周冰玉,龙口村康席之,灌溪村郭星煌,南冈村李舒南,义禾村胡光照、胡逢耀,富家潭村胡厚德、胡勇才,旧居村胡嘉宝,六区下坞村胡致元,邓瓦村邓成元堂,梅枧村蒋纠卿 | 5 | 75 |
| | 五区爵誉村康裕藩、康济生 | 4 | 8 |
| | 爵誉村康爵廷、康来源,长洲上村胡常漆,大塘坛村胡庆燃 | 3 | 12 |
| | 五区爵誉村康生茂裕号,六区邓瓦村邓文明堂,院头村张敦典堂,夏坞村胡宜如,院头村张嘉会堂 | 2 | 10 |
| | 五区漆田村周佐明,六区门陂村梁安邦、梁文彩、梁诗茂 | 1 | 4 |
| | 合计 | | 1467 |
| 总计 | | | 2954 |

从上表可以看出,槎滩陂此次重修,民间所出资额约为总数的三分之二,不仅来自受益区民众,而且也来自非受益区民众,包括一些商人(号)和政府官员等,具体为地方民众(宗族)捐资 406 元,商人(号)捐资 331 元,军队将领及地方官员捐资 750 元。尽管时人张箸曾说,早在"万历间槎陂之修已有他邑

人助资"①的现象,但此次重修却体现了当时特殊时代形势发展的特征:一方面,由于连年战乱及水旱灾害的肆虐,地方经济凋敝,民众生活困苦,无力承担工程维修经费;另一方面,由于日寇侵占南昌等地,国民党江西省政府及众多机构和工商企业、军队等聚集泰和等地,由此成为本次槎滩陂维修经费的重要支援力量,上述众多军队将领和政府官员的捐资便是其中体现。

事实上,在本次槎滩陂重修之前,作为本水利系统重要组成部分的碉石陂,曾分别于1930年和1936年进行过重修(其中后一次是对前一次的续修),但在这两次重修过程中,就已出现"殷实乐输既少,田亩派费难收"的现象,由此使得经费"入不敷出",导致发生"十九年所欠清白厂石灰数七十二元;二十五年欠汤松茂泥水工资七元四角,周聘勋工资三元四角五分,朱士文、龙士林、周聘琇工资十二元四角"(合计金额95.25元)一直无力支付的局面,直至1938年委员会利用重修槎滩陂的结余费用才将其付清。此外,委员会还支付了梅枧村石桥边碉陂堤墈涵洞填塞的砖料泥工费用"十一元四角四分"②,总计共支付欠款99.69元。

在维修过程中,为保证维修经费充裕,委员会原计划采取传统的按亩派钱方式,并呈请泰和县政府批准,以政府指令的方式发布实施。在泰和县政府指令(1938年建字第五八六号)中,县政府同意周鉴冰等上报的受益五、六区民众按"每田一斗收捐铜元十枚(后以农村凋敝,改为每斗收费一百文)"的方法缴纳水利维修费,且要求两区内的民众"凡年满十八至四十五之男子,均有服工役三日之义务",如果有"因事不能应征者,每天纳代工金二角",并规定"倘有故意延抗,可报由当地区署罚办,并分报本府备查",县政府"除分令并布告外",要求"仰即遵照,赶紧进行,勿延为要"③。随后,委员会根据政府指令发公函,要求"所属保联主任及保甲长速将各保应征男子姓名、年龄、职业、村落详细造册过会,如期应征,倘须代工者,则于备考栏内注明,并督促受益各保将亩捐每斗一百文于国历十二月底以前,分别缴交五区南冈口第三保联本会收捐处及六区槎滩陂本会工程处,毋得延误"④。

---

① 周鉴冰:《重修槎滩陂志·民国二十七年重修槎陂志一·记三》,第5页。
② 周鉴冰:《重修槎滩陂志·民国二十七年重修槎陂志十一·附录》,第31页。
③ 周鉴冰:《重修槎滩陂志·民国二十七年重修槎陂志五·文牍·呈文(附指令)》,第12页。
④ 周鉴冰:《重修槎滩陂志·民国二十七年重修槎陂志五·文牍·呈文(附指令)》,第17页。

但在实施过程中,按亩派费的形式并没有得到有效实施。委员会原计划决定分三批期限进行缴纳,"第一期旧历九月十五日,第二期十月十五日,第三期十一月十五日"①,但直到十一月十七日委员会再次召开会议,各村民众的亩捐大多依然没有缴纳。此时,由于政府的出资和地方民众及商人的捐助,特别是非受益区民众及商人(号)的捐资,使得实际收到的款项与预算费用大致相等,于是经过"公议",取消了"按亩摊派"的计划。会议决议记载:

> 捐款拖欠不清,由各村士绅设法并得以该村公款补助之。说明:各村亩捐多未缴清,嗣承层峰补助,及各处乐输,预算相差有限,不足之数可由各姓摊派,乃公议免收,并将收捐处撤销。②

周鉴冰在 1939 年为重修槎滩陂写的《跋》及 1942 年所写的《续修碉陂志记》中也专门记载道:

> 又奉令五区(即信实乡)之一、三两保联与六区(即高行乡)之一保联所属壮丁俱应服役,本会同人幸免陨越,收益田亩亦未派捐,此则层峰与诸大善士之赐也。③
>
> 民国二十七年,余随乡先生后重修槎陂,除善士输捐、政府补助外,并根据法令,施行征工。惟事属创始,收效不宏。④

根据记载,相对于"按亩摊派"的形式,此时的维修更多采用的是"按姓摊派"的形式,实际上主要由重修槎陂委员会成员所在的宗族或个人支付,这从该委员会关于活动经费预借、购买材料预备款及维修费用分摊等方面的相关决议中可以得到体现,具体如下所示。可以认为,这是委员会在普通民众生活困苦、难以支付的形势下所采取的不得已措施,因而也往往会受到相关宗族和人员的抵触等不确定

---

① 周鉴冰:《重修槎滩陂志·民国二十七年重修槎陂志六·议事录·十月四日议决案》,第21页。
② 周鉴冰:《重修槎滩陂志·民国二十七年重修槎陂志六·议事录·十一月十七日议决案》,第21页。
③ 周鉴冰:《重修槎滩陂志·民国二十七年重修槎陂志·跋》,第33页。
④ 周鉴冰:《重修槎滩陂志·民国二十七年重修槎陂志·续修碉陂志记》,第35页。

因素的影响,如十月四日决议由萧氏预支材料费三十元,但出现由于萧氏人员未出席而没有缴纳,且因财政股长周郁春病故而未能垫付的情形。

　　(六月十日议决案)筹措开办经费由各大姓预借五元。

　　(十月四日议决案)筹备材料预备五百元,各姓分别认借如左:周姓八十元,蒋、胡、李三姓各六十元,康姓五十元,龙姓四十元,萧姓三十元,郭、黄、张三姓各十元,不足者由财政股长垫借。(说明:当时开会,萧姓未到,由公酌派三十元,并未照缴;旋财政股股长周郁春因病身故,亦未垫借。)

　　(十一月十七日议决案)各种捐款万一不敷,由食陂水利者各姓摊派。捐款拖欠不清,由各村士绅设法并得以该村公款补助之。[1]

　　总之,本次槎滩陂维修收到各方出资额合计4469.3元,槎滩陂维修费用合计3844.93元,加上支付碉石陂1930、1936年及1938年维修所欠的费用额计99.69元,以及其后修《重修槎陂志》与纸张印刷费等计150元,本次维修剩余经费共计374.68元。槎滩陂维修相关费用见表4-8所示。

表4-8　1938年槎滩陂维修开支明细表[2]　　　　　　　(单位:元)

| 支付项目 | | 支付金额(法币) | 备　　注 |
| --- | --- | --- | --- |
| 材料费 | 石灰 | 755.45 | 七百五十五担又四十五斤 |
| | 水泥 | 587.9 | 计三十桶,每桶价十七元二角,自吉安运至槎陂运费在内 |
| | 石料 | 225 | 二尺八寸以上每尺三角,一尺五寸以上每尺二角三分 |
| | 铁器 | 67.7 | 计重三百一十二斤 |
| | 竹木 | 166.4 | |
| | 桐油 | 78 | |
| | 杂支 | 230.1 | 水车、竹木、用具、绳索、禾草、柴茅等 |

---

①　周鉴冰:《重修槎滩陂志·民国二十七年重修槎陂志六·议事录》,第21页。
②　周鉴冰:《重修槎滩陂志·民国二十七年重修槎陂志五·文牍·水利局调查表》,第18—19页。

(续表)

| 支付项目 | | 支付金额(法币) | 备 注 |
|---|---|---|---|
| 各项工资 | 作土陂 | 179.66 | 由槎陂村邀人包办 |
| | 车水 | 284.1 | 因脑膜炎流行,人民服役如多观望,故有此开支 |
| | 泥匠工资 | 117.4 | 计二百七十九天 |
| | 石匠工资 | 579.4 | 计二百七十九天 |
| | 竹木匠工资 | 43.62 | 内一百一十五工以三角计,又四十四工供餐,以一角四分计 |
| 杂费 | 茶水、薪炭、油灯、文具、邮票费 | 34.08 | |
| | 开会费用 | 42 | |
| | 工程处屋租 | 21 | |
| 薪津伙食 | | 406.62 | |
| 旅费 | | 26.5 | |
| 合计 | | 3844.93 | |

对于所剩余款,经过委员会成员的商议,决定将款项分别存放到周、蒋、胡、李、康、龙各姓宗祠中,且规定年息五厘,由各宗祠支付,本金和利息额作为今后续修槎滩、碉石陂的费用。各姓领款时需要签写领据,并由本族两名绅士署名才有效。尽管龙姓声明不领,但从中仍可看出,余款存入的姓氏宗祠正是此次维修过程中出力最多的姓氏宗族。

> 赢余款项分存周、蒋、胡、李、康、龙各宗祠,年息五厘(说明:各姓领款须立折存会,并有正绅二人以上署名盖章,龙姓声明不领)。
> 除清理碉陂手续及填塞梅枧涵洞共用一百余元,又开会修志及纸张印刷费约一百五十元,余款照二十八年三月大会决议分存周、蒋、胡、李、康各姓宗祠,行息由槎碉二陂管理委员会保管,以为续修二陂基金。①

---

① 周鉴冰:《重修槎滩陂志·民国二十七年重修槎陂志六·议事录》,《民国二十七年重修槎陂志八·收支清册》,第21、28页。

可以看到,此次余款存入各姓宗族的名单中并没有萧氏,应该与萧氏宗族参与本次重修的程度及发挥的作用等方面有关。根据记载,此次重修,萧氏族群只有萧勉斋和萧立庵两人参与其中,且都没有出席 1938 年十月四日的委员会会议,以及没有支付本应由萧氏宗族承担的 30 元费用,与其他余款存放的姓氏族群有所差异,应该是其没有被列入余款存放宗族之列的缘由所在。当然,年息五厘对各宗族来说是否为一种负担,由此成为萧氏宗族事先放弃的缘由所在,目前限于资料的局限,已不能得知。各姓族群参与本次重修的人员统计见表 4-9 所示。

表 4-9　1938 年各姓族群参与槎滩陂维修人员统计表①

| 姓氏族群 | 人　员 | 职　责 |
| --- | --- | --- |
| 周(15 人) | 周鉴冰 | 重修槎陂委员会主任、并负责编纂陂志 |
| | 周旭初 | 工程处会计 |
| | 周禄元 | 工程处庶务 |
| | 周郁春、周万里 | 重修槎陂委员会委员兼工程财政股股长,兴工前病故,其后由周万里继任 |
| | 周舒舞 | 参加募捐及其他工作(负责审查陂志) |
| | 周枕戈、周镇尔、周淑明、周万程、周冰玉、周诗卿、周式如 | 参加募捐及其他工作 |
| | 周旭初 | 汇集账目 |
| | 周慧崖 | 重修槎陂委员会文牍 |
| 蒋(8 人) | 蒋朝佐 | 工程处庶务 |
| | 蒋嘉雯、蒋朝彦 | 工程处监工 |
| | 蒋绥予、蒋纠卿、蒋亚子、蒋慧明 | 参加募捐及其他工作 |
| | 蒋竹书 | 重修槎陂委员会委员兼工程股股长、并负责编纂陂志 |

① 周鉴冰:《重修槎滩陂志·民国二十七年重修槎陂志六·议事录》,《民国二十七年重修槎陂志十一·附录》,第 20—22、31 页。

(续表)

| 姓氏族群 | 人　员 | 职　　责 |
|---|---|---|
| 胡(11 人) | 胡明光 | 重修槎陂委员会委员兼工程处委员 |
| | 胡彝尊、胡亦尊、胡善之、胡穗九、胡佩卿、胡道南、胡嘉德、胡瑞文 | 参加募捐及其他工作 |
| | 胡季毓 | 重修槎陂委员会文牍 |
| | 胡开甲 | 参加募捐及其他工作(参与缮写陂志) |
| 李(8 人) | 李舒南 | 重修槎陂委员会委员兼总务股股长 |
| | 李凤翔 | 工程处庶务 |
| | 李式轩 | 参加募捐及其他工作(负责审查陂志) |
| | 李良相 | 参加募捐及其他工作(参与缮写陂志) |
| | 李雪舫、李书美、李良楷 | 参加募捐及其他工作 |
| | 李有八 | 流域区外黄塘洲人,参与督印捐册 |
| 康(6 人) | 康席之 | 重修槎陂委员会主任 |
| | 康济生 | 工程处庶务 |
| | 康困三 | 参加募捐及其他工作(负责审查陂志) |
| | 康步七、康来益、康厚予 | 参加募捐及其他工作 |
| 龙(2 人) | 龙实卿 | 重修槎陂委员会委员,并主持收捐处、负责汇集账目 |
| | 龙镜堂 | 参加募捐及其他工作 |
| 萧(2 人) | 萧勉斋 | 重修槎陂委员会委员 |
| | 萧立庵 | 参加募捐及其他工作(负责核算数目) |
| 郭(1 人) | 郭星煌 | 重修槎陂委员会主任,并负责编纂陂志 |
| 黄(1 人) | 黄绎仁 | 参加募捐及其他工作(负责核算数目) |
| 乐(1 人) | 乐怀襄 | 重修槎陂委员会委员 |
| 梁(1 人) | 梁锦文 | 重修槎陂委员会委员 |
| 陈(1 人) | 陈邵彝 | 流域区外桐井村人,参与校对陂志 |

　　第三,槎滩陂维修工程竣工后,在深感工程涉及面大、建设不易、修理尤难的基础上,为确保该水利设施的正常运转,重修槎陂委员会于 1939 年 2 月 6 日召集地方士绅开会磋商善后方法,决定成立一个非盈利性的管理机构,即泰和县第五、六两区槎碉二陂管理委员会,负责对槎滩陂水利系统的日常修理工作,设委员十一人,第一任委员由重修槎陂委员会中的 11 名委员担任(五、六区长兼任委员除外)。[①]

---

① 周鉴冰:《重修槎滩陂志·民国二十七年重修槎陂志六·议事录·二十八年二月六日议决案》,第 21 页。

　　同时,委员会制定了《泰和县第五六两区槎碉二陂管理委员会组织简章》,共十二条,对委员会人员的构成、职责、办公地址、日常会议及机构性质等方面进行了规定,决定"设主任委员一人、副主任委员二人主持会务,由委员中互推";委员任期两年。期满后,由委员会召集两区士绅大会进行委员改选,委员可以连选连任;如果委员遇有特殊情况不能履行时,由委员会"物色公正士绅暂代"等,特别是规定委员"为义务职"。①

　　为使其组织和决议合法化,重修槎陂委员会又将相关情况呈报泰和县政府,得到其支持和批准,进行了相关备案,并对委员会的组织简章提出修订意见,分别于1939年8月1日和9月3日以泰和县政府建字第八○号和第一七二号指令的形式批复。该管理委员会由此获得了官方权力和权威,在政府授权下成为槎滩陂水利系统的合法管理组织机构。

　　此外,本次工程维修一方面延续了传统的建设做法,重建工作主要在原有旧址上开展。在修建过程中,采用"先用木桩钉成双行,次用木片连结,再次用竹篁铺下水一面,然后下土"的方式,与传统方式基本一致;且在取土、石块方面也遵循了传统经验,认识到"历来修陂在阿狮坑取土,因该处之土富有坚性","石以陂之对面山者为好,若狮子山、若洪冈寨石松不耐久,不宜用"。② 另一方面,本次维修也充分吸收了近代建筑和材料技术,特别体现在对水泥的使用上,总计使用了"三十桶",由此提升了工程的牢固性。

　　槎滩陂重修完工后,为解决农田灌溉用水和商业航运用水的冲突,地方民众还重申和延续了两者之间的传统分水规则,如规定在大小泓口放置两闫木,春季横截泓口以积蓄水量,冬季取出以利船筏航运;在清明至寒露期间,遇有大帮船筏时则临时启开闫木,所雇人员遵循了"历来就陂之附近择人看守"的模式,规定所雇的看守人员必须向槎碉二陂管理委员会"立约负责"③,以强化相关职责,处理好当地农田灌溉与水运之间的用水问题。

　　槎滩陂的重修对当地民众产生积极影响,维修前"五六两区农田水利至亏,顾久湮圮,民物凋敝,欲兴未能","民苟且成性,亦遂安焉,物质损失可胜纪哉"。

---

① 周鉴冰:《重修槎滩陂志·民国二十七年重修槎陂志十·善后方案》,第29—30页。
② 周鉴冰:《重修槎滩陂志·民国二十七年重修槎陂志九·工程纪要》,第28页。
③ 周鉴冰:《重修槎滩陂志·民国二十七年重修槎陂志十一·附录·陂约》,第32页。

维修后,时任泰和县县长的鲁绳月曾写下了相关感受:"槎陂成,余于三月曾往勘察,老农撑小舟至其地,见河水自陂而下,如万马奔腾,滚滚东逝;其工程之坚实,与规模之宏伟,为全赣所罕见。虽不敢云垂诸久远,但能保持数十年,五六两区之水利,定不虑缺乏。"①

另外,1941 年,在槎碉二陂管理委员会的组织下,地方民众对碉石陂进行了重修。据载,工程维修"始于农历十一月初一日,完成于十二月十八日",重修经费主要来源于本地周、康、蒋、胡、李、康、龙等姓氏士绅及宗祠的捐资,总计9878.89 元;本次碉石陂维修费用总计 9479.78 元,工程结余款 399.11 元。具体见表 4 - 10 所示。

表 4 - 10　1941 年碉石陂维修所收资金和工程所支付资金明细表② (单位:元)

| 所收到资金 | | 出资额(法币) | 所支付资金 | | 支付金额(法币) |
|---|---|---|---|---|---|
| 出(捐)资方 | | 出资额(法币) | 支付项目 | | 支付金额(法币) |
| 槎滩陂 | | 574.09 | | 铁器 | 54.5 |
| 槎陂租金 | | 14.8 | | 篾器 | 82.4 |
| 宗族名义出资 | 周一本堂 | 50 | 材料费 | 桐油 | 52 |
| | 胡六经堂 | 50 | | 石灰 | 1578.8 |
| | 李仙李堂 | 50 | | 木料 | 28.6 |
| | 萧达尊堂 | 50 | | 瓷器 | 8.9 |
| | 康孝德堂 | 50 | | 绳索 | 5.8 |
| | 龙谨敕堂 | 40 | | 作土陂 | 910.1 |
| 个人捐资 | 周万里 | 4000 | 各项工资 | 雇工工资 | 2567 |
| | 康步七 | 4000 | | 泥、石二匠工资 | 2369 |
| | 康厚予 | 300 | | 扛石头 | 69.6 |
| | 胡远禔 | 300 | | 零工 | 68.2 |
| | 蒋睦 | 200 | | 修槎陂志 | 213.1 |
| | 胡勅栋 | 200 | | 开槎碉二陂会费用 | 449 |
| | | | 杂费 | 文具 | 20.55 |
| | | | | 福食 | 370.68 |
| | | | | 杂用 | 631.55 |
| 合计 | | 9878.89 | | | 9479.78 |

---

① 周鉴冰:《重修槎滩陂志·民国二十七年重修槎陂志一·记三》,第 4 页。

② 周鉴冰:《民国二十七年重修槎陂志·续修碉陂志记》,第 35 页。

在工程维修建设过程中,参与其中具体负责各种事宜的人员也主要是上述各姓族群人员,具体见表 4–11 所示。

表 4–11　1941 年各姓族群参与碉石陂维修人员统计表①

| 族群人员 | 相关职责 |
| --- | --- |
| 龙实卿 | 负责工程处相关事宜处理 |
| 蒋定九 | 工程处会计并办理相关庶务,兼任六区第八保保长 |
| 康济生、李颂桂、胡会淮 | 工程处监工 |
| 康席之、胡明光、李舒南、郭星煌 | 负责整体维修事宜 |

## 第三节　水利社区:传统与变迁

民国时期,槎滩陂流域水利管理维持了以地方力量为主的传统管理模式,但又出现了不同于传统模式的变化,主要表现为"官民合修"的组织维修形式,这种演变体现了这一时期特殊环境下政府、社会与地方水利系统之间的相互关系。它一方面表现了该时期近代化国家权力的努力及其向地方社会的渗透。槎滩陂流域区水利维修、管理的组织形态和制度安排是政府根据交易成本的大小,趋利避弊,制定和选择利益相关方可接受的方案,以公共事务的联合产权属性为基础,以流域区内地方社会福利为目标,遵循分配原则解决水利这种准公共品服务之外部性效应的治理模式。这表明,此时地方政府在基层水利组织的管理领域所扮演的角色,更多的是管理组织与制度的设计者、规制者和优化者。

另一方面,它反映出地方水利管理形式的延续及其发生新的演变。此时,地方宗族联合管理的形式得到延续,且乡族范围得到扩大和拓展,元代《五彩文约》中对槎滩陂规定的"独有共管"的局面彻底消失,变成"共有共管"的情形。

---

① 周鉴冰:《民国二十七年重修槎陂志·续修碉陂志记》,第 35 页。

# 一、地方管理形式的延续

水利工程的使用和维修离不开管理,管理的好坏直接影响水利工程的使用寿命。省水利局在主持兴修水利工程后,为保证这些水利工程能经久使用,常设立专门机构或规定专门人员进行维修管理。如万安渠灌溉工程完成后,省水利局曾设立万安渠管理所进行管理;或者要求各县镇由地方自行成立乡镇水利协会,以管理各乡镇的农田水利工程。但是其间,由于政府财政的匮乏,政府对许多中小型水利工程往往"心有余而力不足",不得不借助于地方社会的力量。

从相关记载来看,民国时期的槎滩陂自明清以来形成的地方管理组织形式得到了延续,并且为官方所承认和支持,这在 1915、1938 年和 1941 年的槎滩陂、碉石陂的重修中得到充分体现。在这三次重修过程中,无论是维修前的组织,还是维修后的管理,都由当地社会力量具体负责,成立了相关组织和管理机构,并制订了相关管理章程。

事实上,这种地方管理组织形式历史悠久。元末《五彩文约》的出现和五姓共有共管、轮流收租的模式,是地方社会围绕水利设施的公共性质所做出的管理制度安排,即通过扩大民间管理组织数目,增加修陂筹资投入,增强收租博弈能力,并通过向受益者收租,扩大筹资范围,减少"搭便车"行为,保证水利设施正常运转。这一管理模式改变了槎滩陂原有的作为周氏家族事务的产权性质,而成为一种具有联合产权性质的地方公共事务,有利于克服周姓独管的风险,减少各方利益冲突,降低交易成本。官府在其中所扮演的角色,一是作为公证者,认可这一规约,依之仲裁有关陂产及水利纠纷;二是作为公信者,维护社团组织"按亩派钱"的权利,确保这种管理模式能够顺利运作。

明清时期,无论官府是处于强势还是弱势的状态,槎滩陂日常的组织管理、维修倡导、资金筹集和主持兴修等,都由五姓宗族中的士绅具体负责。包括水利纠纷的解决,乡绅在其中都起着重要的作用。可以看到,在槎滩陂水利中,除了直接侵夺赡陂田产的一般民众外,与官府发生联系的基本上是乡绅人员。槎滩陂从建立之初便不归周姓所独用,而是由流域区民众共用,成为高行、信实两乡民众农田赖以依存的公共水利资源。这与官方或正统的观念——水是公有的,应该让大家共用的意识——是一致的,官方在水利纠纷的判决中严格执行了这一观念,规定"陂为两乡公产,周姓不得借陂争水"。

进入民国以后,特别是"赣政十年"时期,由于自然灾害和当时形势等因素,政府加强了对水利工程建设的组织管理力度。不但大型的、民众难以自行修建的、其兴废足以影响全局的水利工程由政府负责组织管理,而且一些中小型水利工程也开始由政府组织负责。各级政府直接拨款用作各地水利工程的维修费用。江西省国民政府实施的这种管理体制,是近代国家政权控制理念在水利领域的体现。正是在这种条件下,槎滩陂在1938年的重修过程中出现了不同于以往的变化,国家力量在具体组织和费用支出方面都有所涉及,但是充当主体力量的,还是地方宗族组织——乡绅集团。

在1938年和1941年槎滩陂与碉石陂的重修过程中,地方社会先后成立了由受益区各族群中的绅士担任的重修槎滩陂委员会和槎碉二陂管理委员会,其目的是为了解决"惟以辖境既属远阔,人心尤觉涣散,在水头者谓不修陂而荫注自足,居水尾者谓即修陂亦实惠难期,管理不易,修理尤难"的问题。其成立一方面进一步虚化了槎滩陂的私有性质,水利设施产生的收益不归某姓独占而归地方宗族团体共有;另一方面,将受益方纳入水利设施治理结构,从而有利于减少供水方和受益方的对垒冲突,大大降低了交易成本,是一种有利于推动重修实施效果的安排。在这其中,政府所扮演的角色,一是作为推动者,从倡导、召集到行文批复,赋予其合法的地位和集资筹款的权力;二是作为不干预者,由管委会自治自理,同时,履行公共财政职能,从外部注入维修资助;三是作为规制者,监督管委会按章运作,审批重大维修事项,保证其非盈利性质。

综上所述,在槎滩陂流域社会,国家在众多方面对槎滩陂水利所进行的控制,更多的是通过其在地方社会的代言人——乡绅集团来实现的,主要体现在乡绅对槎滩陂水利的日常组织管理方面。而在意识形态和地方权力体制领域,通过国家与地方社会的互动,由国家对乡绅施加影响,再由乡绅传递于地方社会,从而达到国家权力对基层的控制。官方的取向和判决成为制约和影响民间社会的重要因素,但民间社会仍以主体姿态出现,消解或加强了官方的影响力。但是,如前所述,国家权力对槎滩陂地方社会的影响和控制,在明清和民国时期的不同阶段表现有所不同。

## 二、乡族联合管理机制的演变

自南唐时期创建以来，槎滩陂水利设施按其建设管理特征的不同，经历了由家族管理向乡族联合管理的演变历程，其间，其由家族事务向乡族公共事务的转变脉络不断得到深化和拓展。最初，南唐周矩以一己之力建立了槎滩陂，主要服务于周氏宗族，并通过购置私产田地，以其产出收益作为修陂费用，维系水利设施的维护运转。可以说，此时的槎滩陂具有典型的家族事务特征，其水利产权也为周氏宗族独享。但水资源本身具有的公共物品属性，又使得其不可能被周氏宗族所独占。

元代《五彩文约》确立了地方宗族共同管理的制度，但是在具体内容上，它一方面制定了"轮流制"准则，规定周、蒋、李、萧姓宗族对陂产实行轮流管理，每年轮流收取陂产租金收入，用于组织槎滩陂的维修；另一方面，制定了"两权分离"准则，规定槎滩陂水利为"周姓所有，四姓共管"，将其所有权和管理权分离。随着时代的变迁，由明清至民国时期，《五彩文约》的上述两项准则逐步发生变化。

明代以来，在地方族群繁衍发展程度不同的影响下，《五彩文约》规定的"四姓宗族联合管理"体制演变为"五姓宗族联合管理"形式。这一时期，槎滩陂水利的赡陂田产屡遭侵占，曾经发生多次争诉，具体情况见前文所述。至迟在清道光之初，陂产已经不复存在。由于陂产的失去，《五彩文约》（《兴复陂田文约》）中的关于陂产归周姓所有、由五姓宗族轮流收租的约定也就失去了实际意义，而成为一种空洞的形式。五姓宗族轮为陂长的体制宣告解体，其后如有维修，根据现存的资料记载，其经费不外乎来源于两种形式：一种是由受益区民众"按亩派费"；另一种是宗族成员私人捐资。其中前一种形式由五姓宗族共同出面组织并管理，维修费用主要由槎滩渠受益区的民众按照受益田亩进行摊派，最早见于清乾隆年间，"既仿乾隆间故事，斗田派钱四十，仍有待于境内、境外诸善士大公无我之心。……"[①]这里虽然说的是民国四年的维修情形，但从中我们可以看

---

① 周鉴冰：《重修槎滩陂志·民国二十七年重修槎陂志一·民国四年重修槎滩碉石二陂记》，第6页。

到,在清乾隆时期,曾经实行过"按亩派费"制度。"按亩派费"制的实行,标志着元明以来的"五姓陂长制"的变化和瓦解,对槎滩陂水利社区的发展起着重要的作用。

除"按亩派费"外,明清时期槎滩陂水利的维修经费还来源于宗族成员的私人捐资。但是,我们可以发现,历次捐资的私人都是五姓宗族中的成员。笔者也曾经查阅了其他一些宗族的族谱,如禾市镇乐家村《乐氏族谱》(1994 年铅印本)、螺溪镇爵誉村《康氏族谱》(1996 年铅印本)等,在谱中没有找到有成员捐资修陂的记载。笔者还询问了这些族中的一些老人,他们当中大部分人都参与过本族族谱的修撰,也都表示不曾见有本族成员捐资修陂和参与槎滩陂管理的记载。因此,似乎可以说,私人捐资还没有脱离五姓宗族管理的范围。相对于五姓轮流负责,私人捐资由五姓中的某一姓士绅成员具体负责。

槎滩陂水利在创建之初,是由周氏宗族单独组织举办的农田水利事务,其兴修与管理均由周姓成员负责,各项维修和管理费用主要来源于陂产。到元至正年间,随着《五彩文约》的制订,蒋、胡、李、萧四姓取得了轮获陂产收入的权力,对槎滩陂水利拥有了管理权,这使得槎滩陂水利具有了乡族管理的特征。五姓宗族各自代表着一股,共同享有槎滩陂管理权益,同时也承担槎滩陂组织维修的责任。明清时期,由于陂产的屡遭侵夺以及最终丧失,槎滩陂的维修经费来源发生了变化,或者来源于"按亩派费",或者来源于私人捐资,从而使《五彩文约》中所规定的内容发生变化。对蒋、胡、李、萧四姓宗族成员来说,由本族成员出资修建的槎滩陂,其所有权理应该归本族所有,但事实上却归周姓宗族所有,这是难以接受的。于是出现了代表各自宗族意志指向的"李氏创建说""萧氏创建说"等记载,围绕着陂的权属,五姓之间出现了争夺和纠纷。其中影响最大的是清道光年间发生的案例。在这次纠纷中,判决结果规定槎滩陂已为公产,不再为周姓宗族单独所有。这样,原来在《五彩文约》中规定的管理权和所有权分离的局面宣告结束,槎滩陂水利开始由"独有共管"变成"共有共管"的情形。

民国时期,槎滩陂"共有共管"的形式得到延续和深化,主要体现在槎滩陂的维修方面。围绕着槎滩陂的维修,槎滩陂水利社区进一步发展和强化。在民国年间,槎滩陂共经历了两次维修,分别是民国四年(1915 年)和民国二十七年(1938 年)。这两次维修特别是后一次维修,反映了槎滩陂在进入近代社会后所出现的变化情形。1915 年槎滩陂的重修,主要由受益区民众"按亩派费",仿照清乾隆年间"斗田派钱四十"。但是这时期的维修,除了受益区的民众"派费"外,我们还见到一些受益区外的民众的捐资。"岁乙卯余馆早禾市笃行书院,……适有重修之举,闻不食陂之利者亦竞输资,……不食陂之利者,吾黄塘等处,为江南第五支及江北一支也。……其次曰千秋李相林堂捐洋银百元,乃不食陂之利者。余闻斯举,窃以不得御李君为憾。"①

如果说在 1915 年的维修中,我们还只能看到关于受益区外民众捐资的简单记载,那么在 1938 年的重修中,我们则能够看到详细记载了。在此次重修中,维修经费主要由政府和地府民众共同捐资,其中政府出资部分主要是江西省水利局出资的一千元和泰和县政府出资的五百元;地方民众又分为食陂水利者和不食陂水利者,而不食陂水利者主要是一些军人和商号(人),这主要是由当时的形势所决定的——这年内,江西省政府机构和许多商人、企业南迁泰和等地。这次重修,地方宗族乡绅成立了重修槎陂委员会,全面负责槎滩陂水利工程的维修事务,工程完工后还成立了槎碉二陂管理委员会,对槎滩陂水利进行管理。

和以往不同的是,这次维修突破了五姓宗族负责的传统模式,而加进了流域区内的其他姓氏人员,这主要反映在重修槎陂委员会的委员名单上。另外,此次维修经费余额也分别存入各大姓宗祠。从中可以看出,作为这次重修槎滩陂的组织与管理机构,重修槎陂委员会的成员中除了传统的五姓人员外,还包括流域区康、乐、梁、龙等姓氏人员。当然,五、六两区区长的参与,体现的是国家权力。这一改变,突出表明:到民国时期,经过漫长的时代发展和宗族之间的磨合演变,槎滩陂水利社区的内涵完全体现,槎滩陂流域水利社区的形式开始强化,槎滩陂的乡族管理机制得到拓展和延伸。

综而论之,到清末民国时期,《五彩文约》的内涵已开始发生转变,其规定的五姓宗族共同管理形式的外壳得到保留和延续,但是其内部具体的操作情况发生了变化,主要表现为:一方面,原来实施的由宗族轮流组织维修的形式已经消失,取而代之的是五姓共同组织的形式;另一方面,其原来规定的槎滩陂所有权

---

① 周鉴冰:《重修槎滩陂志·民国二十七年重修槎陂志一·民国四年重修槎滩碉石二陂记》,第 6 页。

和管理权分离的形式也开始作古,代之的是所有权和管理权的合并。槎滩陂由"私陂"变成"公陂",由"独有共管"变成"共有共管",既是社会发展不同阶段的不同形势所决定的,又是地区开发过程中宗族之间发展竞争的结果。

# 结　语

## 一、槎滩陂水利、宗族繁衍和地方开发

槎滩陂是泰和县古代劳动人民所修建的一个著名水利工程,坐落于禾市镇槎滩村旁的牛吼江上,又名茶陂、茶滩陂。该陂横遏赣江三级支流——牛吼江(也称"瀶水"),将其部分水流改道东流,包括主渠和三十六支分渠,流长三十余里,于螺溪镇郭瓦村委会三派村江口汇入禾水后流入赣江。整个流域区涉及今泰和县螺溪镇、禾市镇、石山乡和吉安县永阳镇四个乡镇,目前灌溉村庄约 200个、灌溉面积达 5 万余亩。

根据相关文献统计,槎滩陂流域核心区的禾市镇、螺溪镇,目前共有 51 个姓氏,403 个自然村,但是其中大多数村落的形成年代要晚于槎滩陂。在槎滩陂创建之前,当地的村落并不是很多,宗族人口也比较少。目前所存的村落中,在唐末五代迁到禾市、螺溪两地开基的村庄共有 13 个姓氏族群数,占族群总数的25.49%。唐末五代时期,共有 13 个姓氏族群中来到槎滩陂流域区开基,但此时还处于开基的第一世时期,因而所繁衍的村落数量非常少,共有 16 个,其中流域区 9 个,非流域区 7 个。这些村落在其后大都繁衍了一定数量的支房村落,成为当地的开基祖(始祖)村落。

至两宋时期,当地的族群和村落数量得到飞速发展,槎滩陂流域社会的开发和发展也进入到新的阶段。此时新开基的村庄达到 90 个,共有 33 个姓氏,这是外来族群迁入和本地已有族群繁衍共同作用的结果。本地村落的繁衍分化,使得流域区形成了"同姓同宗"村落群,以及"开基祖—房祖"的宗族层级结构。而

邻近地区范围内的迁徙,是民众寻求更优生存环境所致,反映出槎滩陂水利修建所带来的生产和生活环境的改善。

至元代时期,禾市、螺溪两镇的村落数量达到 136 个,其中位于槎滩陂流域区的村落 67 个,非流域区村落 69 个。此时,经过两宋时期三百多年的发展,特别是由于槎滩陂的修建对当地农业生产环境的改善,至元代时期,许多姓氏族群进一步繁衍发展,在宗族人口的不断迁徙下,分支村落进一步增加,一些姓氏族群形成了始祖村—总房派村—支房村—分支房村的多层级族群村落结构。当然,很多村落之间尽管为相同姓氏族群,但却是分别从不同地方迁入的,相互之间并没有直接的血缘关系,由此形成了"同姓不同族"的现象,体现了本地区族群发展繁衍的复杂性、多元性特征。

从其地理位置看,这些村落有的位于牛吼江及槎滩渠的两侧,不仅处于流域区内,而且水资源丰富,农田灌溉比较便利;有的则处于槎滩陂流域区范围之外。由于槎滩陂水利工程的修建大大改善了当地的农业耕作环境,自五代末始,经历两宋和元代四百多年的历程,在槎滩陂灌溉区域内,地方社会得到很大的开发,社会经济有了较大的发展,地方各姓宗族之间也得到繁衍,宗族人口和村落数量逐渐增加。槎滩陂水利工程成为促进当地社会开发和发展的重要因素,也成为当地社会(或者说各村落之间)联系的重要纽带。

明清时期,槎滩陂流域区得到进一步开发,在原有族群繁衍变化的基础上,新的族群不断加入,流域区土地开发和族群村落总数稳定增加,槎滩陂水利的灌溉功能和效益得到进一步凸显。这一时期,槎滩陂流域已经形成以槎滩陂为首端,流长三十余里、流经一百多个村落、灌溉面积数万亩的水利系统了。相较于宋元时期,该流域地方社会发生了一系列的变化,村落的繁衍速度达到顶峰,村落数量出现大幅度增长,地方族群结构逐步成熟。根据统计,明清时期新衍化的村庄数量共计 241 个,其中明代为 154 个,清代为 87 个,共涉及 43 个姓氏族群。村落数量的大幅度增长,主要来源于本地已有族群的繁衍迁徙,形成了"宗族型村落"的发展模式。族群人员的迁徙和分支村落的不断形成,进一步强化了宋元以来形成的"同姓同宗"村落群,以及"开基祖—房祖—支祖"的宗族层级结构发展模式。族群人员在流域区范围内的迁徙,不仅体现了地方族群的繁衍,而且也映射出当地社会开发的加强,以及以水资源为主的自然环境的可容纳性。

## 二、"家族独修"与"乡族合修":槎滩陂水利管理与地方社会

槎滩陂水利作为一种"民修"工程,在上千年的发展历程中,其组织与管理发生了一系列的变化。这种演变体现了流域区地方社会开发和发展过程中的内部规律。从槎滩陂水利的个案考察,我们可以清晰地看到,槎滩陂由一个家族管理设施演变为多宗族管理设施的全过程,即由一个家族事务向地方公共事务的演变过程,它反映了地方公共事务内部的规律性演变。

唐末五代,大量外来移民进入江西,促进了江西各地区的开发进程。唐宋以降,江西经济得到了较快的发展,农业生产开始跃居全国的领先地位,成为全国重要的粮食生产和输出基地,并且愈到后来,地位愈见重要。① 位于吉泰平原区内的泰和县槎滩陂流域就是在这时期开发和发展起来的。从五代末始,流域区现有的包括周、蒋、胡、李、萧五姓在内的许多宗族陆续迁居此地。周姓祖先周矩于后唐年间(929 年)迁居南冈村后,创建了槎滩陂水利工程。其子周羡又增买了田产作为陂产。槎滩陂在促进当地农业生产发展的同时,也促进了周姓家族的繁衍发展,成为当地的大姓宗族。整个宋代,槎滩陂的所有权和管理权一直控制在周姓手中,这体现了周姓家族在当地的优势地位。

元至正元年(1341 年),随着《五彩文约》的制定,槎滩陂改变了由周姓独管的情形,开始由周、蒋、胡、李、萧五姓轮流管理。这一管理形式的变化反映了地方社会结构的变化。随着时代的变迁,蒋、胡、李、萧四姓宗族得到很大发展,在地方社会中开始拥有发言权,主要体现为对槎滩陂管理权的拥有。而周姓相较于以前,地位有一定削弱,让出了部分槎滩陂管理权,但是其依旧处于强势地位,体现在其依旧拥有赡陂田产和槎滩陂的所有权。五姓轮流管理槎滩陂的情况使地方社会建立了一种新的秩序。

进入明清以来,四姓家族得到继续发展,和周姓一起成为流域区的五大著姓宗族。四姓宗族的发展必然引起其在地方权力体系之中的变化,加上槎滩陂的重要性及四姓宗族成员对其的维修,因而引发了五姓宗族之间对陂权的争夺。

---

① 王根泉、魏佐国:《江西古代农田水利刍议》,《农业考古》1992 年第 3 期。

到清道光年间，随着槎滩陂被判为两乡"公产"，周姓已不再独自享有陂权了，槎滩陂确立了五姓共同组织管理的局面。资料显示，槎滩陂水利的变化是内外双重因素作用的结果。内部方面，流域区内除周姓外其他四大宗族的发展，其对槎滩陂管理的日益重视；外部方面，官方的判决结果直接影响槎滩陂水利事务的性质。在这双重因素作用下，槎滩陂水利最终变为地方公共事务。特别是到民国时期，槎滩陂地方公共事务的性质得到进一步强化。

槎滩陂演变为地方公共事务的过程，反映了地方社会的历史变迁过程。它不仅是地方社会宗族竞争的过程和结果，而且是地方社会秩序变化的表现工具和外在形式。它说明：当一种事务涉及地方社会的共同利益时，在短期内或许可以由地方某一家族单行控制，但是从长期来看，这种情形是难以维持的，它不仅会受到来自社会内部的挑战，而且不为国家所认同，从而向社会共同管理转变，成为地方公共事务。

地方社会围绕陂产、陂权、用水等方面的争夺，发生了众多的矛盾和纠纷，并引发了多次的争讼，其中关于赡陂田产争讼的案例占据了槎滩陂水利案的主体，构成了历史时期槎滩陂水利史中的一个突出特点，反映了南方内陆盆地农田水利地区在生态和社会的双重影响下而形成的独特特征。槎滩陂水利组织管理形式变化的背后，伴随的是一个地方社会土地开发和社会发展的变迁过程，体现的是地方宗族力量之间的变迁历程，导致了槎滩陂水利社区的形成。

## 三、互动与调适：国家、民众与地方水利系统

自南唐时期（937—943年）创建以来，槎滩陂水利先后经历了家族管理、乡族组织、官督民修、官民合修等一系列形式，其背后不仅反映了地方社会的运行模式，而且也折射出国家政权对地方社会控制的变化过程。

槎滩陂最初是由周姓祖先周矩独自创建的水利工程，并由周姓独自负责维修管理，是一项周姓的"族产"。不过与严格意义上的族产不同的是，槎滩陂并不归周姓所独用，而是由两乡民众共同使用，因而可以认为是周姓造福地方社会的一项措施，一开始便具有儒家道德的内涵色彩。整个宋代，这项由周姓承办的

水利工程都由其负责,我们没有发现官方和地方其他力量参与其中的记载,槎滩陂可以说是家族性的水利工程。

进入元代以后,槎滩陂水利管理形式开始发生变化,官方和地方其他力量参与其中,具体表现在元至正元年(1341年)《兴复陂田文约》和《五彩文约》的制订方面。两个文约确定了五姓轮流管理槎滩陂的形式,但两者之间又有一些不同。《兴复陂田文约》是周、蒋、胡、李、萧五姓成员制订的私约,而《五彩文约》则是由官方制订的官约,其表达了两个方面的内容:第一,私约的确定表明,地方社会内部存在一种内生的制约机制,通过这种机制,在一定程度上使地方秩序平稳,它反映了地方社会各种力量之间的权力互动关系。第二,官约的制订表明了官府对地方社会的控制。通过两文约内容的比较,我们发现,这时期官方只是象征性地参与,是民间社会借助官方的权威来调适地方秩序。

明清至民国时期,槎滩陂的"民修"性质出现了变化,由以前的完全"民治"形式演变为"官督民修"和"民办官助"以及"官民合修"等形式,既反映了官方对乡村事务上的有限介入,也反映了官方与地方之间权力的调适。当国家权力处于强势,对地方社会进行直接控制时,相应地,槎滩陂事务也由其负责组织,也即取代了地方社会力量的职能。而当国家权力处于弱势,难以对地方社会进行直接控制时,则将实际管辖权交给地方权力体,由其向国家负责。国家与地方社会权力调适还体现在一系列水利纠纷的解决上,当地方权力体能够自行解决时,则一般不会惊动官府,只有当地方权力体不能自行协调解决时,国家才介入其中,利用官方权力进行判决。而大量事实表明,作为权力中心的官府在不同历史时期和不同水利纠纷中扮演了不同的角色,其判决结果反映了官方和民间在文化价值理念上的异同。

杜赞奇认为,传统中国社会中国家权力是通过"文化网络"模式而深入社会底层,达到对基层社会的控制。他认为,文化网络包括乡村社会中不断相互交错影响作用的等级组织和塑造权力运作的各种规范以及非正式的人际关系网等,诸如市场、宗族、宗教和水利控制的等级组织以及血缘关系等。[①] 笔者想说明的是,槎滩陂水利正是通过当地宗族组织、祭祀仪式、价值观念和文约规范以及血

---

① (美)杜赞奇:《文化、权力与国家——1900—1942年的华北农村》,王福明译,江苏人民出版社2010年。

缘、地缘、神缘关系等一系列社会关系的"文化网络"之间的相互作用,从而使得国家权力传递到基层社会,其中的过程反映了国家与地方社会的互动与调适。槎滩陂水利社区的形成,离不开国家权力的制约与控制。

# 参 考 文 献

## 一、历史资料

（一）正史、政书类

（宋）李昉等纂修：《文苑英华》，中华书局影印本，1966 年。

（宋）欧阳修等撰：《新唐书》，中华书局，1975 年。

（元）脱脱等撰：《宋史》，中华书局，1977 年。

（明）《明实录》，台湾"中研院"历史语言研究所校印本，1962 年。

（明）陈子龙等辑：《明经世文编》，中华书局影印本，1962 年。

（明）李东阳纂，申时行重修：《大明会典》，台湾文海出版社，1987 年。

（清）龙文彬纂：《明会要》，中华书局，1956 年。

（清）徐松等辑：《宋会要辑稿》，中华书局，1957 年。

（清）张廷玉等：《明史》，中华书局，1974 年。

（清）董诰等编：《全唐文》，中华书局影印本，1983 年。

（清）潘锡恩总纂：《嘉庆重修一统志》，中华书局，1986 年。

（清）《清实录》，中华书局影印本，1986、1987 年。

（清）贺长龄辑：《清朝经世文编》，（台湾）文海出版社影印本，1987 年。

（清）赵尔巽等撰：《清史稿》，中华书局，1998 年。

（二）地方志

（明）陈德文增辑：嘉靖《袁州府志》，《天一阁藏明代方志选刊续编》本。

（明）严嵩原修，季德甫增修：嘉靖《袁州府志》，嘉靖四十四年刊本。

（明）管大勋修，刘松纂：隆庆《临江府志》，隆庆五年刊本。

（明）唐伯元、梁庚等纂修：万历《泰和志》，万历七年刊本。

（明）余之祯、吴时槐等纂修：万历《吉安府志》，万历十三年刊本。

（清）白潢修，查慎行纂：康熙《西江志》，康熙五十九年刻本。

（清）谢旻修，陶成纂：雍正《江西通志》，雍正十年刻本。

（清）戴体仁等修，吴湘皋等纂：乾隆《会昌县志》，乾隆十六年刊本。

（清）冉棠修，沈澜纂：乾隆《泰和县志》，乾隆十八年刊本。

（清）卢崧等修，朱承煦等纂：乾隆《吉安府志》，乾隆四十一年刊本。

（清）杨讱、徐迪惠等纂修：道光《泰和县志》，道光六年刊本。

（清）宋瑛等纂修：同治《泰和县志》，同治十一年刊本。

（清）欧阳骏等修，周之镛等纂：同治《万安县志》，同治十二年刊本。

（清）丁祥修，刘绎纂：光绪《吉安府志》，光绪元年刊本。

（清）刘坤一修，赵之谦纂：光绪《江西通志》，光绪七年刻本。

（清）宋瑛等修，彭启瑞等纂：光绪《泰和县志》，光绪五年刊本。

周鉴冰：《重修槎陂志》，泰和县生计印刷局印刷本，1939 年。

江西省泰和县人民政府地名办公室编印：《江西省泰和县地名志》，江西省泰和
　　县印刷厂印刷本，1987 年 10 月。

吴宗慈修，辛际周等纂：《江西通志稿》，江西省博物馆影印本，1985 年。

江西省泰和县地方志编纂委员会：《泰和县志》，中共中央党校出版社，1993 年。

江西省地方志编纂委员会：《江西省自然地理志》，江西科学技术出版社，
　　1995 年。

江西省地方志编纂委员会：《江西省水利志》，江西科学技术出版社，1995 年。


（三）家谱、村志类

江西泰和《吉州周氏全谱》，乾隆二十二年（1757 年）印本。

江西泰和《严庄蒋氏四修族谱》，1909 年手抄本。

江西泰和《梁氏族谱》，1909 年铅印本。

江西泰和《蒋氏族谱》，1919 年铅印本。

江西泰和《西昌康氏右派族谱》,1921 年铅印本。

江西泰和《南冈周氏爵誉仆射派阳冈房谱》,1933 年吉安民生印刷所印刷本。

江西泰和《蒋氏侍中联修族志》,1994 年铅印本。

江西泰和《螺江周氏族谱》,1994 年铅印本。

江西泰和《蒋氏侍中联修族志》,1994 年铅印本。

江西泰和《南冈李氏族谱》,1995 年铅印本。

江西泰和《乐家村乐氏族谱》,1995 年铅印本。

江西泰和《周氏爵誉族谱》,1996 年铅印本。

江西泰和《爵誉康氏村志》,2001 年铅印本。

江西泰和《义和田胡氏族谱》,1996 年铅印本。

江西泰和《富家潭胡氏族谱》,1996 年铅印本。

江西泰和《爵誉康氏族谱》,1996 年铅印本。

江西泰和《南冈周氏漆田学士派三次续修谱》,1996 年铅印本。

江西泰和《槎滩陂张氏族谱》,1998 年铅印本。

江西泰和《禄冈萧氏族谱》,1998 年铅印本。

江西泰和《南冈李氏族谱》,2006 年印刷本。

江西泰和《爵誉康氏族谱》,2011 年铅印本。


(四)文集、笔记类

(宋)文天祥:《文山集》,《文渊阁四库全书》本。

(元)刘诜:《桂隐诗集》,《文渊阁四库全书》本。

(宋)苏轼:《东坡志林》,《文渊阁四库全书》本。

(宋)沈括:《梦溪笔谈》,岳麓书社,2002 年。

(宋)袁燮:《挈斋集》,《文渊阁四库全书》本。

(明)刘崧:《槎翁诗集》,《文渊阁四库全书》本。

(明)王直:《抑庵文后集》,《文渊阁四库全书》本。

(明)罗洪先:《念庵罗先生文集》,嘉靖四十二年(1563 年)刊本。

(明)罗钦顺:《整庵先生存稿》,乾隆二十一年(1756 年)刊本。

(明)梁兰:《泰和三梁文集》,道光元年(1821 年)刻本。

(明)梁潜、梁果:《泊庵先生文集》,同治七年(1868 年)刊本。

(明)欧阳铎:《欧阳恭简公奏稿》,光绪十年(1884 年)刊本。

(明)萧士玮:《萧斋日记》,光绪十八年(1892 年)刊本。

(明)胡直:《衡庐精舍藏稿》,光绪二十九年(1903 年)刊本。

(明)周是修:《刍荛集》,民国二十五年(1936 年)刊本。

(明)杨士奇:《东里文集》,刘伯涵、朱海点校,中华书局 1998 年版。


(五) 资料集、史料汇编类

(清)傅春官:《江西农工商矿纪略》,清光绪三十四年(1908 年)石印本,江西省
　　图书馆藏。

马乘风:《最近中国农村经济诸实相之暴露》,《中国经济》,1933 年第 1 卷第 1 期。

国民党江西省政府建设厅编印:《江西省水利事业概况》,1938 年 6 月铅印本。

国民党江西省政府编印:《赣政十年》,江西省民生印刷第三厂 1941 年 12 月铅印本。

国民党江西省政府经济委员会编:《江西经济问题》,台湾学生书局 1971 年影印本。

江西省农业科学院编印:《江西省农业科学院沿革概况》,1979 年编印本。

江西省图书馆地方文献编辑组:《江西近现代地方文献资料汇编》(初编)第十
　　册,1984 年影印本。

梁国全:《农业综合开发水利骨干设施项目建设规划资料》,泰和县水务局印刷
　　本,2003 年。

章有义编:《中国近代农业史资料》第三辑(1927—1937),严中平等编:《中国近
　　代经济史参考资料丛刊》第三种,科学出版社,2016 年。

# 二、今人著作(按著者姓氏的汉语拼音排序)


(一) 专著

常建华:《社会生活的历史学——中国社会史研究新探》,北京师范大学出版社,
　　2004 年。

陈锋主编:《明清以来长江流域社会发展史论》,武汉大学出版社,2006 年。

陈桦:《清代区域社会经济研究》,中国人民大学出版社,1996 年。

陈荣华等著:《江西经济史》,江西人民出版社,2004 年。

陈支平:《近五百年来福建的家族社会与文化》,生活·读书·新知三联书店,
    1991 年。

董晓萍、(法)蓝克利主编:《不灌而治——陕山地区水资源与民间社会调查资料
    集》(第四集),中华书局,2003 年。

杜德凤:《太平军在江西史料》,江西人民出版社,1986 年。

(美)杜赞奇著,王福明译:《文化、权力与国家——1900—1942 年的华北农村》,
    江苏人民出版社,2010 年。

方志远:《明清湘鄂赣地区人口流动与城乡商品经济》,人民出版社,2001 年。

费孝通:《中国绅士》,中国社会科学出版社,2006 年。

(英)弗里德曼著,刘晓春译:《中国东南的宗族组织》,上海人民出版社,
    2000 年。

傅衣凌:《明清农村社会经济》,生活·读书·新知三联书店,1961 年。

葛剑雄、吴松弟、曹树基:《中国移民史》,福建人民出版社,1997 年。

(美)黄宗智主编:《中国乡村研究》(第三辑),社会科学文献出版社,2005 年。

黄志繁:《"贼""民"之间——12—18 世纪赣南地域社会》,生活·读书·新知三
    联书店,2006 年。

(美)冀朝鼎著,朱诗鳌译:《中国历史上的基本经济区与水利事业的发展》,中国
    社会科学出版社,1981 年。

李文海:《中国近代十大灾荒》,上海人民出版社,1994 年。

梁方仲:《中国历代户口、田地、田赋统计》,上海人民出版社,1980 年。

林耀华:《义序的宗族研究》,生活·读书·新知三联书店,2000 年。

刘志伟:《在国家与社会之间——明清广东里甲赋役制度研究》,中山大学出版
    社,1997 年。

鲁西奇:《区域历史地理研究:对象与方法——汉水流域的个案考察》,广西人民
    出版社,2000 年。

彭雨新、张建民:《明清长江流域农业水利研究》,武汉大学出版社,1993 年。

钱杭、谢维扬:《传统与转型:江西泰和农村宗族形态———项社会人类学的研
    究》,社会科学院出版社,1995 年。

钱杭:《库域型水利社会研究——萧山湘湖水利集团的兴与衰》,上海人民出版社,2008年。

(美)瞿同祖著,范忠信、晏锋译,何鹏校:《清代地方政府》,法律出版社,2003年。

(日)森田明著,雷国山译,叶琳审校:《清代水利与区域社会》,山东画报出版社,2008年。

唐力行:《明清以来徽州区域社会经济研究》,安徽大学出版社,1999年。

万振凡:《弹性结构与传统乡村社会变迁——以1927—1937年江西农村革命与改良冲击为例》,经济日报出版社,2008年。

汪家伦、张芳:《中国农田水利史》,农业出版社,1990年。

王铭铭:《走在乡土上》,中国人民大学出版社,2003年。

王日根:《明清民间社会的秩序》,岳麓书社,2003年。

魏嵩山、肖华忠:《鄱阳湖流域开发探源》,江西教育出版社,1995年。

(美)魏特夫著,徐式谷等译:《东方专制主义:对于极权力量的比较研究》,中国社会科学出版社,1989年。

吴宣德:《江右王学与明中后期江西教育发展》,江西教育出版社,1996年。

行龙主编:《近代山西社会研究——走向田野与社会》,中国社会科学出版社,2002年。

徐斌:《明清鄂东宗族与地方社会》,武汉大学出版社,2010年。

许怀林:《江西史稿》,江西高校出版社,1998年。

许怀林:《槎滩陂——千年不败的灌溉工程》,本书编委会编:《漆侠先生纪念文集》,河北大学出版社,2002年。

杨国安:《明清两湖地区基层组织与乡村社会研究》,武汉大学出版社,2004年。

杨国桢:《明清土地契约文书研究》,人民出版社,1988年。

张芳:《明清农田水利研究》,中国农业科技出版社,1997年。

张建民、宋俭:《灾害历史学》,湖南人民出版社,1998年。

张建民:《明清长江流域山区资源开发与环境演变:以秦岭—大巴山区为中心》,武汉大学出版社,2007年。

张研:《清代族田与基层社会结构》,中国人民大学出版社,1991年。

张艺曦:《社群、家族与王学的乡里实践——以明中晚期江西吉水、安福两县为例》,台湾大学出版委员会,2006 年。

赵世瑜:《小历史与大历史》,生活·读书·新知三联书店,2006 年。

郑振满:《明清福建家族组织与社会变迁》,湖南教育出版社,1992 年。

郑振满、陈春声主编:《民间信仰与社会空间》,福建人民出版社,2002 年。

周荣:《明清社会保障制度与两湖基层社会》,武汉大学出版社,2006 年。


(二) 论文

曹树基:《禾谱校释》,《中国农史》1985 年第 3 期。

昌庆钟、刘义程:《明代江西人口外移原因探析》,《江西社会科学》1998 年第 1 期。

钞晓鸿:《灌溉、环境与水利共同体——基于清代关中中部的分析》,《中国社会科学》2006 年第 4 期。

钞晓鸿:《争夺水权、寻求证据——清至民国时期关中水利文献的传承与编造》,《历史人类学学刊》2007 年第 1 期。

邓智华:《明后期江西地方财政体制的败坏》,《江西师范大学学报》2003 年第 5 期。

冯贤亮:《清代江南乡村的水利兴替与环境变化——以平湖横桥堰为中心》,《中国历史地理论丛》2007 年第 22 卷第 3 辑。

傅衣凌:《中国传统社会:多元的结构》,《中国社会经济史研究》1988 年第 3 期。

龚胜生:《清代两湖地区人口压力下的生态环境恶化及其对策》,《中国历史地理论丛》1993 年第 1 辑。

韩茂莉:《近代山陕地区基层水利管理体系探析》,《中国经济史研究》2006 年第 1 期。

胡英泽:《水井碑刻里的近代山西乡村社会》,《山西大学学报(哲学社会科学版)》2004 年第 2 期。

佳宏伟:《清代水利灌溉亩数的失实问题——兼评地方志所载数字的真伪》,《中国地方志》2005 年第 2 期。

(法)蓝克利:《关中地区民间水利组织与管理方法》,载葛兆光:《清华汉学研究》第三辑,清华大学出版社 2000 年版。

李卫东、昌庆钟:《清代江西经济作物的发展及其局限》,《中国农史》2001 年
　　第 4 期。

梁洪生:《从"四林外"到大房:鄱阳湖区张氏谱系的建构及其"渔民化"结局——
　　兼论民国地方史料的有效性及"短时段"分析问题》,《近代史研究》2010 年
　　第 2 期。

廖艳彬:《赣政十年(1932—1942)时期江西水利事业述论》,《赣文化研究》2004 年
　　第 11 期。

廖艳彬:《明清地方水利建设管理中的国家干预——以赣江中游地区为中心》,
　　《江西社会科学》2012 年第 5 期。

廖艳彬:《创建权之争:水利纠纷与地方社会——基于清代鄱阳湖流域的考察》,
　　《南昌大学学报(人文社会科学版)》2014 年第 5 期。

刘永华:《中国传统社会基层管理的模式》,《福建学刊》1997 年第 5 期。

刘志伟:《地域空间中的国家秩序——珠江三角洲"沙田—民田"格局的形成》,
　　《清史研究》1999 年第 2 期。

毛国涛:《清代以后江西逐渐落后原因之初探》,《南昌教育学院学报》1999 年
　　第 1 期。

庞振宇、陈晓鸣:《清末新政时期江西农业改良举措探析——以傅春官〈江西农
　　工商矿纪略〉为中心》,《农业考古》2009 年第 4 期。

钱杭:《共同体理论视野下的湘湖水利集团——兼论"库域型"水利社会》,《中国
　　社会科学》2008 年第 2 期。

(英)沈艾娣:《道德、权力与晋水水利系统》,《历史人类学学刊》2003 年第 4 期。

石峰:《"水利"的社会文化关联——学术史检阅》,《贵州大学学报(社会科学
　　版)》2005 年第 3 期。

施由民:《明清时期江西水利建设的发展》,《农业考古》1997 年第 3 期。

孙捷、廖艳彬:《传统基层水利设施管理的近代化——以槎滩陂水利工程为例》,
　　《江西社会科学》2009 年第 12 期。

万振凡、吴小卫:《近代江西农业经营方式的演变》,《江西社会科学》1998 年
　　第 1 期。

万振凡:《试论近代江西农业经济的发展》,《中国农史》1998 年第 3 期。

王建革:《清浊分流:环境变迁与清代大清河下游治水特点》,《清史研究》2001 年
　　第 1 期。

王利华:《古代华北水利加工兴衰的水环境背景》,《中国经济史研究》2005 年
　　第 1 期。

王培华:《清代滏阳河流域水资源的管理、分配与利用》,《清史研究》2002 年
　　第 4 期。

王铭铭:《水利社会的类型》,《读书》2004 年第 11 期。

王社教:《明代苏皖浙赣地区的水利建设》,《中国历史地理研究》1994 年
　　第 3 期。

王双怀:《明代华南水利建设的区域特征》,《陕西师范大学学报(哲学社会科学
　　版)》2001 年第 2 期。

魏佐国:《明代江西水利建设浅论》,《南方文物》2006 年第 3 期。

吴滔:《明清江南地区的"乡圩"》,《中国农史》1995 年第 3 期。

萧正洪:《历史时期关中地区农田灌溉中的水权问题》,《中国经济史研究》1999 年
　　第 1 期。

熊元斌:《清代江浙地区农田水利的经营与管理》,《中国农史》1993 年第 1 期。

行龙:《从"治水社会"到"水利社会"》,《读书》2005 年第 8 期。

行龙:《"水利社会史"探源——兼论以水为中心的山西社会》,《山西大学学报》
　　2008 年第 1 期。

许怀林:《江西历史上经济开发与生态环境的互动变迁》,《农业考古》2000 年
　　第 3 期。

许怀林:《江西城镇发展的历史特点和近百年来的演变态势》,《江西师范大学学
　　报(哲社版)》2000 年第 4 期。

晏雪平:《二十世纪八十年代以来中国水利史研究综述》,《农业考古》2009 年
　　第 1 期。

杨格格、杨艳昭、封志明、张晶:《南方红壤丘陵地区土地利用变化特征——以吉
　　泰盆地为例》,《地理科学进展》2010 年第 4 期。

杨国安:《塘堰与灌溉:明清时期鄂南乡村的水利组织与民间秩序——以崇阳县

〈华陂堰簿〉为中心的考察》,《历史人类学学刊》2007 年第五卷第 1 期。

尹美禄:《从〈禾谱〉看北宋吉泰盆地的栽培》,《农业考古》1990 年第 1 期。

(美)约翰·W. 达第斯著,王波译:《一幅明朝景观:从文学看江西泰和县的居民点、土地使用和劳动力》,《农业考古》1995 年第 1 期。

张爱华:《"进村找庙"之外:水利社会史研究的勃兴》,《史林》2008 年第 5 期。

张芳:《明清南方山区的水利发展与农业生产》,《中国农史》1997 年第 1 期。

张芳:《明清南方山区的水利发展与农业生产(续)》,《中国农史》1997 年第 3 期。

张建民:《生态环境问题与社会经济史研究》,《史学理论研究》1988 年第 2 期。

张建民:《清代湘赣边山区的棚民与经济社会》,《争鸣》1988 年第 3 期。

张建民:《明清长江中游山区的灌溉水利》,《中国农史》1993 年第 2 期。

张建民:《试论中国传统社会晚期的农田水利——以长江流域为中心》,《中国农史》1994 年第 2 期。

张建民:《传统方志中农田水利资料利用琐议——以江西省为例》,《中国农史》1995 年第 2 期。

张建民、鲁西奇:《了解之同情与人地关系研究》,《史学理论研究》2002 年第 4 期。

张建民:《长江中游社会经济史研究的深化与拓新》,《武汉大学学报(人文科学版)》2008 年第 6 期。

张俊峰:《明清以来晋水流域之水案与乡村社会》,《中国社会经济史研究》2003 年第 3 期。

张俊峰:《介休水案与地方社会——对泉域社会的一项类型学分析》,《史林》2005 年第 3 期。

张俊峰:《明清中国水利社会史研究的理论视野》,《史学理论研究》2012 年第 2 期。

赵世瑜:《二十世纪中国社会史研究的回顾与思考》,《历史研究》2001 年第 6 期。

赵世瑜:《分水之争:公共资源与乡土社会的权力和象征——以明清山西汾水流域的若干案例为中心》,《中国社会科学》2005 年第 2 期。

郑振满：《明清福建沿海农田水利制度与乡族组织》，《中国社会经济史研究》
　　1987 年第 4 期。

郑振满：《明清福建的里甲户籍与宗族组织》，《中国社会经济史研究》1989 年
　　第 2 期。

衷海燕：《明清吉安府士绅的结构变迁与地方文化》，《江西科技师范学院学报》
　　2004 年第 5 期。

衷海燕：《陂堰、乡族与国家——以泰和县槎滩、碉石陂为中心》，《农业考古》
　　2005 年第 3 期。

衷海燕：《明清吉安府士绅的结构变迁与地方文化》，《江西科技师范学院学报》
　　2004 年第 5 期。

周海华：《江西近代农业建设的兴衰》，《古今农业》1994 年第 1 期。

周荣：《本地利益与全局话语——晚清、民国天门县历编水利案牍解读》，《历史
　　人类学学刊》2007 年第五卷第 1 期。

（三）未刊学位论文

戴天放：《鄱阳湖流域农业环境变迁与生态农业研究》，福建师范大学博士学位
　　论文，2010 年。

廖艳彬：《江西泰和县槎滩陂水利与地方社会》，南昌大学硕士学位论文，
　　2005 年。

孙捷：《"赣政十年"期间（1932—1942）的江西地政》，南昌大学硕士学位论文，
　　2004 年。

夏如兵：《中国近代水稻育种科技发展研究》，南京农业大学博士学位论文，
　　2009 年。

张宏卿：《民国江西农业院研究》，江西师范大学硕士学位论文，2004 年。

曾志文：《民国江西农村经济危机与政府应对》，江西师范大学硕士学位论文，
　　2008 年。

# 附录

# 民国二十七年重修槎陂志

## 民国二十七年重修槎陂志一

《记一》：泰和槎滩陂，创自南唐，载诸通志，迄今千有余年矣。考其平时，蓄水灌田，数逾万亩，实为全邑水利工程之冠。其间历年兴修，或由善士慨捐，或由田亩摊募。从未乞助于有司，艰苦自持，千载于兹，具见当地物力之雄，而万民生计之是赖也。民四而还，农村凋敝，致是陂失修久矣。乡人士以关系地方生计至深且巨，念前功虑后患，实不可视为缓图。爰于戊寅年（1938年）冬，组织重修槎陂委员会，推周君鉴冰等董其事重谋修复，无如工程浩大，民力未敷，几经筹措，殊难如愿。因具呈本局请予补助，迭经派员视察，始悉工程重要，洵足以促进后方生产，增厚抗战力量，而非地方民力所能逮也。爰拟拨给公帑，澈底翻修以垂久远，嗣因交通梗阻，材料难筹，加之时间迫促，乃不得不权衡缓急，先事治标，仅拨千元以为助，不足之数仍由地方自措。该会亦能体念时艰，勇于任事，克底于成，诚幸事也。兹以刊修陂志，请记于余，因书数语以弁其端。中华民国二十八年七七纪念日，江西水利局局长燕方畎记。

《记二》：我国乡以农业为立国之本，富国首在利农，利农端资水利。若陂塘淹没，圩埠（岸）浸坏，则沃壤不得耕焉。是以历代之于农田水利，其兴治也无不切。今世著令各省尤有专司，惟国家当多事之会，建设端绪綦繁，经费容有所未赡，则有缙绅先生者起而倡之，亦废无不举。槎滩之水，为禾川支流。滩有陂，为泰和县最大之水利工程，信实、高行两乡田亩咸赖灌溉。陂创筑于后唐，代有修筑，得维系于不坠。去年两乡人士复谋重修之，以乡彦周鉴冰、康席之、郭星煌诸先生董其事，而刘厚生、周万里、康步七、胡蔚文、谢月南诸先生首捐款以助之，并呈准省政府就地方附税项下补助五百元，水利局复拨款千元。遂于是冬农隙兴工，阅二月而蒇事，计所费法币三千八百余元；而两乡民众服行工役，均莫不踊跃应征，努力以赴。既成，复组织管理委员会，经常负勘察修葺之责。今年夏，余于役是邑周鉴冰先生为余道其事，余有感于绅民从公之勤且多其善后之有方也，因乐为记之，诸首事、诸善士之名附书于左。中华民国二十八年八月谷旦，江西省第三区行政督察专员兼保安司令刘振群记。

《记三》：廿四年七月，绳月奉命篆泰暇会省，览县志，得知槎滩、碉石二陂关系五、六两区农田水利至巨，顾久湮圮，民物凋敝，欲兴未能。且复无热诚卓识之士绅振臂倡导，人民苟且成性，亦遂安焉。物质损失，可胜纪哉？二十六年冬，孙君纯文主五区区政，余命会同六区组重修槎碉二陂工程委员会，约集绅民措资兴办，乃议定而事未举，则知凡事可由政府提倡，而欲赖其力以经营之，无广大群情为之助，殆鲜有成者。又明年冬，周君鉴冰辞官乡居，睹桑梓水利久废，为之心伤，毅然引重修槎碉二陂为己任，咨于余。余与周君为文字交，契洽宿深，闻之距跃三百，请其负责筹谋，余当力襄其成。于是周君撰订计划，奔走筹资，嗣经江西水利局补助经费一千元，本府复呈准省府于地方费益以五百元，乃鸠工庀材，躬亲督导，阅两月而遂工竣，所需亦仅费三千八百余元。政在人，举以理，为不爽矣？与其事者，尚有康君席之、郭君星煌、蒋君竹书、胡君明光、李君舒南、周君晓等皆不计酬报，悉心尽力，其成厥事，亦见义勇为之君子也。至于民众之热烈赴工，自更足多。槎陂成，余于三月曾往勘察，老农撑小舟至其地，见河水自陂而下，如万马奔腾，滚滚东逝；其工程之坚实，与规模之宏伟，为全赣所罕见。虽不敢云垂诸久远，但能保持数十年，五六两区之水利，定不虑缺乏。后之食其报者，于鉴冰君不益兴崇敬之思耶！兹周君拟刊修陂志，余不敏，忝司民牧，敢附诸君之后缀、数行于志首。中华民国二十八年六月，署泰和县县长湖北鲁绳月谨撰。

《民国四年重修槎滩碉石二陂记》：岁乙卯，余馆早禾市笃行书院，上去槎滩大陂，下去碉石小陂，皆不远。时适有重修之举，闻不食陂之利者亦竞输赀，余颇疑以告者。过明年丙辰，馆爵誉康氏家塾，去求仁书社不远，偶觅得《求仁志》一册，中曾言及水利，乃知万历间槎陂之修已有他邑人助赀。余于是自惭乡者之疑，吾浅之为丈夫。一日，修陂诸君子以讫功，属余记。余虽不食陂之利，然彼纷纷助金者，犹泯此疆尔界之见。刭余方馆此间，晨夕餍饫不离槎陂灌溉之土物，一记之作又奚容辞? 陂之创始及历世不一修,详各志暨诸先哲文,兹无庸赘。惟将境内境外诸善士大公无我之心,一为阐发之。盖槎滩、碉石陂虽高行、信实两乡之陂,然非两全乡之陂也。即求仁书社虽高行、信实两乡之社,然亦非两全乡之社也。言高行、信实两乡,则可包求仁书社与槎滩碉石陂。仅言求仁书社与槎滩、碉石陂,则不能包高行、信实两乡。且言求仁书社,则可包槎滩、碉石陂;仅言槎滩、碉石陂,则不能包求仁书社。《求仁志》载:与社方域既分甲至癸为十团,又以虹冈山脉分江南为五支,合之江北,凡六支。其江南之第一、二、三、四支俱在螺溪,田三十万亩,境内所谓食陂之利者也;不食陂之利者,吾黄塘等处为江南第五支及江北一支也。顾以分殊而言,剖析不厌其详。以理一而言,不惟两乡之中,不必以不食陂之利而自外推之他乡他邑,凡不食陂之利者,亦何妨共赞其成? 古称中国一人,一人之身左痛而右不知,右痒而左弗觉,是谓痿痹。医书以手足痿痹为不仁,程子尝援以证。仁者,以己及人之心,良由性同一源,自然相关。不然何前而《求仁志》后? 而今日竟如是之,不谋而合也哉!《求仁志》虽云三十万亩,今诸君子自验从乡间斗石之称,计以石仅六千有奇,计以斗亦仅六万有奇。故乾隆间修陂旧籍已明言与三十万之说迥相左。此番之修去最近一次将二十年,洪水为患,败坏已极,需费匪轻。既仿乾隆间故事,斗田派钱四十,仍有待于境内境外诸善士大公无我之心,乃得于大雪后四日兴工,大寒后七日告成。盖即境内诸善士亦属计田派费之外,广种阴德,而境外诸善士之广种阴德,天地鬼神将有以报之,更可深信而无疑,记与不记原不足为加损。聊举其中捐数较多之五家,借以讽世云尔,曰信实周旌孝堂捐钱二百缗,其家尝及余门者八人;曰信实胡道德堂捐钱二百缗,其家亦有尝及余门者,二家于《求仁志》皆江南第三支食陂之利者也。其次曰千秋李相林堂捐洋银百元,乃不食陂之利者,余闻斯举,窃以不得御李君为憾。又其次曰高行蒋石峰捐钱百缗,自石峰及石峰之两子一姪一孙先后及余门;曰信实萧君礼棠捐钱百缗,昔年君尝招余至其家畅谈二日,皆有益桑梓事,无一语及尔我之私,二家亦食陂之利,于《求仁志》皆江南第二支也。民国五年丙辰立夏后七日,黄塘张箸谨撰。

### 民国二十七年重修槎陂志三:沿革(节录自清光绪《泰和县志》)

槎滩、碉石二陂,在禾溪上流,为高行、信实两乡灌田公陂。(通志)后唐天成进士、御史周矩创筑,其子美(仕宋仆射)赡修。(乾隆志)因李唐田三志未载,拟删。道光三年,知县杨切修志,生员周振与蒋、萧各姓迭控至今。六年春,奉部饬知于新修志书载开槎滩、碉石二陂,后唐御史周矩创筑,子美赡修,以示不忘创筑之功。惟周美赡修田塘久已无据,该陂为两乡公陂已久,后遇修筑,仍归各姓按田派费,周姓不得借陂争水利。判语详后。

判云:槎滩、碉石二陂,在禾溪上流,灌高行、信实两乡田亩众多,按田派费,因时修筑。按《江西通志》:二陂在禾溪上流,后唐天成进士周矩所筑,长百余丈,滩下七里许,筑碉石陂,约三十丈,又于近地凿三十六支,分灌高行、信实两乡田无算,子美(仕仆射)增置山田鱼塘,岁收子粒以赡修陂之费。皇祐四年,嗣孙中和撰有碑记云。田产久已无考,遇有修筑,按田派费,录之以示不忘创筑之功焉。

据《南冈李氏通谱》载:元至正间,柏兴路同知李英叔以钱二万缗,独修槎碉二陂,载元从仕郎、辽阳等处儒学副提举、庐陵刘岳申撰《英叔墓铭》,其子如春偕弟如山与周云从以宋仆射周美所赡陂田被人侵占,与蒋逸山、萧草庭控诸有司,得直,立五彩文约,轮为陂长,与《周氏通谱》所载相同。且据蒋氏谱载,蜀府纪善蒋子夒自撰谱序,有"逸山公筑修槎陂"语,证以现在槎陂之石尚刊有"严庄蒋氏重修"等字,亦足征信。至清光绪戊戌,义和胡义士西京偕螺江周封翁敬五合修槎碉二陂,阅时未久,妇孺咸知详。邑侯郭太史曾准所撰《螺江周旌孝堂记》,附识于此,以备参考。

### 民国二十七年重修槎陂志四:流域

茶(槎)山陂、蒋田、吴瓦(头)、乐家、上山、秀洲、上蒋、夏富洲、临清、罗瓦、隘前、军书门第萧、早禾市、杨瓦、西门口、彭家祠、桑田、官田、洪潭、邓瓦、桥上、茆庄、沧溪、潘瓦、院头、彬里、兜居、洲上、新坞(居)、古田、梅枧、江埠、田心、老居、新居、康居、枫垅、增庄、上市、蒋江口、清溪张瓦、渡船口、弦上、沙里、泽田黄、老居张、严瓦、夏坞、都下邓、门陂、下弦、下邓瓦、上袁瓦、下袁瓦、桐陂、辋下、广头、大芫、圳口、董田、董瓦、上车、双湖边、爵誉(周、康)、朱家、院下、张瓦、玉几山、雁口、龙口、秋岭、社下、晚桥、灌陂头、石江口、高塿上、岭下、八斤、下岭上、李埜(家)、螺塘、郑瓦、田心、庄下、沧洲(胡氏)、旧居、铅锡、顶瓦、高虎岭、高田、庙田、仓下、长洲上、上阳田、下阳田、大塘坛胡、屋李下、改边、杜陂、花园彭家、竹山、大坟前、湍水、新萧家(大塘坛萧家)、灌溪、邹家、李家坞、杜家、南门、罗步田、坑锡、夏潭、唐瓦、广头、戴埜、大夫第、槎富张、筠川、观背、大塘坛、留车田、羊瓦洞、大塘坛周、塅上胡、冻溪、蓴溪、罗坑(湾)、壇前、车江上、段瓦、早木垅、彭瓦(周、陈)、水路(刘、杨)、周瓦、上张瓦、下张瓦、阆(阙)瓦、胡家下、高冈、龙跃洲、屋下、宋瓦、枧头、漆田、石八斤、对田、曲垃、喜田、义禾、罗瓦、富家潭、蒋瓦、螺江、院背、舍溪、枧溪、枧桥、亚江、罗家潭、谢瓦、庙下胡、新蒋瓦、南庄、下锡横陂、曾瓦、车山、高湖、塘边李、康瓦头、上东坞、下东坞、三派。(说明:以上各村因支流众多,水势曲折,故位置之先后不免稍有混杂。)

## 民国二十七年重修槎陂志五《文牍》

一、《重修槎陂委员会简章》

(一)本会以重修槎陂、复兴水利为宗旨。

(二)本会会址暂设南冈允升书屋。

(三)本会设委员十三人,除五、六两区区长为当然委员外,其余十一人由各姓代表大会公推之,分总务、财政、工程三股,每股设股长一人,由委员兼任之。总务股办理文书、募捐及庶务事项,财政股办理出纳、会计事项,工程股办理修缮事项。

(四)本会设主任三人,总务、财政、工程各股设股长一人,由委员中推举之,各股得设干事若干人,其名额视事务之繁简定之。

(五)本会工程股得于槎陂附近设工程处,以便主持修缮事宜。

(六)本会委员不常川驻会,概尽义务,惟在工程处办事人员得在处,膳宿并酌给津贴。

(七)本会对外由全体委员负责其办公费用,实支实销,但须力求撙节,以免靡费。

(八)本简章自呈准之日施行。

二、呈文(附指令)

事由 为重修槎碉二陂管理委员会恳准备案并颁图记式样由。窃查本县五六两区境内之槎滩陂横筑禾水,上游面积百余丈,流长三十里。分为新江、老江,辅以碉陂、笭陂,上自禾溪,下至三派,所有境内田亩之荫注、人民之饮料,俱惟陂是赖,为一邑有名之水利,是两区最要之工程,载诸各志,创自南唐(陂载省府县各志及江西要览),为南唐西台监察御史周矩创筑。历代重修,或赖个人倡议,或由田亩派捐,以迄于今,民生攸赖,迩年洪水冲决,以致农村凋敝,经费难筹,荏苒至今,败坏殊甚,倘不急起直追,恐将后悔无及,爰于六月六日由各姓代表会议决议,组织重修槎陂委员会,设委员十三人,除五六两区区长为当然委员外,公推周鉴冰等为委员,筹备一切,理合备文检同委员会简章及委员姓名表,呈请钧府鉴核备案,并恳颁发图记式样,以便刊刻使用,伏乞示遵,谨呈泰和县县长鲁,计呈委员会简章及委员姓名表各一份。具呈人:周心远、胡明光、吴家诚、李胥(舒)南、周鉴冰、萧勉斋、蒋竹书、梁锦文、康席之、龙士卿、郭星煌。乐怀襄、周郁春。

泰和县政府指令建字三八九号(二十七年七月九日)。令重修槎陂委员会委员周心远等呈一件为重修槎陂组织委员会,恳准备案由。呈件均悉,查槎陂为五六两区策源地,关系地方农田灌溉至为巨大,本府前经派员会同水利局勘测在案,第以工程重大,地方人财力量一时难以集中,故未轻举。兹未经举,兹居呈报前来合,亟发图记式样暨水利工程调查表,令仰该会遵照查填,并附具工地图各四份以凭,转呈销案,此令附件存。

事由  恳请转呈补助经费由。窃查本县五六两区之槎陂,载诸各志,创自南唐(附载省府县志及江西要览),为南唐西台监察御史周矩创筑,横筑禾水上游,面积一百余丈,流长三十里,为新江、老江,辅以碉陂、笭陂,上至禾溪,下至三派,所有境内田亩之荫注、人民之饮料,俱惟陂是赖,为一邑有名之水利,是两区最要之工程,历代重修多赖人民倡义(议),间有田亩派捐。近以匪患初平,农村凋敝,上年碉陂之修需费仅八百余元,沿门托钵既少,慷慨输将、按亩派捐,复感追呼苛烦,工虽告竣,款尚不足,经过情形已在钧长洞鉴,以致槎陂久坏未克,随时补修,蹉跎至今,工程愈大,损失愈巨,委员等上关国计,下念民生,非生产无以养民,非保民无以卫国,处此抗战时期,尤感修陂重要,倘不速图,将贻后悔,爰于六月六日由各姓代表会议决议,组织重修槎陂委员会筹备一切,业将委员会组织简章及委员姓名表呈请钧府鉴核备案,惟念工大费巨,估计预算需八千余元,子遗黎民好义有心点金乏术,继思省政府振兴水利不遗余力,补助各种经费成例具在用,特绘具图说,编订预算,恳求转呈省政府体恤民艰,速令水利局派员查勘,准予补助二千元,并求钧长呈准于本县钨税建设费项下补助一千元,其余五千余元,则由委员等自行筹措,一俟款项有着,即行购办材料,以便冬间兴工,众擎易举,大功告成,国计民生实俱利赖,之谨将图说、预算各三分备文呈请鉴核,并乞转呈专员公署暨省政府核示饬遵,谨呈泰和县县长鲁。计呈图说三份,预算三份。

事由 遵令填送水利工程调查表并附具工地图暨印模呈请鉴核存转由。案奉钧府,本年七月九日建字第三八九号指令本会呈一件呈为重修槎陂组织委员会恳准备案由。奉令开呈件均悉,查槎陂为第五六两区水利策源地,关系农田灌溉至为巨大,本府前经派员会同水利局勘测在案,第以工程重大,地方人财力量一时难以集中,故未轻举,兹据呈报,前来合亟检发图记式样,地方水利工程调查表,令仰该会遵照查填,并附具工地图各四份,以凭转呈备案,此令附件存等因。奉此遵查槎陂创筑时代、修筑情形以及流域之长度、灌溉之数量,业经绘具图说送呈在案,兹奉颁发工程调查表式,自应遵照,分别查填,连同工地图各四分(份)印模二份分别存转谨呈。计呈送水利工程调查表工地图各四份印模二份。

事由 呈送预算书恳请核转由。窃查重修槎陂迭经绘具图表呈请察核并蒙钧府派员会同水利局徐工程师测勘在案,兹以兴工在途,需费孔多,凋敝之农村虽头会箕敛力量难胜股实之床输,纵舌弊唇焦,金钱有限,既不能因噎以废食,复不可无米以为炊。委员等下顾民生,上关国计,迫不获已,敬恳俯念槎陂为全县有名之水利,最大之工程,转呈层峰准予分别补助昭示政府振兴水利之盛心,增加人民厉行生产之勇气,抗战前途实深利赖,谨将收入支付预算书各四份备文呈请钧府俯赐察核,并乞转呈专员公署暨省政府核示饬遵,谨呈。附呈收入支付预算书各四份。说明:按当初计划,原欲根本重修,以期永久,经与县政府主管科长实地测勘,从长商讨,订定预算洎时局变迁,省府指令久延未下,时间、财力两感困难,复变更计划修理,重要部分原预算书未生效力,故未列载。

事由 重修槎陂需用民工,应如何征用,呈请核示,连同亩捐颁给布告,并分令五六两区区长转饬各保遵照由。窃以重修槎陂工大费巨,所有筑土陂、挑砂石以及车水各项,按照法令俱可征工。伏查五六两区地域辽阔,居民众多,非尽属槎陂范围,究应如何征用,自应呈请核示,连同受益田亩捐费(每田一斗收捐铜元十枚),统请钧府布告週告,并令五、六区区署转令各保甲长晓谕各村民众依限缴捐,遵章服役。其因事不能应征者,每天纳代工金三角,倘有故意延抗,准予传讯罚办,以利进行。是否有当,并乞示遵。谨呈。

泰和县政府指令(建字第五八六号)。令第五六两区重修槎陂委员会主任周鉴冰等呈一件,呈为重修槎陂需用民工应如何征用,呈请核示,连同受益田亩颁发布告,并分令各该区长转饬各保遵照,以利进行由。呈悉,查修理槎陂需工甚巨,应按照国民工役法第四条之规定,凡年满十八至四十五之男子,均有服工役三日之义务,普遍征工。至受益田亩捐,前据该会编造预算,经分别转呈核示在卷,权衡利害,亦属可行,准予从速催征。倘有故意延抗,可报由当地区署罚办,并分报本府备查。除分令并布告外,仰即遵照,赶紧进行,勿延为要,此令。

事由　呈为槎陂兴工已久,筹费维艰,恳求准予查案补助由。窃查本县槎陂急待修理,迭经绘具图记、编订预算,呈由县政府转呈钧局暨省政府俯念槎陂为全县有名之水利,最大之工程,体恤民艰,准予分别补助在案,嗣迭承钧局先后派委徐工程师、傅科长、丁队长会同县政府萧科长测勘,具见关怀民瘼、振兴水利之盛心,惟兴工已久,筹费维艰,而前呈预算书内所列钧局之补助费二千元暨请省府核准,由县建设费补助一千元,尚未奉明示,凤夜彷徨,罔知所措,岁聿云暮时不再来,伏乞准予查案补助,庶几为山九仞,不致功亏一篑,国计民生两俱利赖,谨呈江西水利局长燕。泰和县五六两区重修槎陂委员会主任委员周鉴冰、康席之、郭星煌。

事由　呈请核准之补助费全数提前发放由。窃本县此次重修槎陂以工大费巨,地方贫困,曾经分别呈请钧局暨县政府给予补助各在案,现蒙钧长明示准予补助国币一千元,两区人民食德款和感激靡已,惟因交通不便,外埠捐款须经相当时间始能到达,致经费后面恐难接济,兹谨具领结一纸呈请钧长俯恤困难,将核准之补助费国币一千元全数提前颁结,以利工程,谨呈江西水利局局长燕。附呈领结一纸。

泰和县政府训令建字第六二八号,二十七年十二月三十一日。令重修槎陂委员会主任委员周鉴冰。案奉江西水利局月字第二〇一号训令以该会主任委员周鉴冰等呈请将核准之补助费国币一千元全数提前结领等情，内开查此案前据该会呈请补助，即经核定酌予补助工料费一千元，令县严督切实进行，在卷。据呈前情，除将工料补助费一千元如数发交该主任委员周鉴冰等领回，并分令水局第一工程队外，合行令仰该县长遵照，督促赶速办理，并转饬补具工程计划呈局察核等因，奉此合行，令仰该主任委员赶速遵办，并将工程计划补具呈候核转，勿延为要，此令。说明：按训令到时工程重要部分行将告竣且先与水利局派来工程师将工程计划大致商讨，故未补具计划书。

是由　呈请按照预算所列就县建设经费或预备费项下补助一千元由。窃查重修槎陂以工大费巨，曾经编造预算，绘具图说，呈请钧府转呈省政府暨水利局分别核准补助在案。现兴工已久，筹费维艰，虽承水利局颁给补助费一千元，而通盘筹画，不敷尚巨。伏思槎陂非但为全县最大之水利，亦为全省最要之工程，故水利局虽经费艰窘，仍承设法补助，本县钨税收入向有建设，开支钧长，注意民生，关心水利历有年，所兹逢重修之会，正遇将助之机，敬乞体恤民艰，转呈省府准予按照预算所列就县建设费或预备费项下补助一千元，庶几为山九仞，不至功亏一篑，则两区民众饮和食德、刻骨铭心矣。岁聿云暮，时不再来，迫切陈情，惶恐待命，谨呈泰和县政府县长鲁。

泰和县政府指令（建字第六三八号，二十八年一月十日）。令重修槎陂委员会主任委员周鉴冰呈一件呈请按照预算所列，就建设费或预备费项下补助千元，以竟全功由。呈悉。查本县钨沙附税，经省府核定，统筹专给，列入县地方预算，内并无水利补助等款，目前经呈请省府核示在案，兹据前情查核尚属实在，除呈请准予在本县二十七年上半年度县地方预备费项下拨助五百元，以竟全功，另令饬遵外，仰即知照，此令。

事由　呈请县府将核准之补助费五百元全数提前发放，以竟全功由。窃查此次重修槎陂，以筹款维艰，曾经呈请钧长准予按照预算所列补助一千元一案，兹奉钧府建字六三八号指令，略开准予在本县二十七年上半年度地方预备费项下拨助五百元，以竟全功等因，两区人民同深感激。现立春在即，工程急待完竣用，特谨具领结一纸呈请钧长俯念困难，将核准之补助国币五百元全数提前发给，以利工程。谨呈。

附呈领结一纸。泰和县第五六两区重修槎陂委员会主任委员周鉴冰、康席之、郭星煌等,今领到泰和县政府发给重修槎陂经费国币五百元整,所领是实。中华民国二十八年一月二十日。

泰和县政府指令(建字六七六号,二十八年二月三日)。令第五六区重修槎陂委员会主任委员周鉴冰等呈一件,呈请将核准之补助费五百元全数提前发放,以竟全功由。呈件均悉。查此案前据该主任委员呈报到府,经以建字第六三四号呈奉江西省政府财建字第六三四号指令"应予照准"除函县分金库及财务委员会外,仰即缮具正副印领派员到县只领具报,此令。

原领结发还,附发正副印领二纸。第五六区重修槎陂委员会主任委员周鉴冰、康席之、郭星煌等,今于与正副印领事实,领得泰和县政府呈准在二十七年上半年度县地方预备费项下补助槎陂工料费五百元整,所领是实,此据。中华民国二十八年二月日。

事由  分呈水利局、县政府于二月一日以前派员验收并请县府将补助费从早发放由。槎陂工程,幸赖钧局府派员督促,并蒙准予拨款补助与夫之义士之慷慨解囊,已幸完成,驻该陂之工程处亦将结束,惟统计收支亏欠尚巨,敬请钧局(府)转呈省政府迅将县政府呈请补助费准予补助之,国币五百元核准令发,从早发放,并请于二月一日以前派员验收,以昭实在,除分呈外,谨呈江西水利局局长燕、泰和县县长鲁。

江西水利局批字第二二八号,二十八年二月九日。具呈人泰和县重修槎陂委员会主任委员周鉴冰等,二十八年一月二十七日呈一件为槎陂工程现告完成,请派员验收,并转呈省政府迅将县府补助费核准令发由。呈悉。已派本局技士阮树楠验收具报,至该县政府补助费,应候令饬泰和县长查核办理,仰即知照,此批。局长燕方厰。

泰和县政府指令(建字第六三八号,二十八年二月三日)。令第五、六区重修槎陂委员会主任委员周鉴冰呈一件为槎陂工程完竣,请将核准之补助费从早发放,并派员验收由。呈悉。请领补助费应换缮正副印领派员具领经予指令在案,至派员验一节,应候本府会同水利局核定后,另电饬遵,仰即知照,此令。

《募捐咨》:盖闻民为邦本,食乃民天。虽不违农时谷则不可胜食,然非逢乐岁民终难免有饥,读既忧既渥之章咏乃积乃仓之句,当恍然水利之关系于民生国计者,甚巨也。泰和槎滩陂者,载诸各志(陂载江西通志、江西要览、府县各志),

创自南唐,凿渠三十六支,灌田一千万亩①,为一邑有名之水利(详清邑侯郭太史曾准记),是两乡最要之工程(泰和分六乡,此陂灌注信实、高行两乡),在创筑之初,修缮有田租出息,经变迁而后,收支无颗粒余存(陂系南唐西台监察御史周矩创筑,其子宋仆射、光禄大夫美赡田庄多处为修缮费,迭经兵燹,多被侵占,虽由蒋、周、胡、李、萧诸姓屡图恢复,未果),以致每遇重修,常多困难,头会箕敛,既为户口所难,堪说短道长,亦系人民之习惯。在昔承平年代,犹多倡议之家;处今凋敝时期,难得急功之士,然而民生攸赖、国课所关,自应改弦更张,焉能因噎废食,况痌瘝在抱,本无此疆彼界之分,慈善为怀,当有救灾恤邻之举,用是谨申微悃、广结福缘,冀当代仁人解囊乐助,愿四方善士援笔大书,款不虚糜,民沾实惠,饮和食德,颂生佛者,万家立志刊碑,垂勋名于百世,仁风广被,利泽长流,是为咨。

三、公函

致区署征工公函:案奉县政府十一月二十四日建字第五八六号指令本会呈一件,呈为重修槎陂需用民工应如何征用,呈请核示,连同受益田亩捐颁发布告并分令各该区长转饬各保遵照,以利进行由。呈悉。查修理槎陂需工甚巨,应按照国民兵役法第四条之规定,凡年满十八至四十五之男子,均有服工役三日之义务,普遍征工。至受益田亩捐,前据该会编造预算,经分别转呈核示在案,权衡利害,亦属可行,准予从速催收。倘有故意延抗,可报由当地区署罚办,并分报本府备查。除分令并布告外,仰即遵照,赶紧进行为要,此令等因奉此查国民工役法,除现役军人外,自十八岁至四十五岁之男子,均有服役之义务,本会为顾全事实起见,对于因事不能应征者,有每日折代工金法币三角之规定,以及受益田亩每亩收费一角,编造预算,呈准在案(兹以农村凋敝,改为每斗收费一百文),奉令前因相应函请贵署转令所属保联主任及保甲长速将各保应征男子姓名、年龄、职业、村落详细造册过会,如期应征,倘须代工者,则于备考栏内注明,并督促受益各保将亩捐每斗一百文于国历十二月底以前分别缴交五区南冈口第三保联本会收捐处及六区槎滩陂本会工程处,毋得延误,至纫公谊。此致。泰和县第五六区区长周、吴。主任委员周鉴冰、康席之、郭星煌。

---

① 根据相关文献记载,"一千万亩"应有误,前述《民国四年重修槎滩碉石二陂记》中对此也有论证。

致旅外同乡催捐函一。某某先生大鉴:七月间曾上寸楮并附捐册收据谅达左右惟期逾两月,未蒙惠福,至为耿耿。槎陂重修,刻不容缓,且工程浩大,需费孔多,虽曾呈请政府补助并经水利局派员测勘,但缓不济急,为数有限,自非另行筹措不足以赴,事功素稔,台端仁风广被乡里,同饮登高一呼群山皆应,现上峰令限下月一日开工,尊处捐款当已募有成数,若犹未也,则请广为劝募,所有款项捐册统希寄交三都墟恒泰和转财政股长周郁春先生收,不胜盼祷,文至谨此。顺颂筹祺,并候回云。

致旅外同乡催捐函二。某某先生大鉴:两上芜函,计达左右,槎陂重修原非得已,同人等奔走呼号,乃上念国计,下顾民生,凛饮水思源之义,为披发缨冠之举,如一区义士刘厚生先生、江北谢月南先生俱系不饮水利类,皆慷慨解囊,吾辈生斯长斯,忆先哲之伟绩,宁能恝置?冀后人沾实惠,更应继绳。先生乡里重望,高瞻远瞩,谅亦深表同情也。前书久上,未蒙惠福,故再渎陈尊处,捐款统希克日汇寄,捐册、收据亦希同时寄下,盼切祷切,此候。筹祺。

四、祭江文

川流卑下原田失灌溉之资,渠水纡回,畎亩有丰穰之望,先哲深明此理,南唐创筑巨陂,号曰槎滩,润分禾水,灌田盈三十万石,功载口碑,流域灌五六两区,事登邑志,就陂之面积而言,长余百丈,阔达七弓,尾抵东南,首榜西北,历代以来屡修屡坏,屡坏屡修,或好义而解囊,或按田以派费,工程浩大,补缀艰难,自乙卯以至今,兹其春秋仅历廿四,陂口损伤已甚百孔千疮,堤基颓败不堪,东崩西溃,征工筹款,经营固赖人谋,换石易砖,坚固全凭神佑,小窦务期尽塞,后患方除,大功克日告成,初衷始遂,自此以后春耕秋获,间阎免旱魃之灾,麦渐泰油,黎庶颂阳侯之德。谨告。

水利局调查表(二十八年二月竣工时查填)

(一)陂之沿革:后唐天成进士周矩创筑,其子宋仆射周美捐田庄、山地多处为修缮之费,载省、府、县志及江西要览(田庄山地元末遗失)。

(二)以往修陂之经过:据各姓谱牒纪载及父老相传,除清乾隆间曾由省宪委员督修一次外,系由地方公正士绅董理其事,其经费或由个人倡义,或分向各方募捐,并抽收亩捐以补助之,但因范围颇大,时间甚促,亩捐多难收足。

(三)陂局之组织:此次重修,由五六两区士绅大会决议组织重修槎陂委员会,设委员十三人,除五六两区区长为当然委员外,就各地公正士绅中公举十一人,由各委员互推主任委员一人,副主任委员二人,分设总务、财政、工程三股,各置股长一人,由各委员兼任。另设工程处主持修缮事宜,委员及主任俱纯尽义务。惟常川驻工程处者会计、庶务、监工、工友得支薪津、火(伙)食。

(四)陂之现状:陂长一百三十余丈,陂宽四丈,陂脚至地面平均约一丈六尺。

(五)损坏之情形:连年洪水冲决,农村凋敝,经费难筹,未能随坏随修,致大小两减水口(即两泓)及陂堤均损坏不堪。

(六)修筑之方法:减水口用石块、桐油、石灰、水门汀砌成,石与石之间间用铁工针钉,互相连击,陂堤则用三合土砌乱石。

(七)各种所需材料之统计:铁器三百一十二斤,价六十七元七角;竹木价一百六十六元四角;桐油价七十八元;石灰七百五十五担又四十五斤,并由永新运至槎陂,合价七百五十五元四角五分;水门汀三十桶,每桶价十七元二角,由吉安运至太平洲,船费三十六元,复由太平洲运至槎陂,船费三十五元九角,合价五百八十七元九角;石料二百二十五元;竹木用具(水车、畚箕、工人用器)及绳索、禾草、杂支等合价二百三十零一角。统计各项材料,共国币二千一百一十元五角五分。

(八)各种工匠之统计:泥工一千六百一十八工半,工资五百七十九元四角;石匠二百七十九工,工资一百一十七元四角;竹木匠(木匠一白一十五工,每天工资三角;竹匠四十四工,每天工资钱五百文)(供膳在外)工资四十三元六角二分;车水(因附近地方脑膜炎流行,工匠亦有死伤者,致各处民工多数畏缩不前,为顾全事实,只有就地雇工每人每天并伙食工资三角)工资二百八十四元一角;筑土陂工资一百七十九元六角六分。统计各项工资,法币一千二百零四元一角八分。

(九)各项经费之统计收入:水利局一千元,县政府五百元,乐捐二千九百五十四元,合计四千四百六十九元三角。

支出:除材料费二千一百一十元五角五分、各项工资一千二百零四元一角八分外,旅费二十六元五角,杂费(开会费用、工程处屋租及茶水、薪炭、油灯、印刷、文具、邮费各项均在内)九十七元零八分,薪津伙食四百零六元六角二分,合计三千八百四十四元九角三分。

（十）受益之田亩：相传为三十万石，每石合二亩五分，现在大约一千万亩。

（十一）兴工起讫之日期及晴雨天数（停工日数）：二十七年农历九月二十八日起设工程处，十一月初八兴工，十二月十五完工，中间停工大约五日。

（十二）其他（如卫生问题）：以六区发生脑膜炎工人大受威胁，除购置中药散发外并强制种痘。

## 民国二十七年重修槎陂志六《议事录》

### 六月六日议决案：

一、组织重修槎陂委员会，设委员十三人，五六两区区长为当然委员；

二、委员人选：康席之、郭星煌、蒋竹书、胡明光、李舒南、周鉴冰、乐怀襄、龙实卿、梁锦文、周郁春、萧勉斋，共十一人，加五区长周心远、六区长吴家诚，共十三人。

### 六月十日议决案：

一、公推负责人员周君鉴冰、康君席之、郭君星煌兼任主任委员，周君郁春兼财政股股长，蒋君竹书兼工程股股长，李君舒南兼总务股股长，胡君明光兼工程处委员，周君慧崖、胡君季毓为文牍。（说明：周郁春先生兴工之先病故，公推其家嗣周君万里继任。）

二、筹措开办经费由各大姓预借五元。

三、向各方募捐其报酬方法：几（凡）乐输一百元以上者，遇其直系尊亲属或本身及妻室举行寿典，则宜致祝；举行丧礼，则宜致祭，但以一种一度为限。二百元以上者，无论寿典、丧礼，俱宜致敬。每种俱以一度为限。

### 十月四日议决案：

一、抽收亩捐，每亩铜元十枚。

二、设收捐处于南冈允升书屋，推委员龙实卿主持，月支薪津伙食十二元，雇用工友一人，月支薪津伙食八元。

三、设工程处于槎陂村，除工程股长及驻处委员前经会议推定外，另聘监工员四人，会计、庶务各一人，每月薪津六元；伙夫一人，月薪四元五角。

四、筹备材料预备五百元，各姓分别认借如左：周姓八十元，蒋胡李三姓各六十元,康姓五十元,龙姓四十元,萧姓三十元,郭、黄、张三姓各十元,不足者由财政股长垫借。(说明:当时开会,萧姓未到,由公酌派三十元,并未照缴;旋财政股股长周郁春因病身故,亦未垫借。)

五、奉令征工。(甲)无论士农工商,年满十八岁至四十五岁暂征二天。(乙)因事不能服役者,每日收代工金三角。(丙)应征逾限至十日者,处罚金五分。

六、收捐期限,第一期旧历九月十五日,第二期十月十五日,第三期十一月十五日。

七、定期开工,工程处十一月十九日开始工作(即农历九月二十八日)。

**十一月十七日议决案:**

一、各姓借款限十日内缴清。

二、各种捐款万一不敷,由食陂水利者各姓摊派。

三、捐款拖欠不清,由各村士绅设法并得以该村公款补助之。(说明:各村亩捐多未缴清,嗣承层峰补助,及各处乐输,预算相差有限,不足之数可由各姓摊派,乃公议免收,并将收捐处撤销。)

**二十八年二月六日议决案:**

一、蒋君竹书、胡君明光各酬夫马费二十四元,周君慧崖十元。

二、本会结束后,组织槎碙二陂管理委员会,设委员十一人,任期二年,俱无给职,第一任委员以此次重修槎陂委员充之。(区长兼任委员除外)

三、赢余款项分存周、蒋、胡、李、康、龙各宗祠,年息五厘。(说明:各姓领款须立折存会,并有正绅二人以上署名盖章,龙姓声明不领。)

四、修陂剩余物件标价拍卖。

**七月二十二日议决案:**

公推蒋君竹书、郭君星煌、周君鉴冰编纂陂志,龙君实卿、周君旭初汇集账目。(说明:编纂陂志,时蒋君绥予、李君式轩俱到会参加意见,且为速成计,临时请胡君开甲、李君良相缮写。)

**八月一日议决案:**

一、公推黄君绎仁、萧君立庵核算数目,康君囿三、李君式轩、周君舒舞审查陂志。

二、散发陂志,除各善士及职员与出力人员外,每村一本。

**民国二十七年重修槎陂志七《尚义录》:**

甲、不食陂水利者

(一区)杏岭刘厚生先生捐三百元;朱局长绍基捐一百元;商副司令长官震、彭副军团长进之、刘总司令建绪、陈处长炁先、杨营长献文,以上各捐五十元;湘商春茂庄、湘商瑞丰祥、庚商胡义和,以上各捐三十元;李军长觉、陶军长柳、宋军长绳武、傅副军长立平、王师长仙峰、王师长立基、王师长力行、王师长仡、张师长慎之、莫师长与石、汪师长之斌,何师长长平、段师长珩、唐师长永良、李师长兆镁、王处长鸿诰、张处长相周,高处长崐麓、吕行长雪年、汉商公记庄、(五区)仙溪周青白厂。以上各捐二十元。

永新龙吉贵先生捐十五元。

陆股长圣俞、王保臣先生、戴少章先生、汉商刘承京先生、汉商萧筱畲先生、汉商项仁溥先生、汉商杨丽生先生、汉商裕和庄、汉商聚安盐号、汉商正裕庄、汉商万钰山、汉商大成庄、汉商瑞安正、湘商鸿记庄、湘商正裕庄、茶陵康鑫记、永新汤松茂先生、五区谢瓦谢周仁妹女士、六区冶冈陈焕燕先生、六区院头张荣林堂、汉商陈子显先生,以上各捐十元。

苏主任子春、乐主任圣武、张树人先生、杨永清先生、汉商艾玉溪先生、汉商戴裕尘先生、汉商刘霖湘先生、湘商田湘藩先生、湘商湘潭轮船、湘商通达公司、湘商祥源庄、庚商萧自昌先生,以上各捐五元。

湘商镇泰庄、湘商陈翼德先生、一区萧象弈先生、王默庵先生、钱炳麟先生、欧阳谦先生、邵仲世先生、何利源先生。以上各捐商元。

赣商戴裕佳先生、赣商永和顺号、庚商元丰号、庚商益顺福号、庚商阜康号、庚商胡玉澜先生,以上各捐二元。

说明:以上未注地点之各善士乐输共七百九十八元,概由大夫第周君万里经募。

乙、食陂水利者

五区大夫第周笃敬堂捐三百元,五区留车田胡蔚文先生捐三百元,谢瓦谢应宿先生捐一百六十元(谢君虽居禾水之北,但有多田可食水利,故列于此),五区螺江周鉴冰先生捐一百元,五区爵誉康步七先生捐一百元,义禾胡晓东先生捐五十元,爵誉康厚予先生、南冈李郁周先生,以上各捐三十元。

富家潭胡季毓先生、义禾胡雨岩先生、彭瓦周命三先生、螺塘李养吾先生、六区梅枧蒋睦修先生、六区乐家乐启周先生,以上各捐二十元。

田心蒋欢予先生、田心蒋道樑先生,以上各捐十二元。

五区螺江周莲青先生、五区螺江周慧崖先生、五区螺塘李芷阶先生、五区螺塘李典五先生、五区筠川李誉朗先生、五区圳头康敬五先生、义禾胡淮山先生、义禾胡养吾先生、富家潭胡令德先生、鼎瓦张光之先生、唐瓦唐世麟先生、六区上市蒋显诰先生、六区梅枧蒋德修先生,以上各捐十元。

五区高田胡元吉先生捐九元,五区爵誉周聘龙先生、五区爵誉周宾贤先生、五区枧桥周兴远先生、枧桥周冰玉先生、龙口康席之先生、灌溪郭星煌先生、南冈李舒南先生、义禾胡光照先生、义禾胡逢耀先生、富家潭胡厚德先生、富家潭胡勇才先生、旧居胡嘉宝先生、六区下坞胡致元先生、六区邓瓦邓成元堂、六区梅枧蒋纠卿先生,以上各捐五元。

五区爵誉康裕藩先生、五区爵誉康济生先生,以上各捐四元。

爵誉康爵廷先生、爵誉康来源先生、五区长洲上胡常濛先生、大塘坛胡庆燃先生,以上各捐三元。

五区爵誉康生茂裕号、六区邓瓦邓文明堂、六区院头张敦典堂、六区夏坞胡宜如先生、院头张嘉会堂,以上各捐二元。

五区漆田周佐明先生、六区门陂梁安邦先生、六区门陂梁文彩先生、六区门陂梁诗茂先生,以上各捐一元。

### 民国二十七年重修槎陂志八《收支清册》

收入门:

江西水利局补助费法币一千元,泰和县政府补助费法币五百元,各善士乐输法币二千九百五十四元,代工金法币一十五元三角,共收法币四千四百六十九元三角。

收出门:

付石灰法币七百五十五元四角五分(计石灰七百五十五担又四十五斤)。

付水泥法币五百八十七元九角(计三十桶,每桶价十七元二角,自吉安运至槎陂运费在内)。

付石料法币二百二十五元(二尺八寸以上每尺三角,一尺五寸以上每尺二角三分)。

付铁器法币六十七元七角(计重三百一十二斤)。付竹木法币一百六十六元四角。

付桐油法币七十八元,付杂支法币二百三元零一角(水车、竹木、用具、绳索、禾草、柴茅一切)。

付作土陂法币一百七十九元六角六分(此次由槎陂村邀人包办,以后可择请作为征工)。

付车水法币二百八十四元一角(因脑膜炎流行,人民服役如多观望,故有此开支)。

付泥匠工资法币一百一十七元四角(计二百七十九天)。

付石匠工资法币五百七十九元四角(计二百七十九天)。

付竹木匠工资法币四十三元六角二分(内一百一十五工以三角计,又四十四工供餐,以一角四分计)。

付茶水、薪炭、油灯、文具、邮票法币三十四元零八分。伙薪津伙食法币四百零六元六角二分。付开会费用法币四十二元。

付旅费法币二十六元五角。付工程处屋租法币二十一元。

共付法币三千八百四十四元九角三分。

说明:以上支出各项另有簿据,经众核明,故未详列,以省篇幅。除清理碉陂手续及填塞梅枧涵洞共用一百余元,又开会修志及纸张印刷费约一百五十元,余款照二十八年三月大会决议分存周蒋胡李康各姓宗祠,行息由槎碉二陂管理委员会保管,以为续修二陂基金。

### 民国二十七年重修槎陂志九《工程纪要》

甲、土坡(陂):土坡(陂)所以障水关系工程进行甚巨,稍一不慎,为害匪浅,兹将应注意各点条列于后,以备参考。

一、长度:除包括石陂之外,每端超过营造尺一丈。

二、宽度:深处三尺,浅处亦须二尺以上。

三、高度:须超出水面一尺五以上。

四、构筑:先用木桩钉成双行,次用木片连结,再次用竹箪铺下水一面,然后下土。最须注意者桩宜粗更宜深入,土宜坚更宜筑实(历来修陂在阿狮坑取土,因该处之土富有坚性),底宜清去石块,以免倾倒发渗,又水深处于下水方面每隔六七尺紧靠土陂横筑一段,以备万一冲决时不至牵动全陂。

五、距离:土陂与陂之距离大小泓宜稍远,约三四尺,以便工作,余则二尺左右足矣。过远则水度深,水度深则土陂不稳固。

乙、两泓下滩深水大,非车减水则陂下方之工作不能进行,然车之多少及车之布置等等亦关系重大,记之免临时踌躇。

一、车数:大泓滩约用车二十具,小泓滩用车十五具,并查历次车水之车俱向附近农民租用,应注意者车长须丈二以上,愈长愈好。

二、布置:于滩之两旁挖沟装车。

三、人工:每车六人,换班工作,夜工亦如之,惟夜工只须半数车,做夜工时应就附近搭棚,以便换班休息。

丙、材料:如石、石灰、水泥等应先期备好,以便应用。石以陂之对面山者为好,若狮子山、若洪冈寨石松不耐久,不宜用,再两泓下滩遗石甚多,设法吊起,补助非小。

丁、工程进行:宜先难后易,自下而上,因下方工程每易为水所淹难得干固。

戊、改正:大泓上角稍突出,续修宜缩平成直线,小泓下角宜展开少许,现系一直线,恐难耐久。

**重修槎陂志·民国二十七年重修槎陂志十《善后方案》**

《呈文》:窃查本县槎滩碉石二陂位虽六区境内,泽及五区地方,陂水纡迴近三十里,流域既长,荫注自广,惟以辖境既属远阔,人心尤觉涣散,在水头者谓不修陂而荫注自足,居水尾者谓即修陂亦实惠难期,管理不易,修理尤难,上年槎陂之重修,虽承义士乐捐,倘非政府补助,诚恐难以成功。委员等惩前毖后,召集士绅会议磋商善后方法,决议组织槎碉二陂管理委员会以资主持用,特拟具简章呈请鉴核备案,并恳颁发图记式样,以便刊刻,俾昭信守,是否有当,伏乞指令祇遵谨呈泰和县政府县长车。

《泰和县第五六两区槎碉二陂管理委员会组织简章》:

第一条　本会为管理槎碉二陂起见,依据中华民国二十八年二月六日两区士绅会议第三决议案组织之。

第二条　本会定名为泰和县第五六两区槎碉二陂管理委员会(以下简称本会)。

第三条　本会设委员十一人,由受益水利各姓就地方公正士绅选任之。

第四条　本会设主任委员一人、副主任委员二人,主持会务,由委员中互推。

第五条　本会为事实需要得设会计、文书各一人,就委员中遴选兼任之。

第六条　本会除特别事故外于每年霜降节前后集会一次,并公推委员六人以上亲赴槎滩碉石二陂及沿新老二江实地察勘,倘有损坏随时修补,其用费在百元以上者应召集两区士绅会议筹募,并呈报县政府备案。

第七条　本会委员为义务职,任期两年,每期以国历二月一日以前交替至任期届满时由委员会召集两区士绅大会改选,但得连选连任。

第八条　本会委员遇有特殊情形不能执行职务时得通知本会,物色公正士绅暂代,但代理人员如逾半数以上必须举行改选,并不受第七条之限制。

第九条　本会会址暂设南冈口允升书屋。

第十条　本会办事细则另订之。

第十一条　本简章如有未尽善事宜,得提交大会修改。

第十二条　本简章自呈奉核准之日施行。

泰和县政府指令建字第八十号,民国二十八年八月一日

令第五六两区重修槎陂委员会主任委员周鉴冰等,呈一件为组织槎碉二陂管理委员会拟具简章,呈请鉴核备案,并恳颁发图记式样由。呈件均悉,查所拟简章尚有欠妥处,经分别代为更正,随令发还,仰即换缮一份并依照前颁重修槎陂委员会图记式样刊刻图记,附具印鉴,再呈本府备案,此令。(附发还原简章一份)县长车乘华。

呈为遵令换缮简章,附具印鉴,恳准备案由。案奉钧府八月一日建字第八十号指令,本会呈一件为组织槎碉二陂管理委员会拟具简章呈请鉴核备案,并恳颁发图记式样由,内开呈件均悉,查所拟简章尚有欠妥处,经分别代为更正,随令发

还。仰即换缮一份,并依前颁重修槎陂委员会图记式样刊刻图记,附具印鉴,再呈本府备案,此令等,因奉此自应遵办,兹换缮简章一份,附具印鉴一纸,伏乞鉴核备案,谨呈泰和县县长车。

重修槎陂委员会主任委员周鉴冰、康席之、郭星煌。泰和县政府指令建字第一七二号,民国二十八年九月三日,二十八年八月二十八日呈一件呈为遵令换缮组织简章附具印鉴恳准备案由。呈件均悉,准予备案,此令。附件存。县长车乘华。

## 民国二十七年重修槎陂志十一《附录》

一、出力人员表(委员会职员不另列名)。驻工程处者:会计周旭初,庶务蒋朝佐,监工蒋嘉雯、蒋朝彦、周禄元、康济生、李凤翔。参加募捐及其他工作者:周舒舞、周枕戈、周镇尔、周淑明、周万程、周冰玉、周诗卿、周式如、蒋绥予、蒋纠卿、蒋亚子、蒋慧明、胡彝尊、胡亦尊、胡善之、胡穗九、胡佩卿、胡道南、胡嘉德、胡瑞文、胡开甲、李式轩、李雪舫、李书美、李良楷、李良相、康围三、康步七、康来益、康厚予、龙镜堂、黄绎仁、萧立庵。

二、填塞梅枧涵洞始末。硐陂位于梅枧蒋姓陂之上,有石桥一座,堤墈颇高,堤墈之下有田数亩,别有荫注。民国初年,蒋达锺年少无知,掘堤田以致倾圯,四年修陂,乃叔蒋君显福因此捐款一百元,载六年所修陂志。迨十九年重修硐陂,以匪患未平,之人主持,仍于堤墈留一涵洞,涓涓不塞,为害甚巨,至二十七年经委员会与之交涉,由竹书君之开导,乃行填塞如初,书此以告后之来者。

三、清理硐陂未完手续。查十九年硐陂之修,匪患未平,工程未竣,乃二十五年续修,殷实乐输既少,田亩派费难收,以致入不敷出,石灰屋租、泥匠及一切工资俱未清楚,所有簿据复行散佚,虽经康君步七捐五十元,仍不敷开支。此次委员会为顾全信誉,计将十九年所欠清白厂石灰数七十二元,二十五年欠汤松茂泥水工资七元四角,周聘勋工资三元四角五分,朱士文、龙士林、周聘琇工资十二元四角,与二十七年填塞梅枧石桥边堤墈涵洞砖料泥工十一元四角四分,概由此次委员会付清。

四、陂约。槎陂大小泓口向有两大木,俗称两闸木,春则横放,俾水位增高,冬则除,俾船筏通过,其清明至寒露前后,遇有大帮船筏通过,则临时将闸木除,历来就陂之附近择人看守。凡看守者,须向首事立约负责。兹既组槎碉二陂管理委员会,以后看守人必须向管委会立约,惟约文须因时制宜,故仅载管委会簿据。

## 跋

韩文公有曰:莫为之前,虽美弗彰;莫为之后,虽盛勿传。今征之槎滩、碉石二陂而益信。考县志载槎陂在禾溪上流,为高行、信实两乡公陂,通志载后唐天成进士周矩创筑,其子美仕宋仆射赡修等语,复考南冈李氏通谱载,元至正间,柏兴路同知李公英叔独修槎陂,其子如春偕弟如山及吾族先达云从以仆射公所赡陂田被侵豪强,与蒋公逸山、萧公草庭鸣于官,得直,立五彩文约,分仁义礼智信五号,由鸣官诸人轮为陂长,与吾周通谱不谋而合,乃沧桑屡变,陂田复失,厥后重修之资,父老相传以按田派费为原则,是食陂水利者,皆已出钱出力矣。迨清光绪戊戌,吾先大夫敬五公与义禾胡义士西京以私财重修之,详邑侯郭太史曾准所撰先王父祠记,惟记中有周氏于陂凡三修之句,与现在陂堤有蒋氏重修之石,则以余生也晚不得其详。至民国四年,续修则除食陂水利乐输亩捐外,远如湖湘、近若吉赣,俱已募捐,是陂之名愈著矣。岁月如流,忽忽二十余年。碉陂于二十五年已按田派费重修,而槎陂又以倾圮告,乡人士鉴于碉陂经费之不敷,更感槎陂修理之不易。余以卢沟桥事起,栖迟衡门,余族万里上校于次年戊寅请假还里,首捐三百元以倡,并认与康君步七,共募千金,于是呈请县府组织委员会,以资主持,乃以时势多艰,乐输有限,农村凋敝,派费维艰,虽经兴工,常虞不给,经多方之呼吁,历数月之奔走,承江西水利局与县政府一再派员测勘,认为全省有名之水利,一邑最大之工程,初由水利局补助材料费一千元,继由县政府呈准拨助五百元(时邑人萧君宽治长四科热诚赞助),且承不食陂水利之刘君厚生慨捐三百元,第五军需局朱局长绍基则捐一百元,其食陂水利者则胡君蔚文捐三百元、谢君月南捐一百六十元、康君步七捐一百元,百元以下者亦先后响应,又奉令五区(即信实乡)之一三两保联与六区(即高行乡)之一保联所属壮丁俱应服役,本会同人幸免陨越,收益田亩亦未派捐,此则层峰与诸大善士之赐也。惟余犹有感者,凡民可与乐成,难与图始,积习相沿,牢不可破,不知处此物竞天择之时,当抱自力更生之义,凡食陂之水利者,殷实固宜乐输,田亩亦应派捐,既无所观望,亦不可依赖,且尤望主持者黾勉从事,涓滴归公,庶款不虚糜,人皆乐助,所谓"天下无难事,有志者竟成",前人之美自可继继绳绳,传之勿替矣。是役也,经始于立冬后十日(农历九月二十八日),完成于立春前一日(农历十二月十五日),历时近三月,适逢战事紧张、疫疠流行之际,如蒋君竹书、胡君明光之凤夜匪懈主持工程,康君席之、郭君星煌、李君舒南、龙君实卿、乐君怀襄等及工程处诸君之同心戮力,擘画经营,与夫吾亲属慧崖之担任文牍,五区署之印刷文告,俱有足多者,至泰和新民报社之登义务启事,与不食陂水利者如黄塘洲李君有八督印捐册,桐井陈君邵彝校对陂志,俱为难能可贵,附识于此,俾后之人有所观感焉。中华民国二十八年己卯双十节螺江周鉴冰谨识。

《续修碉陂志记》:近世讲经济学者,以土地、劳力、资本为生产三大要素,吾中华以农立国,农村建设莫重于水利,自夏禹治水而后,历朝常设专官以董其事。盖水利不兴,虽有劳力、资本,将焉用之? 泰和农业,物以稻为大宗,农田水利以五六两区之槎滩、碉石二陂为最。赵宋以来,代有兴修,或由田亩酿金,或由善士捐资,因时制宜,法无常经。民国二十七年,余随乡先生后重修槎陂,除善士输捐、政府补助外,并根据法令,施行征工。惟事属创始,收效不宏,此次碉陂之修,按二十九年预算仅二千元,去夏物价飞腾,估计约需五千元,承康步七、周万里二君慨予捐助,乃七八月间,物价指数上升不已,重估之数犹为不敷,复承步七、万里二君加捐三十元,乃举定负责人员筹备兴工,又不意霪雨兼旬,山洪暴发,延至农历十一月始克实行,且鉴于时间之迫促,征工之不易,决议全部包工,再募乐输,承康君厚予、胡君远禔各捐三百元,蒋君睦修、胡君勤栋各捐二百元,以竟全功。是役也,间始于农历十一月初一日,完成于十二月十八日,虽遇隆冬未遇雨雪,可谓缴天之功。常驻任事者,则为龙君实卿管理,会计蒋君定九办理庶务,其他如康君济生、李君颂桂、胡君会淮则为监工,时蒋君定九兼任六区第八保保长,襄助一切,裨益匪鲜。总其成者,为康君席之、胡光(应为君)明光、李君舒南、郭君星煌也,余忝为槎碉二陂管理委员,以服务江西水利局,未克稍尽绵薄,今以刊修陂志,附志于此,以彰吾过,且旌善人,俾后之人知所劝勉焉。民国三十一年农历二月清明前三日螺江周鉴冰谨识于江西水利局。

计录民国三十年修整碉陂出入账项并二十八年槎陂会改为槎碉二陂保管委

员会,一切数目总列于后。

　　槎滩陂存法币五百七十四元零九分;周一本堂存法币五十元;胡六经堂存法币五十元;李仙李堂存法币五十元;萧达尊堂存法币五十元;康孝德堂存法币五十元;龙谨敕堂存法币四十元;槎陂租金存法币十四元八角;周君万里捐法币四千元;康君步七捐法币四千元;康君厚予捐法币三百元;胡君远禔捐法币三百元;蒋君睦捐法币二百元;胡君勒栋捐法币二百元;修槎陂志支法币二百一十三元一角;开槎碉二陂会支法币四百四十九元;修碉陂支文具法币二十元零五角五分;支绳索法币五元八角;支三次作土陂法币九百一十元零一角;泥石二匠支工价法币二千三百六十九元;又雇工支工价法币二千五百六十七元;支磁器法币八元九角;支木料法币二十八元六角;支石灰法币一千五百七十八元八角;支桐油法币五十二元;扛石头支法币六十九元六角;支蔑器法币八十二元四角;支铁器法币五十四元五角;支雇零工法币六十八元分;支福食法币三百七十元零六角八分;支杂用法币六百三十一元五角五分。

　　计收入法币九千八百七十八元八角九分,计支出法币九千四百七十九元七角八分,两挺实存法币三百九十九元一角一份。

# 后　记

　　算起来,与槎滩陂相识已有近十五个年头了。对于并非泰和本地人的我来说,一切缘分源自偶然。2002 年 9 月,我进入南昌大学历史系攻读硕士研究生学位,一次和业师张芳霖先生聊天,无意中说起今后的课题研究打算。先生说道,听原省委宣传部周銮书副部长说起,老家泰和县有个祖先创建的水利工程历史悠久,至今仍存,很值得研究,是否可以抽空去当地调研一下,看看能否找到资料文献。由于我来自农村,本就有选择乡村作为学位论文方向的打算,于是便答应下来。不过当时心里还是有些忐忑,因为虽说同属吉安,但我老家和泰和县分处吉安的南北面,自己之前从没去过泰和,对当地可以说是人生地疏。

　　翻阅相关文献资料后知道,周部长说的即槎滩陂水利工程。它创建于南唐年间(943 年),已有千余年的历史,历经多次重修,至今还在发挥着效用。其由流域区内的周氏始迁祖周矩创建,周氏并购买了赡陂田户,作为槎滩陂的日常修理费用,不过元末后,当地的李、胡、萧、蒋等族群开始参与其中,国家政权也不同程度地干预。可以说,槎滩陂水利系统的演变不仅反映了当地社会开发和族群繁衍发展的历程,且映射出不同时期国家与地方社会的关系,历史文化内涵丰富、底蕴深厚。但在当时而言,它还处于"藏在山野无人识"的境况,研究稀见。

　　为了摸清情况,2003 年 11 月我便来到泰和进行田野调研,第一次接触槎滩陂水利系统。在槎滩陂水利管理委员会梁国全、廖在亮两位副主任的大力帮助下,先后到禾市镇、螺溪镇数个村落搜集相关资料。其后,又先后数次前往,在大致梳理了槎滩陂历史发展演变的基础上,顺利完成了硕士学位论文并通过答辩。毕业后,有幸考入武汉大学历史学院攻读博士研究生学位,其间又先后两次前往槎滩陂水利区进行调研,对槎滩陂流域区的水利、宗族与社会关系有了进一步认识。2008年毕业后,我来到南昌大学历史系工作,几年中因课题研究之需,先后又来到流域区的数个古村进行调研。正是由于这些缘分,以至于许多朋友把我当成泰和籍出身。其间,槎滩陂也逐渐展现出它的魅力所在,并于去年成功入选世界灌溉工程遗产名录,我也萌生了系统整理分析槎滩陂水域社会历史内涵的想法,本书正是这种想法的付诸实施,也是我多年来对槎滩陂历史内涵的总结和体会,尽管其中还存在诸多不尽如人意之处。

本书出版得到南昌大学人文学院"基础学科振兴计划"经费资助,为此要感谢南昌大学人文学院的支持,感谢黄志繁院长,让我有这次写作的机会;同时也要非常感谢槎滩陂水利管理委员会肖龙、廖在亮主任及其他员工的大力支持,感谢爵誉村康氏贤俊、泰和县农村信用社康健先生,康氏贤彦康大安先生,爵誉村康德久先生,周氏贤儒周景行先生和周学忠先生,以及我没能记住名字的一些当地各姓氏成员等,他们在我调研中提供了诸多帮助,为本书的完成打下了坚实基础。还要感谢妻儿的理解与支持,让我在写作过程中得以全力以赴。

本书的出版得到商务印书馆的大力支持,编辑付出了辛勤的劳动,在此一并致以诚挚谢意! 由于本人才疏学浅,书中不免存在许多不足之处,敬请不吝赐教。

廖艳彬于前湖龙腾湖畔

2017 年 7 月 30 日